高等学校　机械类专业“十三五”规划教材

机械系统动力学

主　编　何芝仙　张　杰　徐　震

西安电子科技大学出版社

内 容 简 介

本书根据机械工程专业“机械系统动力学”课程的教学要求，结合多年机械工程专业研究生课程“机械系统动力学”的教学和科研实践体会，参考多种同类教材编写而成。

全书共七章，分别为绪论、机械系统运动微分方程的建立、机械系统运动微分方程的求解、固有频率的实用计算方法、考虑构件弹性的机械系统动力学、动力学专题Ⅰ：轧钢机动力学、动力学专题Ⅱ：ADAMS软件简介及应用。前三章阐述机械动力学的基本理论与方法，后四章讨论工程应用。机械系统动力学基本理论部分按照机械系统动力学模型建立、数学模型建立和求解的线索展开讨论，突出动力学方法的论述。专题应用部分选择轧钢机动力学、压缩机主传动系统动力学以及内燃机曲轴-轴承系统动力学等若干典型问题阐述如何应用动力学基本理论与方法解决机械系统动力学问题。书中还对动力学仿真软件ADAMS作了简要介绍，并在附录中给出典型机械系统动力学算例Matlab程序，以方便读者理解和应用机械系统动力学的基本理论和方法。

本书可作为高等学校机械工程等相关专业本科生、研究生“机械系统动力学”课程教材，也可供从事机械工程CAD、CAE方面工作的工程师参考使用。

图书在版编目(CIP)数据

机械系统动力学/何芝仙，张杰，徐震主编.
—西安：西安电子科技大学出版社，2017.1
高等学校 机械类专业“十三五”规划教材
ISBN 978-7-5606-4356-4

Ⅰ.① 机… Ⅱ.① 何… ② 张… ③ 徐… Ⅲ.① 机械工程—动力学—高等学校—教材 Ⅳ.① TH113

中国版本图书馆CIP数据核字(2016)第320666号

策划编辑 高 樱
责任编辑 王 静
出版发行 西安电子科技大学出版社(西安市太白南路2号)
电 话 (029)88242885 88201467 邮 编 710071
网 址 www.xduph.com 电子邮箱 xdupfxb001@163.com
经 销 新华书店
印刷单位 陕西大江印务有限公司
版 次 2017年1月第1版 2017年1月第1次印刷
开 本 787毫米×1092毫米 1/16 印张 11
字 数 252千字
印 数 1～3000册
定 价 22.00元
ISBN 978-7-5606-4356-4/TH

XDUP 4648001-1

机械类专业规划教材编审专家委员名单

前　　言

《中国制造 2025》中指出“制造业是国民经济的主体，是立国之本、兴国之器、强国之基”。制造业的发展，迫切需要大量新型、高效、大功率、高速、高精度、重载荷、高度自动化的机械与技术装备。发展先进制造业，创新是原动力，先进的设计理论是先导。尽管现代机械产品大都是机电一体化的集成产品，但其动力学性能对机械产品的性能却起着决定性的作用，机械系统动力学问题是现代机械设计面临的关键问题之一。高速机械运动部件的惯性力平衡、振动与噪声、减振与隔振、疲劳强度计算等一系列问题，都是机械系统动力学研究的问题。机械系统动力学的基本理论已经成为机械工程师必须具备的基本知识。正因为如此，机械系统动力学课程已经成为高等学校机械类专业本科生和研究生的必修课程。

根据机械工程专业研究生“机械系统动力学”的学时教学需要，笔者结合多年的教学和科研体会，编写了本书。本书内容主要由机械系统动力学基本理论和专题应用两大部分组成。机械系统动力学基本理论部分将机械振动和机械动力学知识融为一体，按照机械系统动力学模型的建立、数学模型的建立和求解为线索展开讨论，并将机械系统动力学运动微分方程求解方法归纳为解析法、数值法和半解析半数值法进行分类讨论，突出动力学方法的论述。专题应用部分选择轧钢机动力学、压缩机主传动系统动力学以及内燃机曲轴-轴承系统动力学等若干问题阐述如何应用动力学基本理论与方法解决机械系统动力学问题。由于计算机的飞速发展和广泛应用，机械系统动力学仿真软件 ADAMS 在工程中得到广泛应用，已经成为机械工程师必须掌握的工具，书中对 ADAMS 软件及其应用实例也作了介绍。本书附录中还提供了典型的机械系统动力学问题求解的 MATLAB 程序，以方便读者学习。

由于编者水平有限，书中不足和疏漏之处在所难免，诚请读者批评指正。

编　者

2016 年 9 月

目　录

第1章　绪　　论

1.1　系统、机械系统及其分类

从系统论的观点看，系统可以定义为一系列元素的组合，组成系统的元素之间相互关联、相互作用，以实现特定的功能。一般而言，系统由多个元素构成，单个元素不能构成系统。自然界中存在丰富多样的系统，大到天体系统，小到微观系统。按照不同的分类方式，可以得到不同的系统。如按照系统的自然属性分类，系统可分为自然系统和人工系统，如图1-1-1所示。

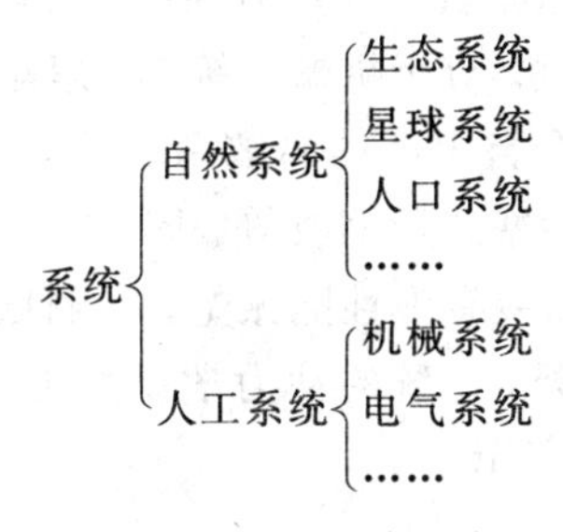

图1-1-1　系统组成

所谓机械系统，是指由一些机械元件组成的系统。一部现代机器常由动力系统、主传动系统、辅助系统(如润滑系统)、电气控制系统等若干子系统组成。我们可以将一部机器的动力装置、传动装置和执行装置视为一个系统进行研究，也可以将传动装置或执行装置视为一个系统进行研究。

研究系统的特性，也常采用“系统”和“信号”的概念来进行描述。系统是指构成机器或研究过程的实际硬件，而信号则是在系统间的连接通道中流动的物理量。由于系统可以视为一系列相互连接的元件的总体，因此，系统中的每一个元件都有一个或几个由其他元件流入的信号，并有一个或几个流向其他元件的信号。前者称为输入，后者称为输出。同样的，对于整个系统而言，流入系统的信号称为系统的输入(又叫系统的激励)，而由系统流出的信号称为系统的输出(又叫系统的响应)。分析机械系统的动力学特征，首先要建立系统的数学模型，建立一个合理的数学模型是分析过程的关键。机械系统的数学模型对于动力学问题而言，就是机械系统动态特征的数学描述。通常，机械系统的数学模型用二阶微分方程组描述。根据描述机械系统的微分方程是否是线性的，机械系统可以分为线性系统和非线性系统。

如果一个系统的数学模型可以用线性微分方程来描述，则该系统为线性系统。如常见的质量-弹簧-阻尼系统，其运动微分方程可以表示为

$$m\ddot{x}+c\dot{x}+kx=f(t) \tag{1-1-1}$$

如果一个系统的数学模型可以用非线性微分方程来描述，则该系统为非线性系统。如常见的长为 l、质量为 m 的平面单摆，其运动微分方程为

$$ml^2\ddot{x}+mgl\sin x=0 \tag{1-1-2}$$

关于线性系统与非线性系统，以下两点必须注意：

(1) 对于线性系统，叠加原理成立，对于非线性系统，叠加原理不成立，故不能用叠加原理求解非线性问题。

(2) 严格的线性系统在实际中是不存在的，或者说，实际存在的系统都是非线性系统。但许多实际系统进行线性化处理后具有足够的精度，可以视为近似线性系统。

如果按照描述系统的自由度分类，系统可以分为连续系统和离散系统。严格地说，组成机器的构件都是质量连续分布、具有无穷个自由度的连续体。所谓连续系统，就是分布参数组成的、具有无穷多个自由度的系统。严格地说，机械系统都属于连续系统。由于连续系统求解困难，计算量大，人们对连续系统进行简化，将无穷自由度的连续系统简化为有限个自由度的离散系统。所谓离散系统，就是对连续系统进行简化得到的由集中参数元件组成的系统，它具有有限个自由度。对于机械系统，如忽略构件的弹性变形，认为系统是由刚性构件组成的，则系统为有限个自由度的离散系统。工程中绝大多数机械系统一般为单自由度系统，如常见的内燃机、活塞式压缩机等。图 1-1-2(a)所示的安装在混凝土地基上的机器，为了隔振，在基础下面装有弹性隔振垫。在隔振分析时，将机器与混凝土基础视为刚体，弹性地基视为弹簧阻尼器，系统的动力学模型可以简化为具有一个自由度的质量弹簧阻尼系统，如图 1-1-2(b)所示。

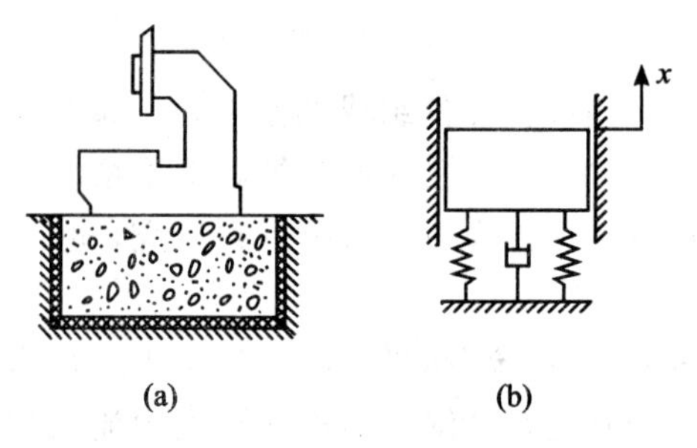

图 1-1-2　单自由度系统实例

当构件的弹性变形不能忽略时，若采用分布参数的连续模型，则机械系统变为连续系统；若采用集中参数的离散模型，则机械系统变为离散系统。研究图 1-1-3(a)所示的两端固定杆的纵向振动，若采用连续模型，取杆的纵向作为 x 轴，每个截面位置对应的弹性位移为 $u(x, t)$。取杆的微元 $\mathrm{d}x$ 为研究对象，画出其受力图，根据牛顿第二定律，可得杆的微元 $\mathrm{d}x$ 的运动微分方程为

$$\rho A\,\mathrm{d}x\,\frac{\partial^2 u}{\partial t^2}=AE\,\frac{\partial^2 u}{\partial x^2}\mathrm{d}x$$

式中，A 为杆件的截面面积，E 为材料的弹性模量，ρ 为材料密度。令 $c^2=E/\rho$，则上式可简化为

$$\frac{\partial^2 u}{\partial x^2}=\frac{1}{c^2}\frac{\partial^2 u}{\partial t^2} \tag{1-1-3}$$

式(1-1-3)称为波动方程。对于图 1-1-3(a)所示杆件，其纵向振动除了满足式(1-1-3)的波动方程外，还必须满足下列边界条件：

$$u(0, t) = u(l, t) = 0 \tag{1-1-4}$$

式(1-1-3)和式(1-1-4)即为用连续模型描述的杆件纵向振动偏微分方程。

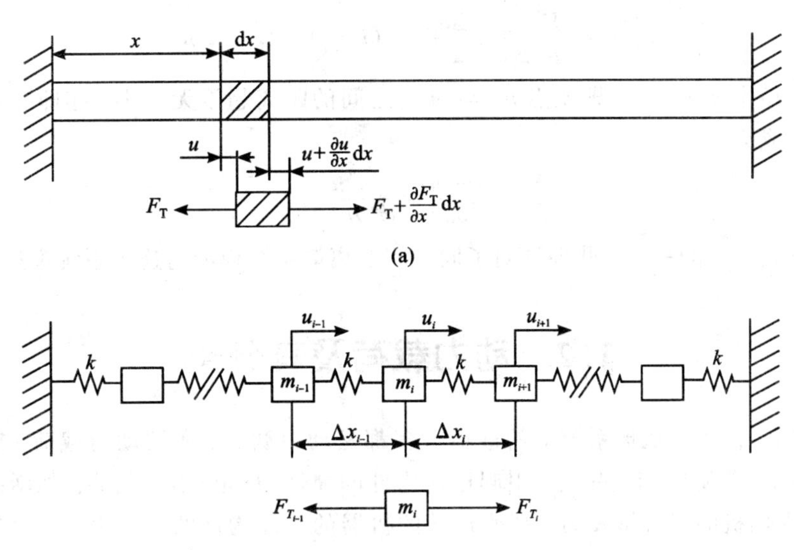

图 1-1-3　连续系统和离散系统实例

若采用离散模型研究杆件的纵向振动问题，首先将系统离散成 n 个自由度的质量弹簧系统，如图 1-1-3(b)所示。取第 i 个质点 m_i 为研究对象，根据牛顿第二定律可得质点 m_i 在水平方向的运动方程为

$$\begin{cases} m_i \dfrac{d^2 u_i}{dt^2} = k(u_{i+1} - u_i) - k(u_i - u_{i-1}), \qquad i = 2, 3, \cdots, n-1 \\ m_1 \dfrac{d^2 u_1}{dt^2} = k(u_2 - u_1) - ku_1 \\ m_n \dfrac{d^2 u_n}{dt^2} = -ku_n - k(u_n - u_{n-1}) \end{cases} \tag{1-1-5}$$

式(1-1-5)即为杆的纵向振动为 n 个自由度的振动微分方程。

可以证明，式(1-1-5)与式(1-1-3)具有所谓的一致性，即当 $n \to +\infty$时，式(1-1-5)的极限就是式(1-1-3)。

引入符号如下：

$$u_{i+1} - u_i = \Delta u_i, \quad u_i - u_{i-1} = \Delta u_{i-1}$$

$$k = \frac{AE}{\Delta x_i}, \; m_i = \rho A \Delta x_i$$

则微分方程(1-1-5)的第一式可以转化为

$$\rho A \Delta x_i \frac{d^2 u_i}{dt^2} = AE \frac{\Delta u_i}{\Delta x_i} - AE \frac{\Delta u_{i-1}}{\Delta x_i} \tag{1-1-6}$$

即

$$\rho A\Delta x_i \frac{\mathrm{d}^2 u_i}{\mathrm{d}t^2} = AE\Delta\left(\frac{\Delta u_i}{\Delta x_i}\right)$$

两边同除以 $\rho A\Delta x_i$ 得

$$\frac{\mathrm{d}^2 u_i}{\mathrm{d}t^2} = \frac{E}{\rho}\frac{\Delta}{\Delta x_i}\left(\frac{\Delta u_i}{\Delta x_i}\right) \quad (i=1,\ 2,\ \cdots,\ n) \tag{1-1-7}$$

若式(1-1-7)中 $n \to +\infty$，即质点 m_i 与 m_{i-1}之间的距离趋于无穷小，亦即 $\Delta x_i \to 0$，则式(1-1-7)就成为

$$\frac{\partial^2 u}{\partial x^2} = \frac{1}{c^2}\frac{\partial^2 u}{\partial t^2}$$

其结果与式(1-1-3)一致。此即证明了同一问题离散系统模型与连续系统模型的一致性。

1.2 动力载荷及其分类

一般而言，作用在机械系统上的载荷大多都是动力载荷。所谓动力载荷，就是作用在机械系统上的力是随时间变化的，引起运动构件的惯性力(矩)不能忽略。如活塞式压缩机的活塞力、内燃机的气缸爆发力、高速运转的机器的运动构件的惯性力等。根据动力载荷的确定性，可将其分为确定性载荷和非确定性载荷两大类，如图 1-2-1 所示。

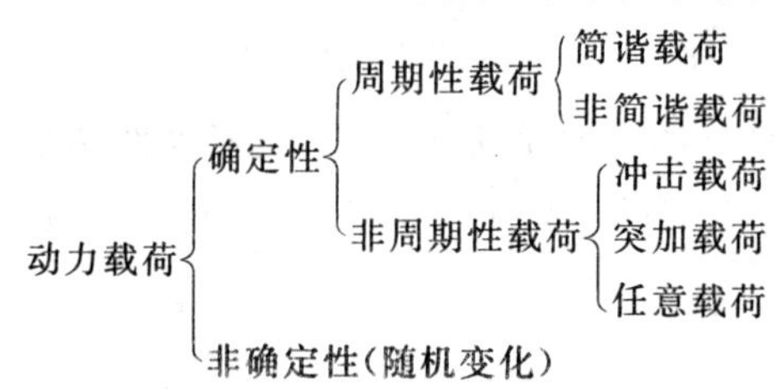

图 1-2-1 动力载荷的分类

所谓确定性动力载荷，是指载荷随时间的变化是确定的，不论动力载荷变化规律如何复杂，下一时刻的值是可以预知的。非确定性动力载荷又叫随机性动力载荷，即已知 t 时刻载荷值 $F(t)$，而 $t+\Delta t$ 时刻载荷值 $F(t+\Delta t)$不可以确定，但服从一定的统计规律，即动力载荷 $F(t)$是一种随机过程。根据载荷随时间的变化规律，确定性动力载荷又可以分为两类，即周期性载荷和非周期性载荷。根据周期性动力载荷的变化特点以及对应采用的动力分析方法的不同，周期性载荷又可分为简谐载荷(见图 1-2-2(a))和非简谐载荷(见图 1-2-2(b))。非周期性载荷又分为突加载荷(见图 1-2-2(c))、冲击载荷(见图 1-2-2(d))和任意载荷等(见图 1-2-2(e))。简谐载荷可以用正弦或余弦函数表示其变化规律，非简谐载荷随时间作周期性变化，是时间的周期函数，但不能简单地用简谐函数来表示，例如轴承内、外圈受到滚动体的作用力等。突加载荷一般是指作用载荷大小从 0 突加到某一数值后保持不变；冲击载荷的幅值(大小) 在很短时间内急剧增大或急剧减小，例如发动机气缸气体的爆发力。任意载荷的幅值变化复杂，一般难以用解析函数表示。随机性动力载荷 $F(t)$实际上是一种随机过程，其变化规律如图 1-2-2(f)所示。

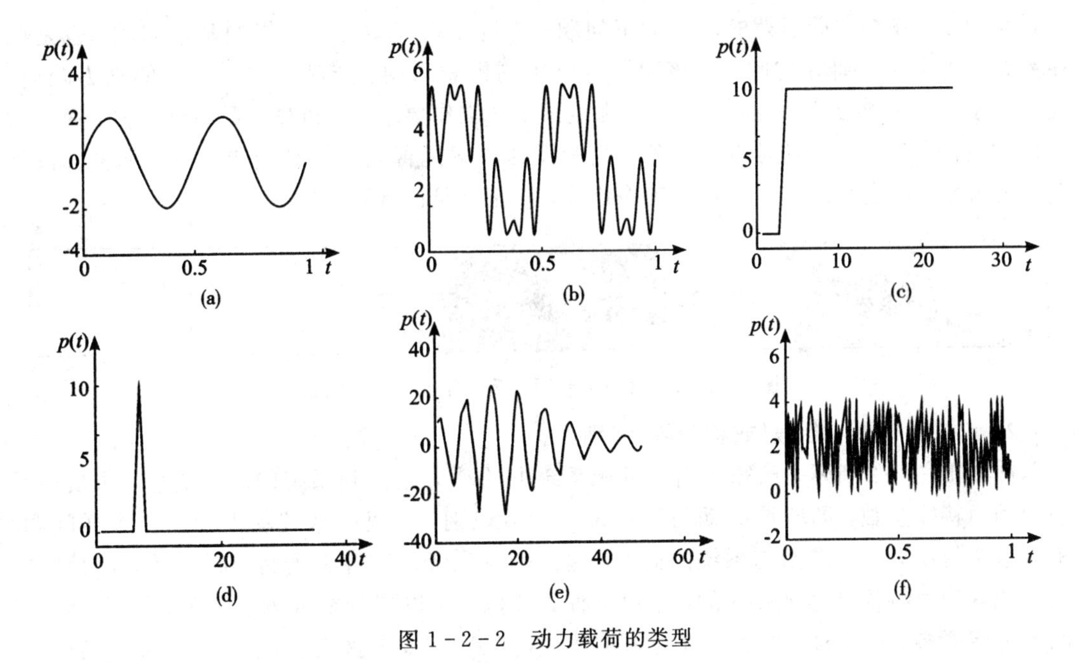

图 1-2-2　动力载荷的类型

动力载荷的上述分类，对于机械系统动力分析方法的选择和零部件的疲劳强度计算方法的选择具有十分重要的指导意义。一般而言，确定性动力载荷作用的动力系统，其动力学分析采用确定性理论求解，而非确定性动力载荷作用的动力系统，其动力学分析采用随机过程的理论来求解。类似地，零部件疲劳强度计算，若其应力为对称循环变应力，则采用经典的疲劳强度计算方法。如零部件的应力为不稳定循环变应力，应采用损伤积累理论与经典的疲劳强度计算方法相结合的方法进行疲劳强度计算。而当零部件的应力随机变化时，其疲劳强度计算需采用随机理论、损伤积累理论与经典的疲劳强度计算方法相结合的方法来解决问题。

1.3　机械系统动力学的研究内容及任务和研究方法

1.3.1　机械系统动力学的研究内容及任务

一般地，机械系统受到力的作用并产生相应的周期性运动。机械系统动力学就是研究动力载荷作用下，机械系统动力特征和动力反应规律的科学。概括地说，机械系统动力学的研究内容和任务主要有机械系统的振动分析、机械系统动力响应分析和机械零部件动强度等。随着现代机械设备日益朝着高效率、高速度、大功率、高精度及高度自动化方向发展，而机械系统的结构却又朝着轻量化、轻巧化方向发展，机械系统动力学问题特别是考虑构件弹性变形的弹性动力学问题也日益突出。具体地说，机械系统动力学问题可以归纳为以下几个方面。

1. 第一类问题：反应分析——正问题

如图 1-3-1 所示，已知机械系统的动力参数和作用在机械系统上的动力载荷，求机械系统的动力响应，即所谓的动力学正问题，是机械系统动力学分析的基本问题，也是机械系统动力学重点研究的问题。该问题可以预测机械结构、产品等在工作时的动力响应，使得其动力响应如变形、位移、应力等满足预定的工作要求。在机械产品设计阶段，通过对具体的设计方案进行动力学响应计算，判断设计方案是否满足设计要求，对于不符合设计要求的方案，提出修改措施并作出动力修改，直至满足设计要求。

图 1-3-1　第一类问题：反应分析——正问题

2. 第二类问题：参数(或称系统)识别

如图 1-3-2 所示，已知作用在机械系统上的动力载荷和系统的动力响应，求机械系统的动力特征参数，即所谓的动力学系统的参数识别，是机械系统动力学的一个逆问题。机械系统的动力特征参数与系统的输入、输出响应三者之间存在着特定的关系，涉及的机械系统其动力特征是客观存在的，但由于种种原因，难以用分析或测量的方法获得其全部的动力特征参数。此时，将系统视为未被认识的“黑箱”或未被完全认识的“灰箱”，通过分析系统输入和输出间的关系，并对系统模型作适当的假设，识别系统的动力特征参数。动力系统的动力参数识别方法常应用于动力系统的参数测定、机器故障诊断等领域中。

图 1-3-2　第二类问题：参数(或称系统)识别

3. 第三类问题：载荷识别

如图 1-3-3 所示，已知机械系统的动力特征参数和系统的动力响应，求作用在机械系统上的动力载荷，即所谓的载荷识别问题，这也是机械系统动力学的一个逆问题。

图 1-3-3　第三类问题：载荷识别

4. 第四类问题：控制问题

如图 1-3-4 所示，动力学控制系统是在动力系统中增加一个控制装置或控制系统，测定动力系统输出响应，并与目标响应相比较，得到动力系统响应的偏差，通过控制装置或控制系统反馈作用于动力系统，使得动力系统按照目标响应进行工作。动力学控制系统增加了控制装置或控制系统，相对比较复杂，动力学问题也很复杂，但机械系统动力学的基本理论和方法是解决此类问题的基础。

作为机械系统动力学课程，本书主要研究机械主传动系统动力响应分析问题，即动力学正问题。应用于机械主传动系统的常用机构有连杆机构、凸轮机构、齿轮机构、轴-轴承系统等，它们是机械系统动力学研究的主要研究对象。动力学分析着重讨论考虑构件弹性变形时机械系统的动力学行为。

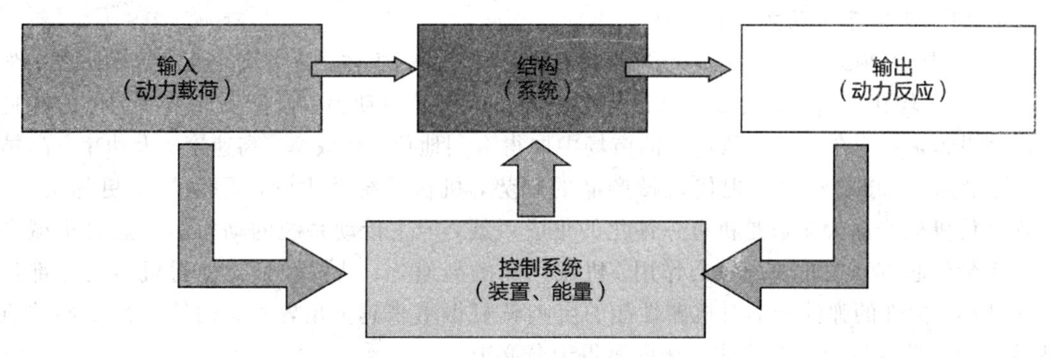

图1-3-4　第四类问题：控制问题

1.3.2　机械系统动力学的研究方法

与研究一般的动力学问题类似，机械系统动力学的研究方法可分为两大类，即理论分析和试验研究。

1. 理论分析

机械系统动力学问题求解的基本方法如图1-3-5所示。它是求解一般工程中的力学问题的一般方法，也是研究机械系统动力学问题的基本方法。对于待求解的工程问题(机械系统动力学问题)，首先要根据求解问题的需要进行简化，提炼出力学模型。工程问题的简化原则：针对问题，分清主次，忽略细节，追求“神似”。所谓“神似”，就是提炼的力学模型的力学本质与所求解的工程问题一致，求解精度符合工程要求。对于机械系统动力学问题，其力学模型就是以机械系统动力特征参数(动力系统的自由度、质量、刚度和阻尼系数等)表示的计算简图。根据力学模型可以建立机械系统动力学问题的数学模型，其力学原理主要有牛顿第二定律、达朗贝尔原理、动能定理、第二类拉格朗日方程等。机械系统动力学问题的数学模型一般为二阶微分方程(组)，其求解方法可分为解析法、半解析半数值法和数值法。随着计算机的普及和各种专业软件的应用推广，数值法已经成为求解机械系统动力学问题的主要方法。除了分析计算，机械工程师的另一个重要任务是对计算结果可行性作出正确评价，这样才能真正解决工程问题。

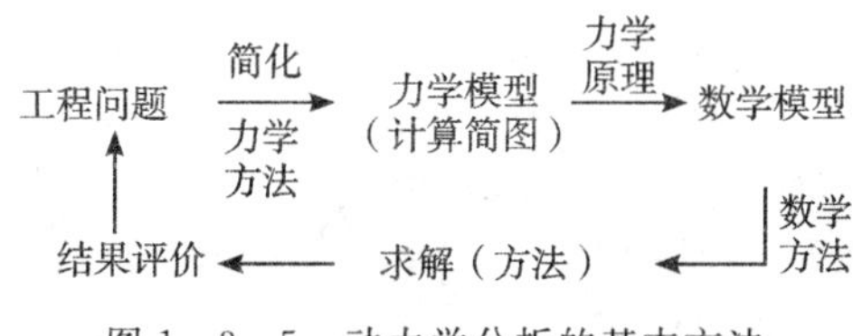

图1-3-5　动力学分析的基本方法

2. 试验研究

动力学试验研究包括模态实验、动力参数测量、模型试验、现场测试等，它是机械产品设计和运行使用过程中不可缺少的重要环节，也是机械系统动力学理论分析的重要补充。

一方面，理论分析的结果需要试验验证其正确性；另一方面，一些动力系统的动力特征参数如阻尼比需要试验测量方可获得。

3. 研究机械系统动力学的意义

《中国制造2025》中开篇第一句“制造业是国民经济的主体，是立国之本、兴国之器、强国之基”。现代化制造业，机械产品设计是先导，创新是原动力。设计出高效率、性能优良的机械设备，才能在日益激烈竞争的市场中取得有利地位。高效率、高速度、大功率、高精度、轻量化、高度自动化是现代机械产品的趋势，机械系统动力学问题就显得更加突出。尽管现代机械产品大多数是机电一体化的集成系统，但主传动系统的动力学性能对机械产品的质量仍起着至关重要的核心作用。机械产品的高速化、结构轻量化使得机器的零部件尺寸减小，构件的弹性变形对机器性能的影响就显得越来越突出，考虑构件弹性变形的机械系统动力学分析的动态设计方法就显得十分必要。

对于精密机械，影响其精度的主要因素有运动副间隙、构件弹性变形、制造误差等。高速运转条件下的精密机械，其动态性能与静态时的性能存在十分显著的区别。进行动力学分析时必须考虑运动副间隙、构件弹性变形、制造误差等因素，方能准确地预测精密机械的性能。动态设计是精密机械设计的重要方法之一。

降低机器运转时的振动与噪声，长期以来一直是机械产品设计面临的重要问题之一。机器的振动与噪声分析与预测，必须从整个机械系统出发，采用动力学的基本理论和方法进行分析，方可找到解决问题的有效途径。如旋转机械惯性力平衡、减振与隔振技术、避开共振频率等方法都是以机械系统动力学理论为基础提出来的。

现代机械产品的另一个重要特点是机电产品的集成化、一体化，除了机械主传动系统外，控制系统也是其主要组成部分。这类机械产品设计必须要进行机械系统动力学及控制分析。尽管本书未涉及机械系统动力学及控制分析问题，但机械系统动力学理论是解决机械系统动力学及控制分析问题的基础。

长期以来，机械设计采用“静态设计，动态补救”的设计方法，从20世纪80年代开始，动态设计方法已经开始应用于国内工程设计中。现代计算机的普及和各种专业软件的广泛应用，特别是动力学仿真软件的流行，CAD和CAE技术的日趋成熟，对机械系统进行动态分析与综合，计算与编程工作量和难度已大大下降。以机械系统动力学为理论基础的动态设计方法已经成为机械产品设计的必要手段。掌握机械系统动力学基本理论并学会一种动力学仿真软件的使用，已经成为现代机械工程师的基本技能。

第 2 章　机械系统运动微分方程的建立

2.1　机械系统的动力学特征参数

2.1.1　自由度

有关自由度的概念，我们并不陌生，在理论力学中，对于质点或质点系而言，所谓质点（系）的自由度，是指描述质点（系）位置的独立参数的数目或独立坐标的数目。与理论力学中质点（系）的动力自由度的定义类似，对于机械系统的动力自由度，可以定义为：描述机械系统运动构件位置的独立运动参数（或独立坐标）的数目。动力自由度是机械系统的一个非常重要的动力特性。

动力系统按自由度划分可分为单自由度系统、多自由度系统和连续系统。

1. 单自由度系统

如图 2-1-1(a)所示的典型的质量-弹簧-阻尼系统、图 2-1-1(b)所示的四杆机构（当不考虑构件弹性时）均为单自由度系统。

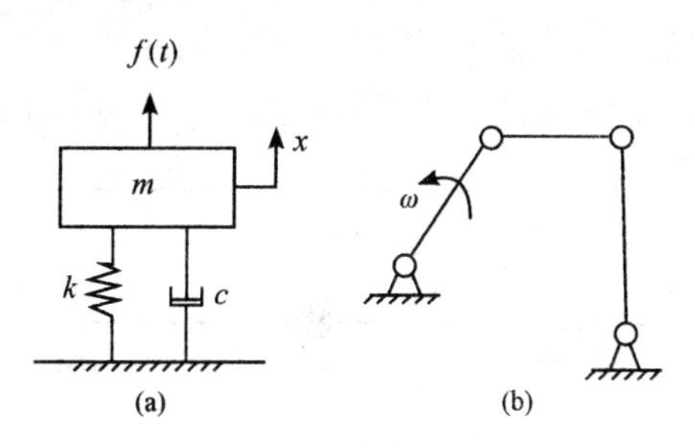

图 2-1-1　单自由度系统

2. 多自由度系统

如图 2-1-2 所示为多自由度串联质量弹簧系统，而图 2-1-3 所示为常见的两个自由度机械手的多刚体动力系统的计算简图。

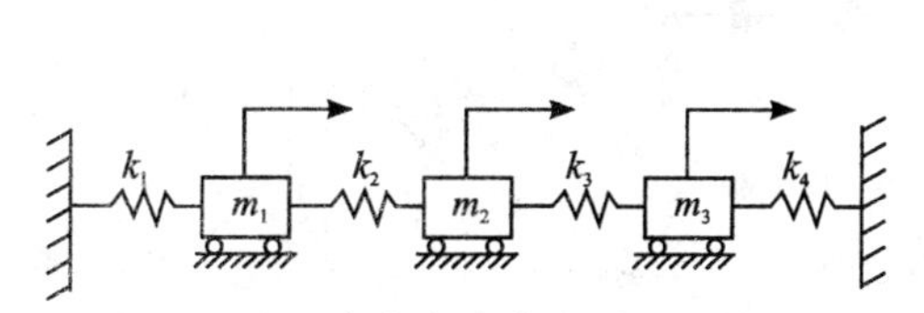

图 2-1-2　多自由度串联质量弹簧系统

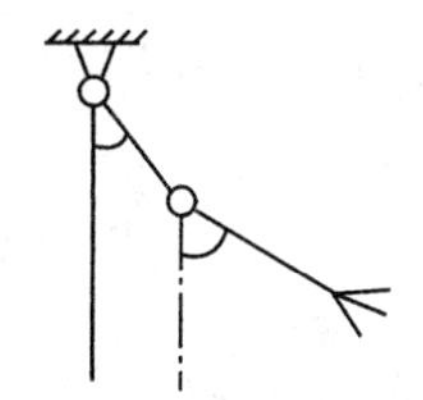

图 2-1-3　两个自由度机械手的多刚体动力系统

3. 连续系统

在研究图 2-1-4 所示梁的纵向振动和横向振动问题时，可视其为动力自由度是无穷大的连续系统。若研究考虑构件弹性变形的连杆机构动力学问题，则图 2-1-1(b)所示的连杆机构的运动可视为连杆机构大范围的刚性运动与各个杆件的弹性运动的叠加，其动力自由度也是无穷大。

图 2-1-4　梁的纵向振动和横向振动

2.1.2　动力自由度的确定

工程实际中的构件，其几何形状是分布在三维空间的几何体，因此，机械系统动力学问题是构件质量连续分布、具有无穷多个自由度的动力学问题。建立机械系统动力学模型，必须对系统进行简化，提取动力系统的自由度。常用的简化方法主要有集中质量法、广义坐标法和有限单元法等。

1. 集中质量法

集中质量法是一种常用的将连续系统离散为有限个自由度系统的简化方法，又称集中参数法。它把构件的分布质量在一些适当的位置集中起来，离散为若干个集中质点，使无限自由度系统转化为有限自由度系统，从而使计算得到简化。质量的集中方法有多种，其中最简单的是根据静力等效原则，使集中后的惯性力力系与原来的惯性力力系互为等效(它们的主矢与主矩彼此相等)。例如图 2-1-5 不计轴向变形的均质简支梁，可根据计算精度需要简化 1 个、2 个、3 个以及更多的离散质点，其动力自由度分别为 1、2、3…显然，

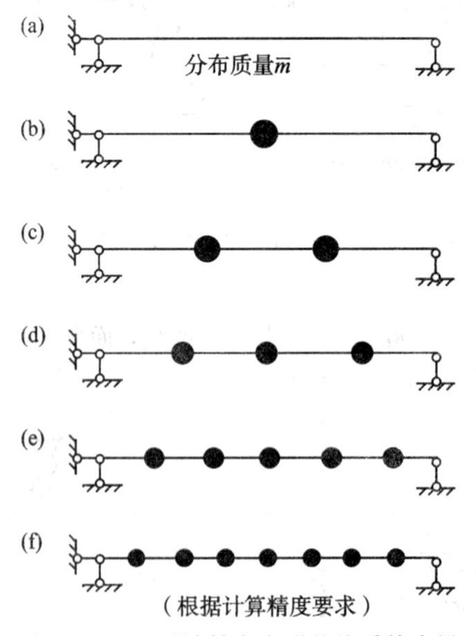

图 2-1-5　不计轴向变形的均质简支梁

集中质量的数目越多，则所得的结果越精确，但计算的工作量也越大。图 2-1-6 为安装在简支梁上的电动机，由于电动机的质量相对较大，为了简化计算，常将其简化成具有一个自由度的单自由度系统。

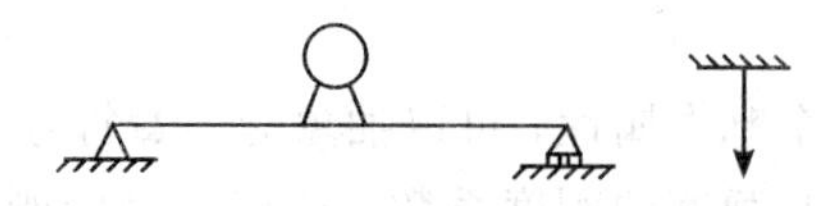

图 2-1-6　安装在简支梁上的电动机

2. 广义坐标法

广义坐标法是一种应用数学中的 Tailor 级数近似逼近一个连续函数来减少连续系统动力自由度的简化方法。具有分布质量的简支梁的振动曲线(位移曲线)，可近似地用三角级数表示为

$$y(x,\ t)=\sum_{k=1}^{n}\alpha_k(t)\sin\frac{k\pi x}{l} \tag{2-1-1}$$

式中，$\sin\frac{k\pi x}{l}$是一组给定的函数，称为“位移函数”或“形状函数”，与时间无关。$\alpha_k(t)$是一组待定参数，称为“广义坐标”，随时间而变化。因此，简支梁在任一时刻的位置是由广义坐标来确定的。

注意： 这里的“形状函数”应满足位移边界条件，所选的函数形式可以是任意的连续函数。

因此，式(2-1-1)可写成更一般的形式：

$$y(x,\ t)=\sum_{k=1}^{n}\alpha_k(t)\varphi_k(t) \tag{2-1-2}$$

式中，$\varphi_k(t)$是自动满足位移边界条件的函数集合中任意选取的 n 个函数。动力学仿真软件 ADAMS 中的弹性构件就是采用“广义坐标法”来表述的。

3. 有限单元法

有限单元法可看做广义坐标法的一种特殊应用。体系的离散化和单元的广义坐标二者结合起来，就构成了有限单元的概念。具体做法详见弹性连杆机构动力学的相关章节。

2.1.3　基本动力元件与特性

1. 质量和转动惯量

构件的质量是构件的一个基本动力特性，是构件惯性的一种度量，可用符号表示，如图 2-1-7 所示。

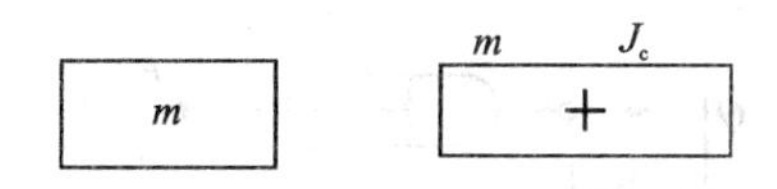

图 2-1-7　质量和转动惯量

一般而言，构件的质量可通过公式 $m=\rho v$ 计算获得，其中 ρ 为材料的密度，v 为构件的体积，或采用称重法获得。而转动惯量为构件绕某点或某固定轴转动惯性的度量，其计算

公式为

$$J_c = \sum \Delta m_i r_i^2 \tag{2-1-3}$$

式中，Δm_i 为第 i 个质点的质量，r_i 为第 i 质点到转动中心 c 的距离。

2. 弹簧

弹性变形是弹性体的一个基本属性，可以抽象为弹簧符号来表示，如图 2－1－8 所示。描述弹性体弹性性能的指标是弹簧的刚度系数。所谓弹簧的刚度系数，是指使弹簧产生单位位移所需要施加的作用力。按照弹簧的刚度系数的特性，弹簧可分为线性弹簧和非线性弹簧两种。线性弹簧的刚度系数为一常数，弹簧的受力和位移之间关系为线性关系，即

$$F = k(x_2 - x_1) = k\Delta x \tag{2-1-4}$$

其中，k 为弹簧的刚度系数，Δx 为弹簧的伸长量，F 为弹簧的作用力。

对于图 2－1－9 所示的扭转振动的圆盘，其圆轴可视为一个扭转弹簧，其刚度系数为

$$k=\frac{GI_p}{l}$$

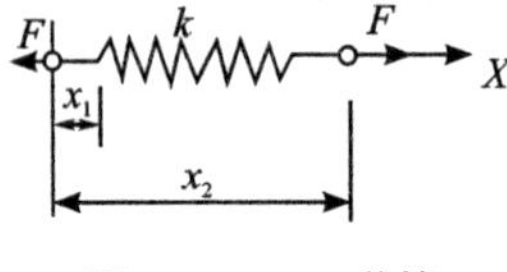
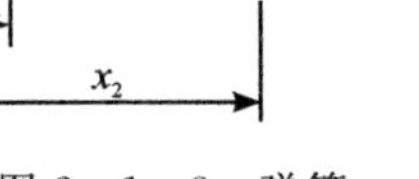

图 2－1－8 弹簧

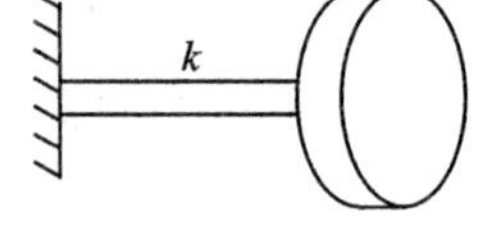

图 2－1－9 扭转振动的圆盘

其中，G 为材料的切变模量，l 为轴的长度，I_p 为截面的极惯性矩。对应的弹簧作用力为一力偶，其力偶矩为 T，则 $T=k\Delta\varphi$，$\Delta\varphi$ 为圆盘的转角。非线性弹簧的受力和位移之间的关系为非线性关系，如非线性硬弹簧力与变形之间的关系可表示为

$$F=k\Delta x+\beta\Delta x^3$$

汽车的减震板簧就可以视为非线性硬弹簧。

而非线性软弹簧力与变形之间的关系可表示为

$$F=k\Delta x-\beta\Delta x^3$$

其中，k、β 为弹簧的材料系数。如汽车的橡胶轮胎，可视为非线性软弹簧。弹簧的刚度系数可以通过分析计算获得，也可以通过试验测量。

3. 阻尼器

阻尼器是动力系统中的能量耗散装置，其符号表示如图 2－1－10 所示。阻尼是动力系统的又一个重要的特征参数。工程中常见的是黏性阻尼，即阻尼力与相对运动速度成正比：

$$F_d = -c(\dot{x}_2 - \dot{x}_1) \tag{2-1-5}$$

式中，c 为黏性阻尼系数或线性阻尼系数。

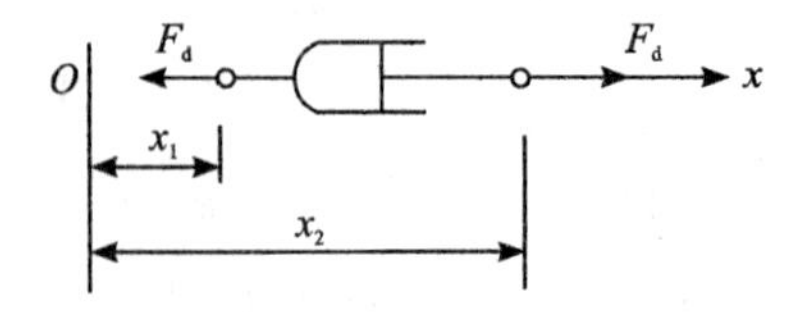

图 2－1－10 阻尼器的符号表示

阻尼是一个十分复杂的物理参量，至今人们对它的研究还很不充分。引起动力系统的阻尼的根本原因在于摩擦，如材料变形时的内摩擦、构件运动时的空气阻力、构件连接部位的摩擦阻力等。目前还不能通过计算获得动力系统的阻尼系数 c，动力系统的阻尼系数一般利用试验测得，或查阅有关资料或手册类比获得。

2.2 机械系统动力学模型的建立

工程实际中的机械系统动力学问题往往是十分复杂的，为了简化问题，突出其动力学问题的本质特征，常用简单的图形和符号来表示工程机械系统。用以代替实际动力学问题、反映实际问题动力学特征的简单图形，称为机械系统的**动力学计算简图**，又称**力学模型**。

建立机械系统的动力学计算简图，必须对机械系统进行简化，其简化原则主要有：

(1) 从实际出发，符合实际。建立的动力学计算简图要反映实际动力学问题的特点和规律。

(2) 分清主次，略去细节。通过简化得到的动力学计算简图要便于计算。

简而言之，建立机械系统动力学计算简图的要点是：从**实际出发、分清主次、存本去末、追求神似**。

例如对于图 2-2-1(a)所示的水塔结构，在忽略其轴向变形，利用集中质量法，将质量集中在塔顶，就得到图 2-2-1(b)所示的单自由度动力计算简图，进一步提取结构的动力特征参数。用符号表示的动力计算简图如图 2-2-1(c)所示。其中 $k=\frac{3EI}{l^3}$，l 为塔高，EI 为塔截面的抗弯刚度，$f(t)$为作用在塔顶上的风载荷。

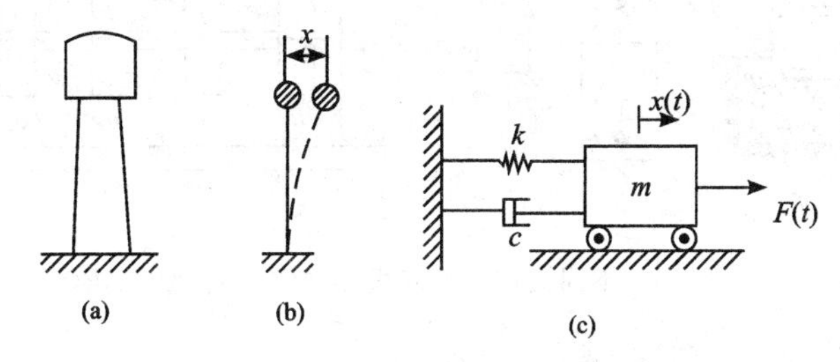

图 2-2-1 水塔结构计算简图

对于图 2-2-2(a)所示的横梁刚度为无穷大的 2 层框架结构，忽略其轴向变形，利用集中质量法，将横梁的质量集中于一点，就得到图 2-2-2(b)所示的 2 个单自由度动力计

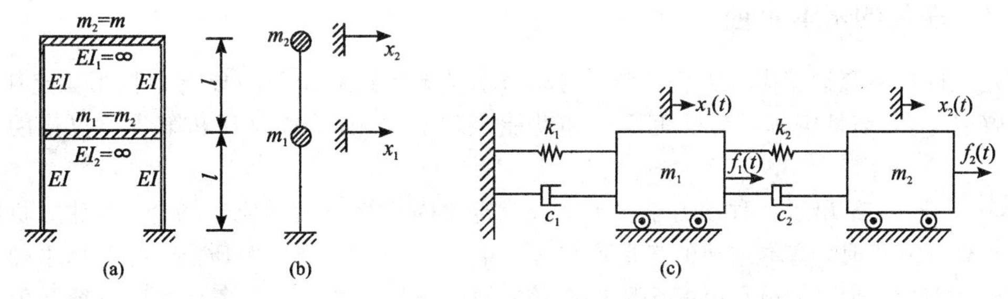

图 2-2-2 框架结构计算简图

算简图，进一步提取结构的动力特征参数，用符号表示的动力计算简图如图 2-2-2(c)所示。其中，$k_1=k_2=\frac{24EI}{l^3}$，$f_1(t)$、$f_2(t)$为作用在结构上的风载荷。

不同类型的实际机器和结构的动力学模型如图 2-2-3 所示。

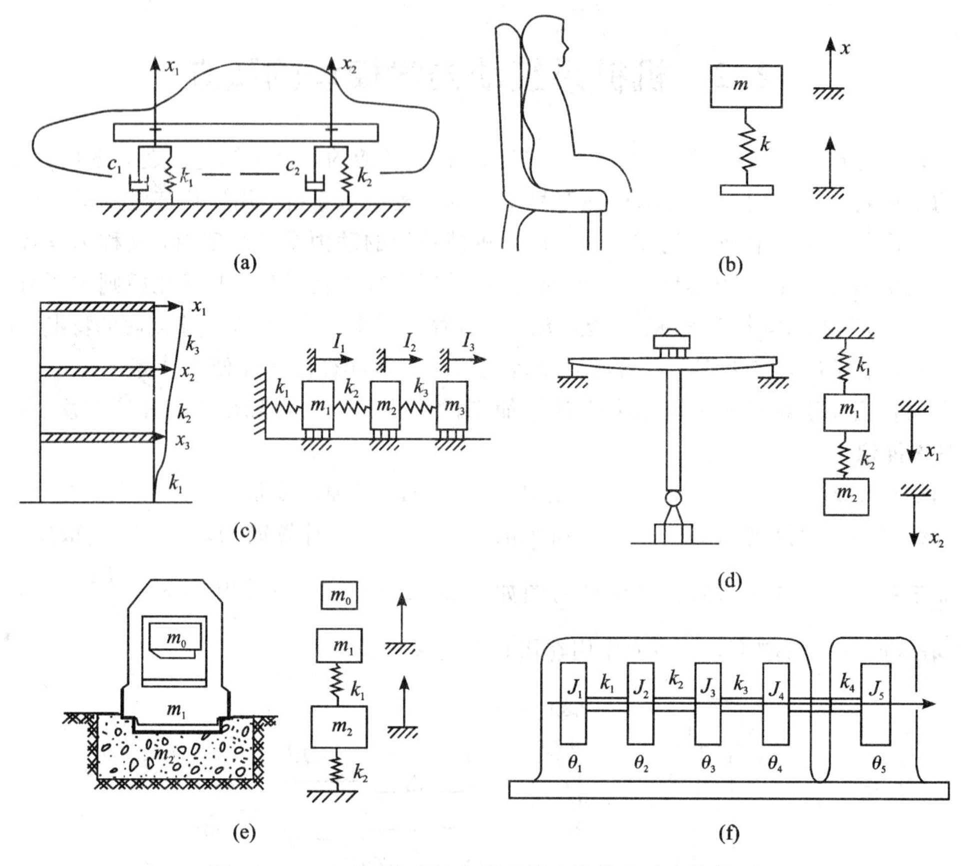

图 2-2-3　不同类型的实际机器和结构的动力学模型

2.3　机械系统运动微分方程的建立

2.3.1　涉及的基本定理

建立机械系统运动微分方程，涉及的动力学基本定理和定律主要有牛顿第二定律、动力学普遍定理(动量定理、动量矩定理和动能定理)、达朗贝尔原理和第二类拉格朗日方程等。

表 2-3-1 给出了各种动力学基本定理或定律的计算公式和应用场合。在建立机械系统运动微分方程时，基本定理的选取原则是：单自由度系统或单个质点，可选择牛顿第二定律或达朗贝尔原理；单自由度多刚体系统，优先选择动能定理；多自由度系统一般采用第二类拉格朗日方程或达朗贝尔原理。

表 2-3-1　动力学基本定理或定律

定理或定律	计算公式		应用场合
	矢量式	投影式	
牛顿第二定律	$\sum \boldsymbol{F} = m\boldsymbol{a}$	$m\ddot{x} = \sum F_x$ $m\ddot{y} = \sum F_y$ $m\ddot{z} = \sum F_z$	质点动力学
动量定理	$\dfrac{\mathrm{d}\boldsymbol{p}}{\mathrm{d}t} = \sum \boldsymbol{F}^e$	$\dfrac{\mathrm{d}p_x}{\mathrm{d}t} = \sum F_x^e$ $\dfrac{\mathrm{d}p_y}{\mathrm{d}t} = \sum F_y^e$ $\dfrac{\mathrm{d}p_z}{\mathrm{d}t} = \sum F_z^e$	求解质点系动力学问题，如变质量问题、碰撞问题等
动量矩定理	$\dfrac{\mathrm{d}\boldsymbol{L}_O}{\mathrm{d}t} = \sum \boldsymbol{M}_O(\boldsymbol{F}^e)$	$\dfrac{\mathrm{d}L_x}{\mathrm{d}t} = \sum M_x(\boldsymbol{F}^e)$ $\dfrac{\mathrm{d}L_y}{\mathrm{d}t} = \sum M_y(\boldsymbol{F}^e)$ $\dfrac{\mathrm{d}L_z}{\mathrm{d}t} = \sum M_z(\boldsymbol{F}^e)$	求解质点系动力学问题，如绕某点或某轴转动的动力学问题
动能定理		$\mathrm{d}T = \sum \delta W$（标量形式）	求解单自由度多刚体多约束系统动力学问题
达朗贝尔原理	引入惯性力的概念，真实力系与惯性力系构成形式上的平衡力系。 $\sum \boldsymbol{F}_i + \sum \boldsymbol{I}_i = 0$ $\sum \boldsymbol{M}_O(\boldsymbol{F}_i) + \sum \boldsymbol{M}_O(\boldsymbol{I}_i) = 0$	$\sum F_x + \sum I_x = 0$ $\sum F_y + \sum I_y = 0$ $\sum F_z + \sum I_z = 0$ $\sum M_x(\boldsymbol{F}) + \sum M_x(\boldsymbol{I}) = 0$ $\sum M_y(\boldsymbol{F}) + \sum M_y(\boldsymbol{I}) = 0$ $\sum M_z(\boldsymbol{F}) + \sum M_z(\boldsymbol{I}) = 0$	求解动力学问题的通用方法，可求解一切动力学问题
第二类拉格朗日方程		$\dfrac{\mathrm{d}}{\mathrm{d}t}\left(\dfrac{\partial T}{\partial \dot{q}_k}\right) - \dfrac{\partial T}{\partial q_k} = Q_k$ $k = 1, 2, \cdots, n$	求解多自由度系统动力学问题

2.3.2　单自由度系统

对于图 2-3-1(a)所示的单自由度强迫振动系统，可采用牛顿第二定律建立其运动微分方程。解法步骤如下：

(1) 建立坐标系 x。

(2) 取质点 m 为隔离体，进行受力分析，如图 2-3-1(b)所示。

(3) 根据牛顿第二定律：

$$m\ddot{x}=F(t)-kx-c\dot{x}$$

整理后，得到系统的运动微分方程为

$$m\ddot{x}+c\dot{x}+kx=F(t) \tag{2-3-1}$$

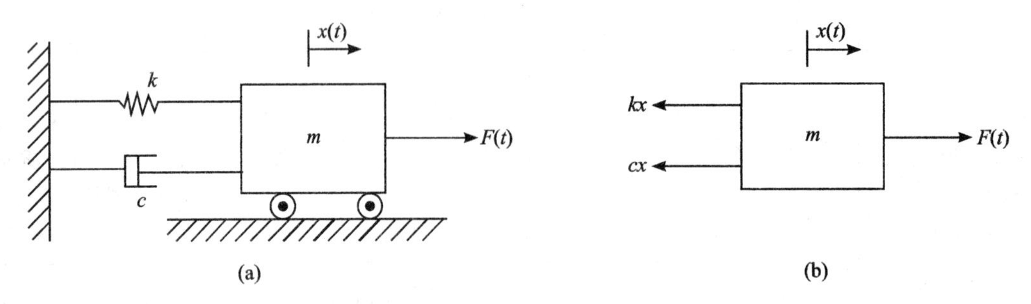

图 2-3-1 单自由度强迫振动系统与受力分析

例 2-3-1 图 2-3-2(a) 所示的安装在简支梁上的电动机，工作时转动角速度为 ω，梁的等效质量和电动机的质量总和为 M，若电动机的转子的偏心质量为 m，建立系统的运动微分方程。

解：(1) 根据电动机的工作特点，可见该振动系统为单自由度系统，建立坐标系，提出的力学模型如图 2-3-2(b)所示，其中弹簧的刚度系数为 $k=\frac{1}{\delta}=\frac{48EI}{l^3}$。取电动机为研究对象，画出的受力图，如图 2-3-2(c)所示。

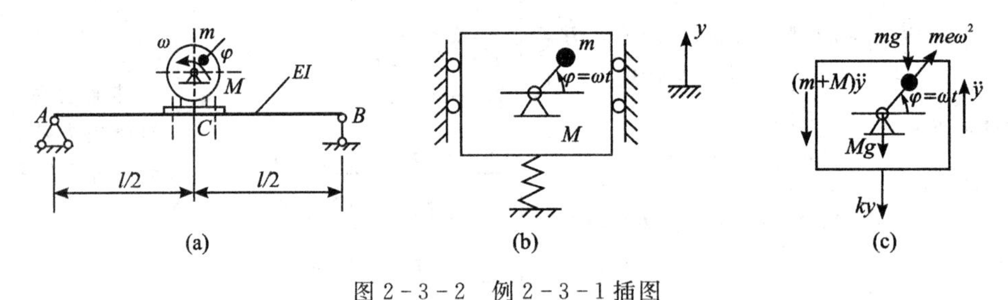

图 2-3-2 例 2-3-1 插图

(2) 根据达朗贝尔原理 $\sum F_y=0$ 有：

$$me\omega^2\sin\varphi-ky-(m+M)\ddot{y}-(M+m)g=0$$

$$(m+M)\ddot{y}+ky=me\omega^2\sin\omega t-(M+m)g$$

调整静坐标原点，以静平衡位置为坐标原点，则

$$(M+m)\ddot{y}+ky=me\omega^2\sin\omega t \tag{2-3-2}$$

例 2-3-2 求图 2-3-3(a)所示的振动系统微幅振动微分方程，不计杆件的变形和质量。

解：(1) 单自由度系统，选广义坐标 θ，并规定顺时针为正。

(2) 选择研究对象，画受力图，如图 2-3-3(b)所示。

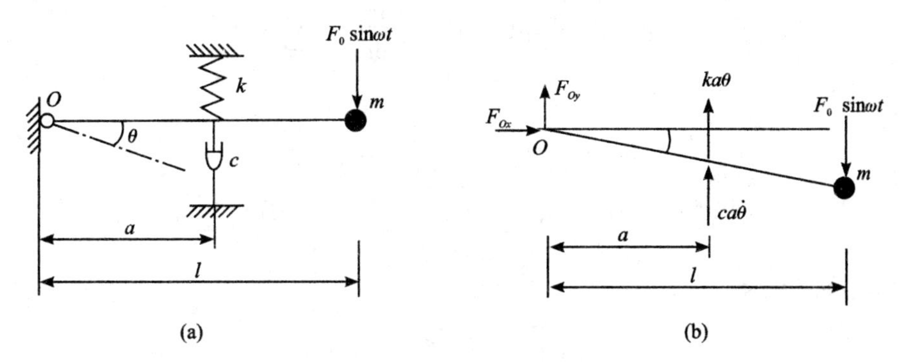

图 2-3-3　振动系统及其受力分析

(3) 根据动量矩定理：

$$\frac{\mathrm{d}\boldsymbol{L}_O}{\mathrm{d}t}=\sum \boldsymbol{M}_O(\boldsymbol{F})$$

可得

$$\frac{\mathrm{d}}{\mathrm{d}t}(ml^2\dot{\theta})=F_0\sin\omega t\cdot l-ka^2\theta-ca^2\dot{\theta}$$

整理得

$$ml^2\ddot{\theta}+ca^2\dot{\theta}+ka^2\theta=F_0 l\sin\omega t$$

2.3.3　单自由度多刚体系统

例 2-3-3　图 2-3-4 所示为偏置曲柄滑块机构，已知：曲柄 AB 的长度为 l_1，质量为 m_1，对转动中心 A 的转动惯量为 J_A，连杆 BC 的杆长为 l_2，质量为 m_2，对其质心 C_2 的转动惯量为 J_2，滑块 C 质量为 m_3，建立运动方程。

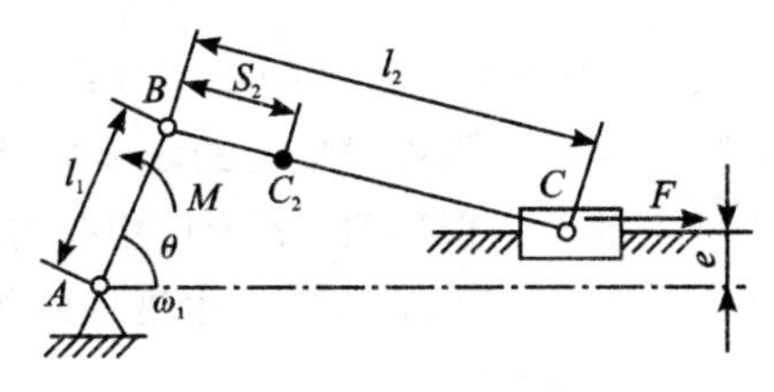

图 2-3-4　偏置曲柄滑块机构

解：(1) 单自由度多刚体系统，取广义坐标 θ(曲柄转角)，宜采用动能定理建立系统的运动微分方程。

(2) 以整个系统为研究对象，注意约束反力不做功，只画主动力。

(3) 分析运动：

曲柄 AB：定轴转动，角速度为 ω_1；

连杆 BC：平面运动，可通过运动学分析求质心 C_2 的速度 V_{C_2}，以及转动角速度 ω_2；

滑块 C：平动，速度为 v_{C_3}。

（4）根据质点系动能定理：

$$\mathrm{d}T = \sum \delta W \quad 或 \quad \frac{\mathrm{d}T}{\mathrm{d}t} = \sum N_i$$

系统的动能为

$$T = T_1 + T_2 + T_3 = \frac{1}{2}J_A\omega_1^2 + \left(\frac{1}{2}J_2\omega_2^2 + \frac{1}{2}m_2 v_{C_2}^2\right) + \frac{1}{2}m_3 v_{C_3}^2$$

$$= \frac{1}{2}\left[J_A + J_2\left(\frac{\omega_2}{\omega_1}\right)^2 + m_2\left(\frac{v_{C_2}}{\omega_1}\right)^2 + m_3\left(\frac{v_{C_3}}{\omega_1}\right)\right]\omega_1^2 = \frac{1}{2}J_e\omega_1^2$$

主动力的功率之和为

$$\sum N_i = M\omega_1 - Fv_{C_3}$$

$$\frac{\mathrm{d}T}{\mathrm{d}t} = \frac{\mathrm{d}}{\mathrm{d}t}\left[\frac{1}{2}J_A\omega_1^2 + \frac{1}{2}J_2\omega_2^2 + \frac{1}{2}m_2 v_{C_2}^2 + \frac{1}{2}m_3 v_{C_3}^2\right]$$

所以系统的运动微分方程为

$$\frac{\mathrm{d}}{\mathrm{d}t}\left[\frac{1}{2}J_A\omega_1^2 + \frac{1}{2}J_2\omega_2^2 + \frac{1}{2}m_2 v_{C_2}^2 + \frac{1}{2}m_3 v_{C_3}^2\right] = M\omega_1 - Fv_{C_3} \tag{2-3-3}$$

引入等效转动惯量和等效力矩的概念，使表达更简洁。等效原则：等效转动惯量等效前、后动力系统的动能相等，等效力矩等效前、后动力系统的瞬时功率相等。

一般地：

$$T = \sum\left(\frac{1}{2}J_j\omega_j^2 + \frac{1}{2}m_j v_{C_j}^2\right) = \frac{1}{2}J_e\omega_1^2$$

即等效转动惯量为

$$J_e = \sum_{j=1}^{n}\left[J_j\left(\frac{\omega_j}{\omega_1}\right)^2 + m_j\left(\frac{v_{C_j}}{\omega_1}\right)^2\right] \tag{2-3-4}$$

等效力矩为

$$M_e = \sum_{j=1}^{m} M_j\frac{\omega_j}{\omega_1} + \sum_{j=1}^{p} F_j\frac{v_{C_j}}{\omega_1} \tag{2-3-5}$$

式中，ω_1 为等效构件的角速度；ω_j 为第 j 个构件的角速度；v_{C_j} 为第 j 个构件的质心速度；v_j 为外力 F_j 作用点的速度；J_j 为第 j 个构件对质心的转动惯量；m_j 为第 j 个构件的质量；n 为构件数目；m 为作用在构件上的外力偶数目；p 为作用在构件上的外力数目。

等效模型的物理意义如图 2-3-5 所示，将单自由度多刚体系统等效为具有等效转动惯量和等效力矩作用的绕 A 点的定轴转动。

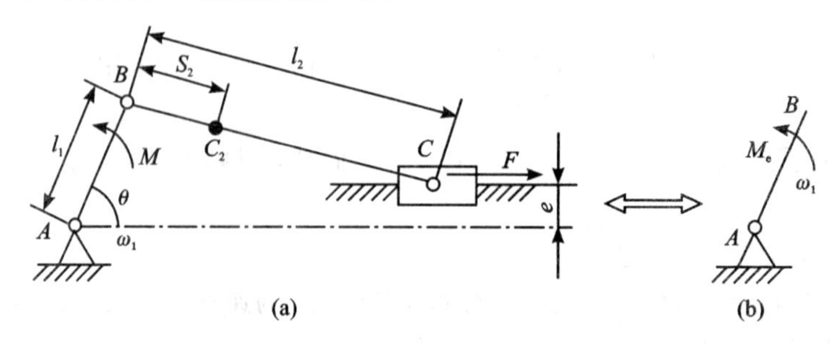

图 2-3-5　单自由度多刚体系统的定轴运动等效模型

等效转动惯量不是常数，一般是曲柄转角的函数。同样的，也可以将单自由度多刚体系统等效为具有等效质量和等效力作用的往复移动，如图 2-3-6 所示。其等效质量为

$$m_e = \sum_{j=1}^{n}\left[J_j\left(\frac{\omega_j}{v_{C_3}}\right)^2 + m_j\left(\frac{v_{C_j}}{v_{C_3}}\right)^2\right] \tag{2-3-6}$$

等效力为

$$F_e = \sum_{j=1}^{m} M_j \frac{\omega_j}{v_{C_3}} + \sum_{j=1}^{p} F_j \frac{v_{C_j}}{v_{C_3}} \tag{2-3-7}$$

式中，v_{C_3} 为等效构件的速度；ω_j 为第 j 个构件的角速度；v_{C_j} 为第 j 个构件的质心速度；v_j 为外力 F_j 作用点的速度；J_j 为第 j 个构件对质心的转动惯量；m_j 为第 j 个构件的质量；n 为构件数目；m 为作用在构件上的外力偶数目；p 为作用在构件上的外力数目。

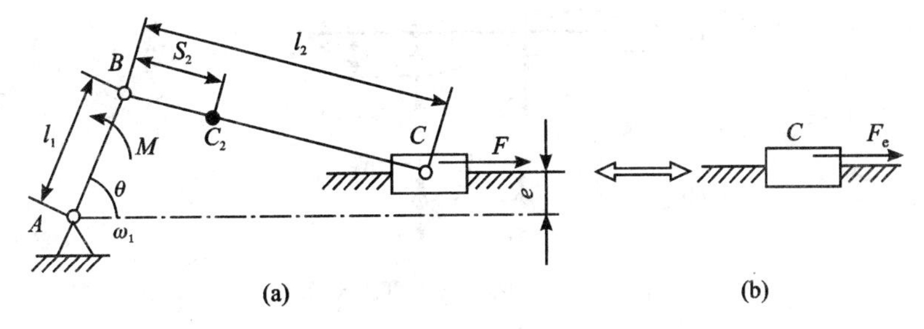

图 2-3-6　单自由度多刚体系统的往复运动等效模型

用等效模型表示的系统运动微分方程可简洁地表示为

$$\frac{\mathrm{d}}{\mathrm{d}t}\left(\frac{1}{2}J_e\omega_1^2\right) = M_e\omega_1 \tag{2-3-8}$$

或

$$\frac{\mathrm{d}}{\mathrm{d}t}\left(\frac{1}{2}m_e v_{C_3}^2\right) = F_e v_{C_3} \tag{2-3-9}$$

2.3.4　多自由度系统

多自由度系统的运动微分方程的建立相对复杂，其结果常用矩阵形式表示比较方便。常用的方法主要有刚度法、柔度法和拉格朗日方程法。前两者基于振动系统的影响系数，只适用于线性系统，后者则基于系统的能量，既可应用于线性系统，也可应用于非线性系统。

1. 刚度法

刚度法引入系统刚度系数的概念，利用达朗贝尔原理和叠加原理，根据每个质点的动力平衡条件建立其动力平衡方程。

对于图 2-3-7 所示的两个自由度振动系统，系统的刚度系数 k_{ij} 定义为第 j 个质点沿其正向产生单位位移，而其余质点位置固定时，在第 i 个质点沿其正向的作用力。如图 2-3-7(b)所示，刚度系数 k_{11} 定义为第 1 个质点沿其正向产生单位位移，而第 2 个质点位置固定时，在第 1 个质点沿其正向的作用力；同理，刚度系数 k_{21} 定义为第 1 个质点沿其正向产生单位位移，而第 2 个质点位置固定时，在第 2 个质点沿其正向的作用力。取每个质

点为隔离体，其上受到质点的惯性力、激励力和恢复力作用处于动力平衡状态，如第一个质点，受到质点的惯性力$-m_1\ddot{y}_1$、激励力$f_1(t)$和恢复力F_{r1}。

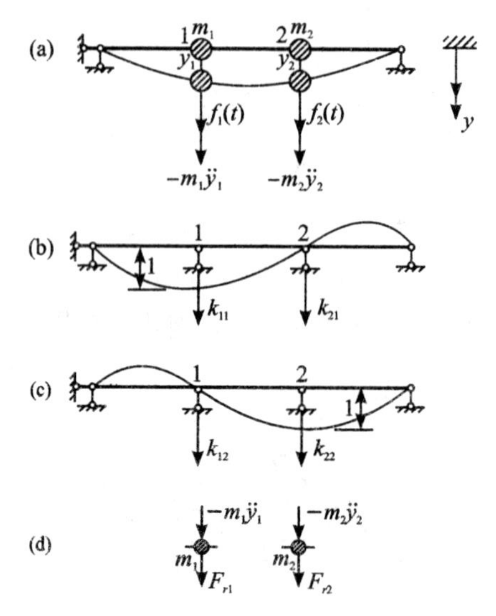

图 2-3-7　两个自由度振动系统

根据达朗贝尔原理，系统的动力平衡条件为

$$\begin{cases} F_{r1}-m_1\ddot{y}_1+f_1(t)=0 \\ F_{r2}-m_2\ddot{y}_2+f_2(t)=0 \end{cases}$$

由叠加原理知，恢复力F_{r1}可以表示为

$$F_{r1}=-(k_{11}y_1+k_{12}y_2),\ F_{r2}=-(k_{21}y_1+k_{22}y_2)$$

故系统的运动微分方程为

$$-(k_{11}y_1+k_{12}y_2)-m_1\ddot{y}_1+f_1(t)=0$$

$$-(k_{21}y_1+k_{22}y_2)-m_2\ddot{y}_2+f_2(t)=0$$

整理并将系统的运动微分方程写成矩阵形式：

$$\begin{bmatrix} m_1 & 0 \\ 0 & m_2 \end{bmatrix}\begin{bmatrix} \ddot{y}_1 \\ \ddot{y}_2 \end{bmatrix}+\begin{bmatrix} k_{11} & k_{12} \\ k_{21} & k_{22} \end{bmatrix}\begin{bmatrix} y_1 \\ y_2 \end{bmatrix}=\begin{bmatrix} f_1(t) \\ f_2(t) \end{bmatrix} \tag{2-3-10}$$

简写成：

$$\boldsymbol{M}\ddot{\boldsymbol{Y}}+\boldsymbol{K}\boldsymbol{Y}=\boldsymbol{F}(t)$$

其中，$\boldsymbol{M}=\begin{bmatrix} m_1 & 0 \\ 0 & m_2 \end{bmatrix}$称为系统的质量矩阵，$\boldsymbol{K}=\begin{bmatrix} k_{11} & k_{12} \\ k_{21} & k_{22} \end{bmatrix}$称为系统的刚度矩阵，$\boldsymbol{F}(t)=\begin{Bmatrix} f_1(t) \\ f_2(t) \end{Bmatrix}$称为载荷向量，$\boldsymbol{Y}=\begin{Bmatrix} y_1 \\ y_2 \end{Bmatrix}$称为位移向量，$\ddot{\boldsymbol{Y}}=\begin{Bmatrix} \ddot{y}_1 \\ \ddot{y}_2 \end{Bmatrix}$称为位移向量的二阶导数。

一般而言，质量矩阵 $\boldsymbol{M}$ 常为对角矩阵，根据反力互等定理知，$k_{12}=k_{21}$，故系统的刚度矩阵为对称矩阵。

由式(2-3-10)可知，对于图2-3-7所示的振动系统，其质量矩阵、载荷向量中的元素均易求出，只要求解出刚度矩阵中的元素即系统的刚度系数，就可以很快列出多自由度系统的运动微分方程。对于 n 个自由度振动系统，求解思路也完全类似，只不过质量矩阵、刚度矩阵的阶数为 n。

例2-3-4　建立图2-3-8(a)所示的3个自由度系统的运动微分方程，其中：$k_i=k$；$i=1,2,3$；$m_i=m$；$i=1,2,3$。

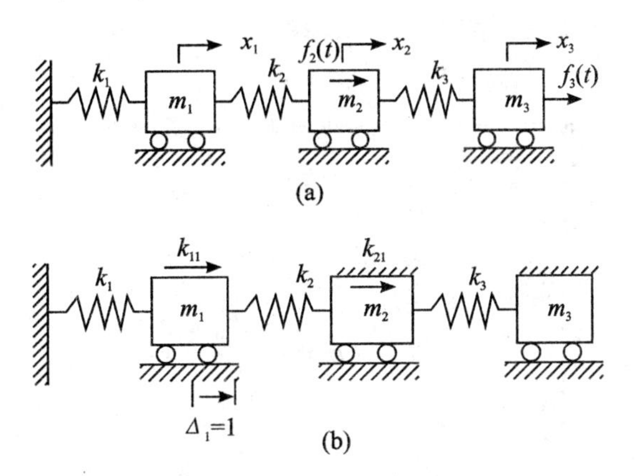

图2-3-8　3个自由度系统

解：(1) 计算刚度系数矩阵。

如图2-3-8(b)所示，使质点 m_1 沿其正向产生位移 $\Delta_1=1$，其余质点固定，此时在质点 m_1 上的作用力为 k_1+k_2，即系统的刚度系数 $k_{11}=k_1+k_2$；在质点 m_2 上的作用力为 $-k_2$，即系统的刚度系数 $k_{21}=-k_2$；在质点 m_3 上的作用力为0，即系统的刚度系数 $k_{31}=0$。按照同样的方法，可以求出刚度系数矩阵 $\boldsymbol{K}$：

$$\boldsymbol{K}=\begin{bmatrix} k_1+k_2 & -k_2 & 0 \\ -k_2 & k_2+k_3 & -k_3 \\ 0 & -k_3 & k_3 \end{bmatrix}$$

(2) 系统的运动微分方程可表达为

$$\begin{bmatrix} m_1 & 0 & 0 \\ 0 & m_2 & 0 \\ 0 & 0 & m_3 \end{bmatrix}\begin{bmatrix} \ddot{x}_1 \\ \ddot{x}_2 \\ \ddot{x}_3 \end{bmatrix}+\begin{bmatrix} k_1+k_2 & -k_2 & 0 \\ -k_2 & k_2+k_3 & -k_3 \\ 0 & -k_3 & k_3 \end{bmatrix}\begin{bmatrix} x_1 \\ x_2 \\ x_3 \end{bmatrix}=\begin{bmatrix} 0 \\ f_2(t) \\ f_3(t) \end{bmatrix}$$

代入数据：

$$\begin{bmatrix} m & 0 & 0 \\ 0 & m & 0 \\ 0 & 0 & m \end{bmatrix}\begin{bmatrix} \ddot{x}_1 \\ \ddot{x}_2 \\ \ddot{x}_3 \end{bmatrix}+\begin{bmatrix} 2k & -k & 0 \\ -k & 2k & -k \\ 0 & -k & k \end{bmatrix}\begin{bmatrix} x_1 \\ x_2 \\ x_3 \end{bmatrix}=\begin{bmatrix} 0 \\ f_2(t) \\ f_3(t) \end{bmatrix}$$

例 2-3-5　建立图 2-3-9 所示的 3 个自由度系统的运动微分方程。

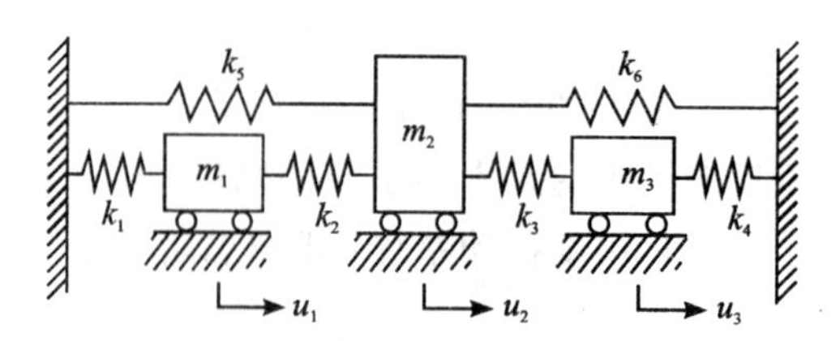

图 2-3-9　3 个自由度系统

解：(1) 计算刚度系数矩阵。

可以求出系统的刚度系数矩阵为

$$\boldsymbol{K}=\begin{bmatrix} k_1+k_2 & -k_2 & 0 \\ -k_2 & k_2+k_3+k_5+k_6 & -k_3 \\ 0 & -k_3 & k_3+k_4 \end{bmatrix}$$

(2) 系统的运动微分方程为

$$\begin{bmatrix} m_1 & 0 & 0 \\ 0 & m_2 & 0 \\ 0 & 0 & m_3 \end{bmatrix}\begin{bmatrix} \ddot{u}_1 \\ \ddot{u}_2 \\ \ddot{u}_3 \end{bmatrix}+\begin{bmatrix} k_1+k_2 & -k_2 & 0 \\ -k_2 & k_2+k_3+k_5+k_6 & -k_3 \\ 0 & -k_3 & k_3+k_4 \end{bmatrix}\begin{bmatrix} u_1 \\ u_2 \\ u_3 \end{bmatrix}=\begin{bmatrix} 0 \\ 0 \\ 0 \end{bmatrix}$$

必须指出：

(1) 若引入阻尼系数矩阵的概念，定义系统阻尼系数矩阵中的系数 C_{ij} 为使第 j 个质点沿其正向产生单位速度而其余质点速度均为 0 时，克服阻尼器的阻尼在第 i 个质点上作用的力。这样运动微分方程可表示为

$$\boldsymbol{M}\ddot{\boldsymbol{Y}}+\boldsymbol{C}\dot{\boldsymbol{Y}}+\boldsymbol{K}\boldsymbol{Y}=\boldsymbol{F}(t)$$

(2) 对于单自由度系统，其系统的刚度系数就等于弹簧刚度系数，系统的阻尼系数就等于阻尼器的阻尼系数。对于多自由度系统，系统的刚度系数和阻尼系数与对应的弹簧刚度系数和阻尼器的阻尼系数其物理概念是不同的，尽管它们之间有一定的联系。

(3) 由于刚度法在计算弹性恢复力时应用了叠加原理，故刚度法只适合线性系统。

2. 柔度法

柔度法以系统为研究对象，用静力法计算柔度系数 δ_{ij} 和载荷位移 Δ_{ip}，利用达朗贝尔原理和位移叠加原理，列出系统的位移协调条件，从而导出系统的运动微分方程。

对于图 2-3-1(a)所示的单自由度系统，其柔度$\delta=\dfrac{1}{k}$，其物理含义定义为单位力作用在单自由度系统的质点上产生的位移。根据位移叠加原理，并在质点上作用惯性力 $-m\ddot{x}$，可得

$$x=\delta(-m\ddot{x}-c\dot{x}+F(t))$$

移项并整理得

$$m\ddot{x}+c\dot{x}+kx=F(t)$$

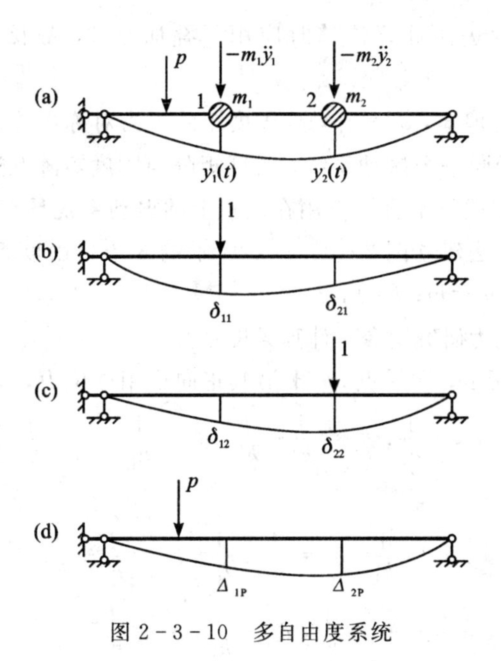

图 2-3-10　多自由度系统

对于图 2-3-10 所示的多自由度系统，柔度系数 δ_{ij} 定义为以系统为研究对象，在第 j 个质点上沿其正向作用单位力在第 i 个质点上产生的位移。若求出系统的柔度系数，利用达朗贝尔原理和位移叠加原理可知，第 i 个质点在任意 t 时刻的位移应等于惯性力和载荷引起的位移之和，即

$$\begin{cases} y_1 = \delta_{11}(-m_1\ddot{y}_1) + \delta_{12}(-m_2\ddot{y}_2) + \Delta_{1p} \\ y_2 = \delta_{21}(-m_1\ddot{y}_1) + \delta_{22}(-m_2\ddot{y}_2) + \Delta_{2p} \end{cases}$$

式中，Δ_{1p}、Δ_{2p} 为在载荷作用下沿质点 m_1、m_2 正向所产生的位移，写成矩阵形式为

$$\begin{bmatrix} y_1 \\ y_2 \end{bmatrix} = -\begin{bmatrix} \delta_{11} & \delta_{12} \\ \delta_{21} & \delta_{22} \end{bmatrix}\begin{bmatrix} m_1 & 0 \\ 0 & m_2 \end{bmatrix}\begin{bmatrix} \ddot{y}_1 \\ \ddot{y}_2 \end{bmatrix} + \begin{bmatrix} \Delta_{1p} \\ \Delta_{2p} \end{bmatrix}$$

一般地，对于多自由度振动系统，用柔度法建立的运动微分方程写成矩阵形式为

$$\boldsymbol{Y} = -\boldsymbol{\delta}\boldsymbol{M}\ddot{\boldsymbol{Y}} + \boldsymbol{\Delta}_{\mathrm{p}} \tag{2-3-11}$$

式中，$\boldsymbol{Y} = \begin{bmatrix} y_1 \\ y_2 \\ \vdots \\ y_n \end{bmatrix}$ 为位移列向量，$\boldsymbol{\delta} = \begin{bmatrix} \delta_{11} & \delta_{12} & \cdots & \delta_{1n} \\ \delta_{21} & \delta_{22} & \cdots & \delta_{2n} \\ \vdots & \vdots & & \vdots \\ \delta_{n1} & \delta_{n2} & \cdots & \delta_{nn} \end{bmatrix}$ 为柔度矩阵，$\boldsymbol{M} = \begin{bmatrix} m_1 & 0 & \cdots & 0 \\ 0 & m_2 & \cdots & 0 \\ \vdots & \vdots & & \vdots \\ 0 & 0 & \cdots & m_n \end{bmatrix}$ 为质量矩阵，$\boldsymbol{\Delta}_{\mathrm{p}} = \begin{bmatrix} \Delta_{1p} \\ \Delta_{2p} \\ \vdots \\ \Delta_{np} \end{bmatrix}$ 为载荷作用下产生的位移向量。

注意：（1）由于柔度法在计算位移时应用了叠加原理，故该法只能适用于线性振动系统。

（2）根据位移互等定理知，$\delta_{ij}=\delta_{ji}$，故柔度矩阵也为对称矩阵。

（3）可以证明，对于同一个振动系统，柔度矩阵与刚度矩阵互逆，即 $\boldsymbol{\delta}=\boldsymbol{K}^{-1}$。

（4）柔度法对于求解载荷不直接作用在质点上的振动系统具有很好的优势。

例 2-3-6　用柔度法建立图 2-3-8(a)所示的 3 个自由度系统的运动微分方程，其中：$k_i=k$；$i=1, 2, 3$；$m_i=m$；$i=1, 2, 3$。

解：（1）以整个系统为研究对象，计算柔度系数。

如图 2-3-11(a) 所示，在质点 m_3 上沿其正向作用单位力，根据柔度系数的定义可得

$$\delta_{13}=\frac{1}{k_1},\ \delta_{23}=\frac{1}{k_1}+\frac{1}{k_2},\ \delta_{33}=\frac{1}{k_1}+\frac{1}{k_2}+\frac{1}{k_3}$$

同理可得

$$\delta_{12}=\frac{1}{k_1},\ \delta_{22}=\frac{1}{k_1}+\frac{1}{k_2},\ \delta_{23}=\frac{1}{k_1}+\frac{1}{k_2}$$

$$\delta_{11}=\frac{1}{k_1},\ \delta_{21}=\frac{1}{k_1},\ \delta_{31}=\frac{1}{k_1}$$

写成柔度矩阵为

$$\boldsymbol{\delta}=\begin{bmatrix}\delta_{11} & \delta_{12} & \delta_{13}\\ \delta_{21} & \delta_{22} & \delta_{23}\\ \delta_{31} & \delta_{32} & \delta_{33}\end{bmatrix}=\begin{bmatrix}\frac{1}{k_1} & \frac{1}{k_1} & \frac{1}{k_1}\\ \frac{1}{k_1} & \frac{1}{k_1}+\frac{1}{k_2} & \frac{1}{k_1}+\frac{1}{k_2}\\ \frac{1}{k_1} & \frac{1}{k_1}+\frac{1}{k_2} & \frac{1}{k_1}+\frac{1}{k_2}+\frac{1}{k_3}\end{bmatrix}$$

（2）根据叠加原理有

$$\begin{bmatrix}y_1\\ y_2\\ y_3\end{bmatrix}=\begin{bmatrix}\delta_{11} & \delta_{12} & \delta_{13}\\ \delta_{21} & \delta_{22} & \delta_{23}\\ \delta_{31} & \delta_{32} & \delta_{33}\end{bmatrix}\begin{bmatrix}-m_1\ddot{y}_1\\ -m_2\ddot{y}_2+f_2(t)\\ -m_3\ddot{y}_3+f_3(t)\end{bmatrix}$$

$$=\begin{bmatrix}\frac{1}{k_1} & \frac{1}{k_1} & \frac{1}{k_1}\\ \frac{1}{k_1} & \frac{1}{k_1}+\frac{1}{k_2} & \frac{1}{k_1}+\frac{1}{k_2}\\ \frac{1}{k_1} & \frac{1}{k_1}+\frac{1}{k_2} & \frac{1}{k_1}+\frac{1}{k_2}+\frac{1}{k_3}\end{bmatrix}\begin{bmatrix}-m_1\ddot{y}_1\\ -m_2\ddot{y}_2+f_2(t)\\ -m_3\ddot{y}_3+f_3(t)\end{bmatrix}$$

$$=\frac{1}{k}\begin{bmatrix}1 & 1 & 1\\ 1 & 2 & 2\\ 1 & 2 & 3\end{bmatrix}\begin{bmatrix}-m\ddot{y}_1\\ -m\ddot{y}_2+f_2(t)\\ -m\ddot{y}_3+f_3(t)\end{bmatrix}$$

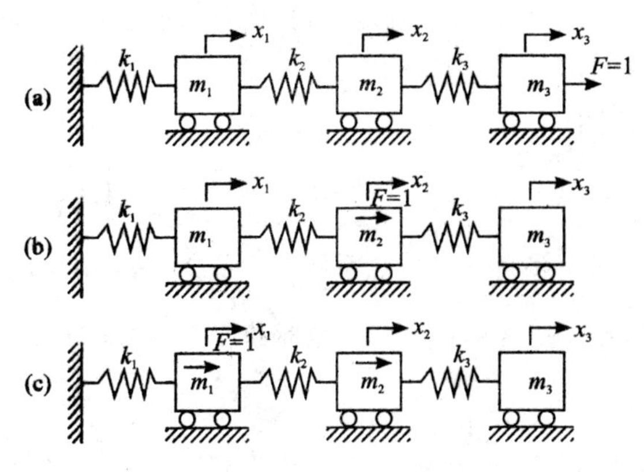

图 2-3-11　3 个自由度系统

例 2-3-7　建立图 2-3-12(a) 所示结构的运动微分方程。

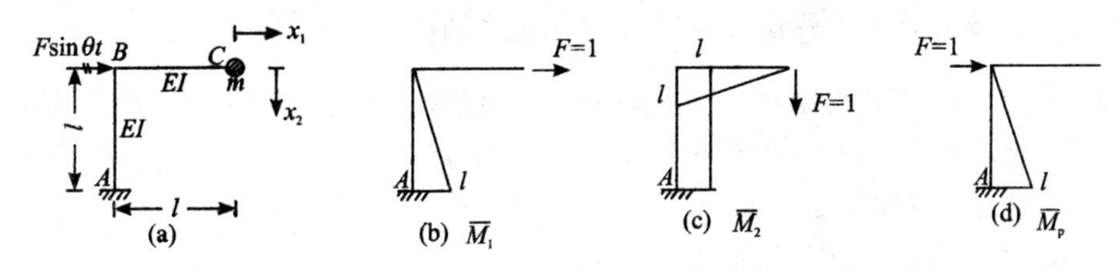

图 2-3-12　两个自由度系统

解：(1) 两个自由度系统，取广义坐标如图 2-3-12(a)所示。

(2) 以整个系统为研究对象，计算柔度系数。

作出单位载荷作用下的弯矩图，应用图乘法，有

$$\delta_{11}=\sum\int\frac{\overline{M}_1^2}{EI}\mathrm{d}s=\frac{l^3}{3EI},\quad \delta_{12}=\delta_{21}=\sum\int\frac{\overline{M}_1\overline{M}_2}{EI}\mathrm{d}s=\frac{l^3}{2EI}$$

$$\delta_{22}=\sum\int\frac{\overline{M}_2^2}{EI}\mathrm{d}s=\frac{4l^3}{3EI}$$

$$\delta_{1\mathrm{p}}=\sum\int\frac{\overline{M}_1\overline{M}_\mathrm{p}}{EI}\mathrm{d}s=\frac{l^3}{3EI},\ \delta_{2\mathrm{p}}=\sum\int\frac{\overline{M}_2\overline{M}_\mathrm{p}}{EI}\mathrm{d}s=\frac{l^3}{2EI}$$

(3) 根据叠加原理可得系统的运动微分方程为

$$\begin{bmatrix}x_1\\x_2\end{bmatrix}=\begin{bmatrix}\delta_{11}&\delta_{12}\\\delta_{21}&\delta_{22}\end{bmatrix}\begin{bmatrix}-m_1\ddot{x}_1\\-m_2\ddot{x}_2\end{bmatrix}+\begin{bmatrix}\delta_{1\mathrm{p}}\\\delta_{2\mathrm{p}}\end{bmatrix}F\sin\theta t$$

$$=\begin{bmatrix}\dfrac{l^3}{3EI}&\dfrac{l^3}{2EI}\\\dfrac{l^3}{2EI}&\dfrac{4l^3}{3EI}\end{bmatrix}\begin{bmatrix}-m_1\ddot{x}_1\\-m_2\ddot{x}_2\end{bmatrix}+\begin{bmatrix}\dfrac{l^3}{3EI}\\\dfrac{l^3}{2EI}\end{bmatrix}F\sin\theta t$$

3. 拉格朗日方程法

拉格朗日方程法是建立多自由度系统运动微分方程的常用方法。该方法从能量观点出发，引入广义坐标和广义力的概念，只要选择恰当的广义坐标，计算出系统的动能和广义

力，利用拉格朗日方程进行求导运算，就可以得到系统的运动微分方程。无论是线性系统还是非线性系统，拉格朗日方程法均可适用。

第二类拉格朗日方程：

$$\frac{\mathrm{d}}{\mathrm{d}t}\left(\frac{\partial T}{\partial \dot{q}_k}\right)-\frac{\partial T}{\partial q_k}=Q_k,\quad k=1,2,\cdots,n \tag{2-3-12}$$

式中，T 为系统的动能。对于多自由度质点系统，$T=\sum\frac{1}{2}m_i v_i^2$，$m_i$ 为第 i 个质点的质量，v_i 为第 i 个质点的速度；q_k，$\dot{q}_k$ 为第 k 个广义坐标和广义速度；Q_k 为广义坐标 q_k 的广义力。广义力可按下式计算：

$$Q_k=\left.\frac{\sum\delta W}{\delta q_k}\right|_{q_k\neq 0,\ q_j=0(j\neq k)}\quad (k=1,2,\cdots,n) \tag{2-3-13}$$

$\sum\delta W$ 为所有主动力(包含有势力和非有势力)在其虚位移 δq_k 上所做的虚功之和。若主动力为有势力，广义力可表达为 $Q_k=-\dfrac{\partial U}{\partial q_k}$，$U$ 为系统的弹性势能。

例 2-3-8 应用拉格朗日方程法建立图 2-3-8(a)所示的 3 个自由度系统的运动微分方程，其中：$k_i=k$；$i=1,2,3$；$m_i=m$；$i=1,2,3$。

解：(1) 建立广义坐标 x_1，x_2，x_3。

(2) 计算系统的动能和广义力。

系统的动能为

$$T=\frac{1}{2}m_1\dot{x}_1^2+\frac{1}{2}m_2\dot{x}_2^2+\frac{1}{2}m_3\dot{x}_3^2$$

所有主动力虚功之和为

$$\begin{aligned}\delta W=&f_2(t)\delta x_2+f_3(t)\delta x_3+[k_2(x_2-x_1)-k_1x_1]\delta x_1\\&+[k_3(x_3-x_2)-k_2(x_2-x_1)]\delta x_2-k_3(x_3-x_2)\delta x_3\end{aligned}$$

广义力为

$$Q_1=\left.\frac{\delta W}{\delta x_1}\right|_{\delta x_1\neq 0,\ \delta x_2=0,\ \delta x_3=0}=k_2(x_2-x_1)-k_1x_1$$

$$Q_2=\left.\frac{\delta W}{\delta x_2}\right|_{\delta x_2\neq 0,\ \delta x_1=0,\ \delta x_3=0}=f_2(t)+k_3(x_3-x_2)-k_2(x_2-x_1)$$

$$Q_3=\left.\frac{\delta W}{\delta x_3}\right|_{\delta x_3\neq 0,\ \delta x_1=0,\ \delta x_2=0}=f_3(t)-k_3(x_3-x_2)$$

(3) 根据拉格朗日方程，有

$$\frac{\mathrm{d}}{\mathrm{d}t}\left(\frac{\partial T}{\partial \dot{q}_k}\right)-\frac{\partial T}{\partial q_k}=Q_k,\quad k=1,2$$

$$\begin{cases}\dfrac{\mathrm{d}}{\mathrm{d}t}(m_1\dot{x}_1)-0=k_2(x_2-x_1)-k_1x_1\\[2ex]\dfrac{\mathrm{d}}{\mathrm{d}t}(m_2\dot{x}_2)-0=f_2(t)+k_3(x_3-x_2)-k_2(x_2-x_1)\\[2ex]\dfrac{\mathrm{d}}{\mathrm{d}t}(m_3\dot{x}_3)-0=f_3(t)-k_3(x_3-x_2)\end{cases}$$

即

$$\begin{cases} m_1\ddot{x}_1+(k_1+k_2)x_1-k_2x_2=0 \\ m_2\ddot{x}_2-k_2x_1+(k_2+k_3)x_2-k_3x_3=f_2(t) \\ m_3\ddot{x}_3-k_3x_2+k_3x_3=f_3(t) \end{cases}$$

例 2-3-9　试用拉格朗日方程法推导图 2-3-13 所示双摆的运动方程，设双摆的质量为 m_1、m_2，通过长 l_1 及 l_2 的两无重杆铰接而成。

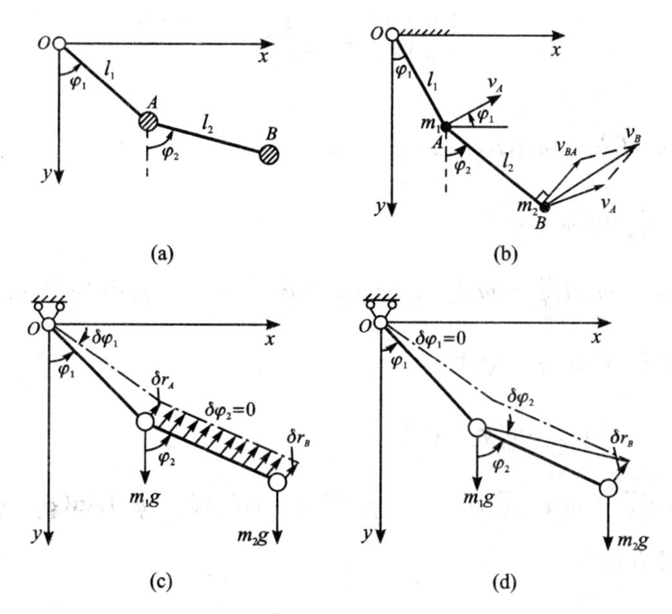

图 2-3-13　双摆

解：(1) 系统为两个自由度系统，取广义坐标 φ_1、φ_2。

(2) 计算系统动能：

$$T=\frac{1}{2}m_1v_A^2+\frac{1}{2}m_2v_B^2$$

$\boldsymbol{v}_A$的大小为 $l_1\dot{\varphi}_1$，方向为垂直于 $\overline{OA}$。

	$\boldsymbol{v}_B$	=	$\boldsymbol{v}_A$	+	$\boldsymbol{v}_{BA}$
大小：	?		$l_1\dot{\varphi}_1$		$l_2\dot{\varphi}_2$
方向：	?		垂直于$\overline{OA}$		垂直于 $\overline{AB}$

$$v_B^2=l_1^2\dot{\varphi}_1^2+l_2^2\dot{\varphi}_2^2+2l_1l_2\dot{\varphi}_1\dot{\varphi}_2\cos(\varphi_2-\varphi_1)$$

故系统动能为

$$T=\frac{1}{2}(m_1+m_2)l_1^2\dot{\varphi}_1^2+\frac{1}{2}m_2l_2^2\dot{\varphi}_2^2+m_2l_1l_2\dot{\varphi}_1\dot{\varphi}_2\cos(\varphi_2-\varphi_1)$$

(3) 计算系统势能及广义力。

系统主动力有势能，故系统为保守系统，取平衡位置 $\varphi_1=\varphi_2=0$ 作为零势能位置，在任意位置系统势能为

$$U=m_1gl_1(1-\cos\varphi_1)+m_2g[l_1(1-\cos\varphi_1)+l_2(1-\cos\varphi_2)]$$

广义力：

$$\begin{cases} Q_1 = -\dfrac{\partial U}{\partial \varphi_1} = -(m_1+m_2)gl_1\sin\varphi_1 \\ Q_2 = -\dfrac{\partial U}{\partial \varphi_2} = -m_2 g l_2 \sin\varphi_2 \end{cases}$$

（4）两个自由度系统拉格朗日方程为

$$\begin{cases} \dfrac{1}{\mathrm{d}t}\left(\dfrac{\partial T}{\partial \dot{\varphi}_1}\right) - \dfrac{\partial T}{\partial \varphi_1} = Q_1 \\ \dfrac{\mathrm{d}}{\mathrm{d}t}\left(\dfrac{\partial T}{\partial \dot{\varphi}_2}\right) - \dfrac{\partial T}{\partial \varphi_2} = Q_2 \end{cases}$$

其中：

$$\frac{\partial T}{\partial \dot{\varphi}_1} = (m_1+m_2)l_1^2\dot{\varphi}_1 + m_2 l_1 l_2 \dot{\varphi}_2\cos(\varphi_2-\varphi_1)$$

$$\frac{\partial T}{\partial \varphi_1} = m_2 l_1 l_2 \dot{\varphi}_1\dot{\varphi}_2\sin(\varphi_2-\varphi_1)$$

$$\frac{\mathrm{d}}{\mathrm{d}t}\left(\frac{\partial T}{\partial \dot{\varphi}_1}\right) = (m_1+m_2)l_1^2\ddot{\varphi}_1 + m_2 l_1 l_2\ddot{\varphi}_2\cos(\varphi_2-\varphi_1) - m_2 l_1 l_2\dot{\varphi}_2\sin(\varphi_2-\varphi_1)(\dot{\varphi}_2-\dot{\varphi}_1)$$

$$\frac{\partial T}{\partial \varphi_2} = -m_2 l_1 l_2 \dot{\varphi}_1\dot{\varphi}_2\sin(\varphi_2-\varphi_1)$$

$$\frac{\partial T}{\partial \dot{\varphi}_2} = m_2 l_2^2\varphi_2 + m_2 l_1 l_2\dot{\varphi}_1\cos(\varphi_2-\varphi_1)$$

$$\frac{\mathrm{d}}{\mathrm{d}t}\left(\frac{\partial T}{\partial \dot{\varphi}_2}\right) = m_2 l_2^2\ddot{\varphi}_2 + m_1 l_1 l_2\ddot{\varphi}_1\cos(\varphi_2-\varphi_1) - m_2 l_1 l_2\dot{\varphi}_1(\dot{\varphi}_2-\dot{\varphi}_1)\sin(\varphi_2-\varphi_1)$$

代入拉格朗日方程得

$$(m_1+m_2)l_1^2\ddot{\varphi}_1 + m_2 l_1 l_2\ddot{\varphi}_2\cos(\varphi_2-\varphi_1) - m_2 l_1 l_2\dot{\varphi}_2(\dot{\varphi}_2-\dot{\varphi}_1)\sin(\varphi_2-\varphi_1)$$
$$-m_2 l_1 l_2\dot{\varphi}_1\dot{\varphi}_2\sin(\varphi_2-\varphi_1) + (m_1+m_2)gl_1\sin\varphi_1 = 0$$

$$m_2 l_2^2\ddot{\varphi}_2 + m_1 l_1 l_2\ddot{\varphi}_1\cos(\varphi_2-\varphi_1) - m_2 l_1 l_2\dot{\varphi}_1(\dot{\varphi}_2-\dot{\varphi}_1)\sin(\varphi_2-\varphi_1) -$$
$$(-m_2 l_1 l_2\dot{\varphi}_1\dot{\varphi}_2\sin(\varphi_2-\varphi_1)) + m_2 g l_2\sin\varphi_2 = 0$$

即

$$\begin{cases} (m_1+m_2)l_1^2\ddot{\varphi}_1 + m_2 l_1 l_2\ddot{\varphi}_2\cos(\varphi_2-\varphi_1) - m_2 l_1 l_2\dot{\varphi}_2^2\sin(\varphi_2-\varphi_1) + (m_1+m_2)gl_1\sin\varphi_1 = 0 \\ m_2 l_2^2\ddot{\varphi}_2 + m_1 l_1 l_2\ddot{\varphi}_1\cos(\varphi_2-\varphi_1) + m_2 l_1 l_2\dot{\varphi}_1^2\sin(\varphi_2-\varphi_1) + m_2 g l_2\sin\varphi_2 = 0 \end{cases}$$

微幅摆动时，$\sin\varphi=\varphi$，$\cos\varphi=1$，$\dot{\varphi}^2$ 忽略不计，故有

$$\begin{cases} (m_1+m_2)l_1^2\ddot{\varphi}_1 + m_2 l_1 l_2\ddot{\varphi}_2 + (m_1+m_2)gl_1\varphi_1 = 0 \\ m_1 l_1 l_2\ddot{\varphi}_1 + m_2 l_1^2\ddot{\varphi}_2 + m_2 g l_2\varphi_2 = 0 \end{cases} \tag{2-3-14}$$

2.3.5 连续系统

实际工程中的构件，其惯性、弹性和阻尼都是连续分布的，因而考虑构件弹性的机械

系统，可以认为是由无数质点组成的**连续系统**或**分布参数系统**。确定连续系统中无数个质点的运动形态需要无限多个广义坐标，因此连续系统又称为**无限自由度系统**。对于连续系统，求解计算量大，求解十分困难，只有少数简单问题可以得到解析解。只有用离散化的方法，将无限多个自由度系统离散成有限多个自由度系统，利用计算机方可求其近似解。但连续系统的一些经典解答，也为现代数值解法如有限单元法、无网格法等提供了一些基本关系。建立连续系统运动微分方程的基本思路是应用微积分的思想，在构件中取出具有代表性的微元体进行受力分析，再根据相关力学定理建立系统的运动微分方程。本节讨论圆轴的扭转自由振动和梁的横向振动运动方程的建立问题。

1. 圆轴的扭转自由振动

图 2-3-14 所示的等截面圆轴，设其体积密度为 ρ，其抗扭刚度为 GI_p（G 为剪切弹性模量，I_p 为截面的极惯性矩）。当圆轴受到初始激励（如初位移或初速度等）后将发生扭转自由振动。选择坐标系后，其距坐标原点为 x 的截面的扭转角位移为截面位置 x 和时间 t 的二元函数，即 $\theta_t=\theta_t(x, t)$。从圆轴中取出具有代表性的 $\mathrm{d}x$ 微段进行受力分析，距坐标原点为 x 的截面的扭转角为 θ_t，截面扭矩为 T_t，距坐标圆点为 $x+\mathrm{d}x$ 的截面的扭转角为 $\theta_t+\frac{\partial\theta_t}{\partial x}\mathrm{d}x$，截面扭矩为 $T_t+\frac{\partial T_t}{\partial x}\mathrm{d}x$。$\mathrm{d}x$ 微段的转动惯量为 $\rho I_p\mathrm{d}x$，根据刚体定轴转动运动微分方程，有

$$T_t+\frac{\partial T_t}{\partial x}\mathrm{d}x-T_t=\rho I_p\mathrm{d}x\frac{\partial^2\theta_t}{\partial t^2} \tag{2-3-15}$$

由材料力学的知识知，式中 $T_t=GI_p\frac{\partial\theta_t}{\partial x}$，代入式(2-3-15)可得

$$\frac{\partial^2\theta_t}{\partial t^2}=c^2\frac{\partial^2\theta_t}{\partial x^2}\quad\left(\text{式中 } c^2=\frac{G}{\rho}\right) \tag{2-3-16}$$

式(2-3-16)即为圆轴扭转的自由振动运动微分方程，它是一个波动方程。

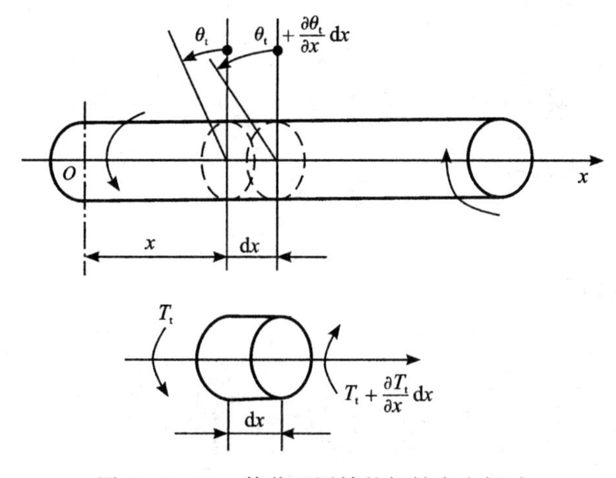

图 2-3-14　等截面圆轴的扭转自由振动

2. 梁的横向自由振动

一般来说，梁作横向振动时，其主要变形是弯曲变形，轴向变形较小可以忽略不计。如

图 2-3-15 所示，建立坐标系 xOy，距坐标原点 O 为 x 的截面的挠度 y 是截面位置 x 和时间 t 的函数，即 $y=y(x, t)$。设梁的抗弯刚度为 EI（E 为材料的弹性模量，I 为截面对中性轴的惯性矩），单位长度梁的质量为 $\bar{m}$。

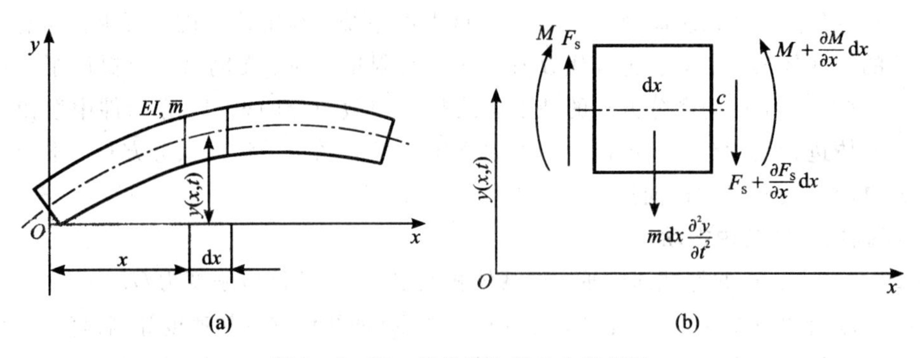

图 2-3-15　梁的横向振动力学模型

在梁内取微元段 dx，如图 2-3-15(b)进行受力分析，在微元段 dx 的左截面受到的剪力和弯矩分别为 F_s 和 M，在微元段 dx 的右截面受到的剪力和弯矩分别为 $F_s+\frac{\partial F_s}{\partial x}dx$ 和 $M+\frac{\partial M}{\partial x}dx$，微元段的质量为 $\bar{m}dx$，惯性力的大小为 $\bar{m}dx\,\frac{\partial^2 y}{\partial t^2}$。根据达朗贝尔原理有

$$\sum F_y = 0$$

$$F_s-\left(F_s+\frac{\partial F_s}{\partial x}dx\right)-\bar{m}dx\,\frac{\partial^2 y}{\partial t^2}=0$$

化简得

$$\frac{\partial F_s}{\partial x}=-\bar{m}\,\frac{\partial^2 y}{\partial t^2} \tag{2-3-17}$$

$$\sum M_c = 0$$

$$-M+\left(M+\frac{\partial M}{\partial x}dx\right)-F_s dx+\bar{m}dx\,\frac{\partial^2 y}{\partial t^2}\,\frac{dx}{2}=0$$

忽略高阶小量，由上式可得

$$\frac{\partial M}{\partial x}=F_s \tag{2-3-18}$$

由材料力学理论知：

$$M=EI\,\frac{\partial^2 y}{\partial x^2}$$

$$\frac{\partial F_s}{\partial x}=\frac{\partial^2 M}{\partial x^2}=EI\,\frac{\partial^4 y}{\partial x^4} \tag{2-3-19}$$

将式(2-3-19)代入式(2-3-18)即可得到梁的横向振动运动微分方程：

$$\frac{\partial^4 y}{\partial x^4}=-\frac{1}{c^2}\,\frac{\partial^2 y}{\partial t^2},\quad c^2=\frac{EI}{\bar{m}} \tag{2-3-20}$$

2.3.6　非线性系统

工程中几乎所有的系统都是非线性系统。真实系统大多含有各种非线性因素，线性系统只是真实系统的一种简化模型。在一般情况下，采用线性系统模型就可以对真实系统动力学行为进行很好的逼近；但对于有些问题，略去非线性因素会产生本质的错误。因此，有必要研究非线性系统的动力学问题。建立非线性系统的动力学模型的方法灵活多样，既可以采用牛顿力学的方法，也可以采用分析力学的方法，一般针对具体问题具体分析。下面通过实例讨论几种典型的非线性系统动力学问题的运动微分方程的建立问题。与线性系统的本质区别在于：非线性系统的运动微分方程的形式是非线性微分方程或非线性偏微分方程。

例 2-3-10　建立图 2-3-16 所示的单摆的运动微分方程，杆的质量不计。

解： 取小球为研究对象，进行受力分析，画受力图如图 2-3-16(b)所示。

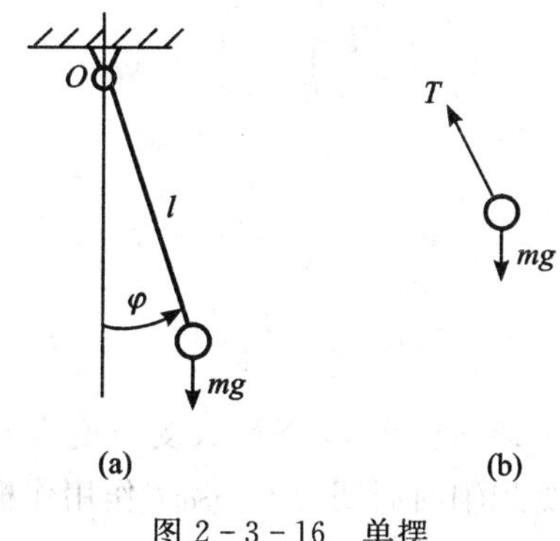

图 2-3-16　单摆

根据动量矩定理 $\sum \boldsymbol{M}_A(F) = \boldsymbol{J}_A \ddot{\varphi}$ 得

$$-mgl\sin\varphi = ml^2\ddot{\varphi}$$

化简得单摆的运动微分方程为

$$\ddot{\varphi} + \frac{g}{l}\sin\varphi = 0 \qquad (2-3-21)$$

式(2-3-21)中含有非线性项 $\sin\varphi$，取 $\sin\varphi \approx \varphi - \frac{\varphi^3}{6}$，代入式(2-3-21)即得

$$\ddot{\varphi} + \frac{g}{l}\left(\varphi - \frac{\varphi^3}{6}\right) = 0 \qquad (2-3-22)$$

我们把形如 $\ddot{x} + ax + bx^3 = 0$ 的方程称为 Duffing 方程。

例 2-3-11　图 2-3-17 所示的弹簧摆，由质量为 m 的质点和弹簧组成，弹簧的刚度系数为 k，原长为 l，建立其运动微分方程。

解：(1) 取弹簧变形 x_1 和摆角 x_2 为广义坐标。

(2) 计算系统的动能和势能。

系统的动能：

$$T=\frac{1}{2}m[\dot{x}_1^2+(l+x_1)^2\dot{x}_2^2]$$

系统的势能：

$$U=\frac{1}{2}kx_1^2+mg(l+x_1)(1-\cos x_2)$$

(3) 计算广义力。

因为主动力为有势力，故

$$Q_1=-\frac{\partial U}{\partial x_1}=-[kx_1+mg(1-\cos x_2)]$$

$$Q_2=-\frac{\partial U}{\partial x_2}=-mg(l+x_1)\sin x_2$$

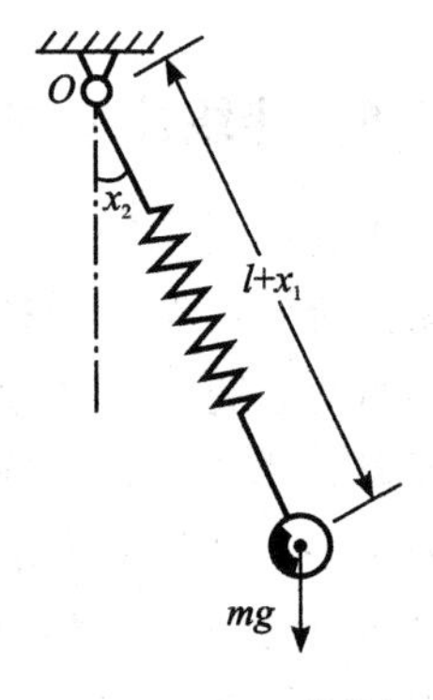

图 2-3-17　弹簧摆

(4) 根据拉格朗日方程有

$$\begin{cases}\dfrac{1}{\mathrm{d}t}\left(\dfrac{\partial T}{\partial \dot{x}_1}\right)-\dfrac{\partial T}{\partial x_1}=Q_1\\[2ex]\dfrac{\mathrm{d}}{\mathrm{d}t}\left(\dfrac{\partial T}{\partial \dot{x}_2}\right)-\dfrac{\partial T}{\partial x_2}=Q_2\end{cases}$$

即

$$\begin{cases}\ddot{x}_1+\dfrac{k}{m}x_1+g(1-\cos x_2)-(l+x_1)x_2^2=0\\[2ex]\ddot{x}_2+\dfrac{g}{l+x_1}\sin x_2+\dfrac{2}{l+x_1}\dot{x}_1\dot{x}_2=0\end{cases}\tag{2-3-23}$$

例 2-3-12　如图 2-3-18(a) 所示，两端铰支长度为 l、单位长度质量为 $\bar{m}$、抗弯刚度为 EI 的等截面直杆在两端受到轴向周期力 $F\cos\omega t$ 作用作横向弯曲振动，建立其运动微分方程。

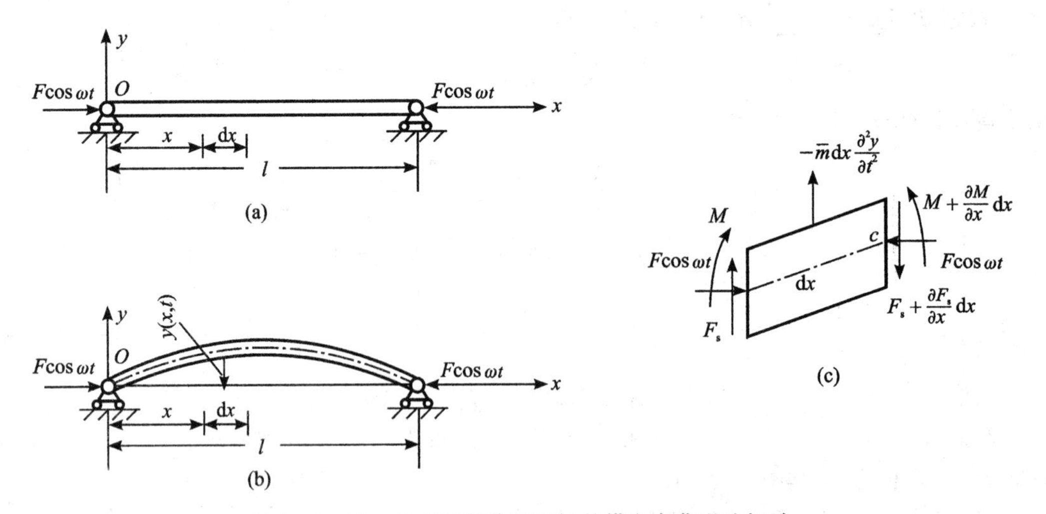

图 2-3-18　纵向载荷作用下梁的横向弯曲强迫振动

解： 该问题属连续梁受轴向周期力作用的强迫振动问题，建立坐标系，其梁的横向振动响应为截面位置和时间的函数，即 $y=y(x,t)$。

在梁内取微元段 dx 进行受力分析，如图 2-3-18(c)所示，在微元段 dx 的左截面受到的剪力、轴力和弯矩分别为 F_s、$F\cos\omega t$ 和 M，在微元段 dx 的右截面受到的剪力、轴力和弯矩分别为 $F_s+\frac{\partial F_s}{\partial x}dx$、$F\cos\omega t$ 和 $M+\frac{\partial M}{\partial x}dx$，微元段的质量为 $\bar{m}dx$，惯性力的大小为 $\bar{m}dx\,\frac{\partial^2 y}{\partial t^2}$。根据达朗贝尔原理：

$$\sum F_y = 0$$

$$F_s - \left(F_s + \frac{\partial F_s}{\partial x}dx\right) - \bar{m}dx\,\frac{\partial^2 y}{\partial t^2} = 0$$

化简得

$$\frac{\partial F_s}{\partial x} = -\bar{m}\,\frac{\partial^2 y}{\partial t^2} \tag{2-3-24}$$

$$\sum M_c = 0$$

$$-M + \left(M + \frac{\partial M}{\partial x}dx\right) - F_s dx + \bar{m}dx\,\frac{\partial^2 y}{\partial t^2}\,\frac{dx}{2} + F(\cos\omega t)dy = 0$$

忽略高阶小量 $\bar{m}dx\,\frac{\partial^2 y}{\partial t^2}\frac{dx}{2}$，上式可化为

$$\frac{\partial M}{\partial x} + F\cos\omega t\,\frac{\partial y}{\partial x} = F_s \tag{2-3-25}$$

由材料力学理论知

$$M = EI\,\frac{\partial^2 y}{\partial x^2}$$

$$\frac{\partial F_s}{\partial x} = \frac{\partial^2 M}{\partial x^2} + F\cos\omega t\,\frac{\partial^2 y}{\partial x^2} = EI\,\frac{\partial^4 y}{\partial x^4} + F\cos\omega t\,\frac{\partial^2 y}{\partial x^2} \tag{2-3-26}$$

将式(2-3-26)代入式(2-3-25)即可得到梁的横向振动运动微分方程为

$$\bar{m}\,\frac{\partial^2 y}{\partial t^2} + EI\,\frac{\partial^4 y}{\partial x^4} + F\cos\omega t\,\frac{\partial^2 y}{\partial x^2} = 0 \tag{2-3-27}$$

第3章 机械系统运动微分方程的求解

上一章讨论了机械系统运动微分方程的建立问题，对于一般的机械系统，其运动微分方程为常微分方程(组)或偏微分方程(组)，求解的计算量较大。机械系统动力学问题的解法可以分为三大类：解析法、数值法和介于两者之间的解析-数值法。解析法从方程出发运用数学分析的方法，立足于获得运动微分方程的解析表达式，其结果方便应用，是求解运动微分方程的一种常用方法，但一般只能解决一些简单问题。数值法采用某些方法，将微分方程(组)转化成代数方程组，再利用计算机求其近似解。随着计算机的普及，数值法已经成为求解复杂机械系统的有效方法。数值法求解有两种方式：一种方式是根据运动微分方程，选择合适的算法，用计算机高级语言编程求解；另一种方式是利用专业软件，如动力学仿真软件 ADAMS，在专业软件环境中建立仿真模型求解。解析-数值法介于解析法和数值法之间，该法利用数学分析的方法得到求解过程的一些中间表达式，再利用计算机编程求出其数值解。本章以上述三种解法为线索，结合一些典型的动力学问题，讨论其解法以及求解结果的工程应用。

3.1 机械系统的运动方程求解方法——解析法

3.1.1 单自由度系统的振动

1. 问题的提法

工程中，大量的动力学问题都可以归结于图 3-1-1 单自由度振动系统的力学模型，其动力学问题的数学模型表示为

$$m\ddot{x} + c\dot{x} + kx = F(t) \tag{3-1-1}$$

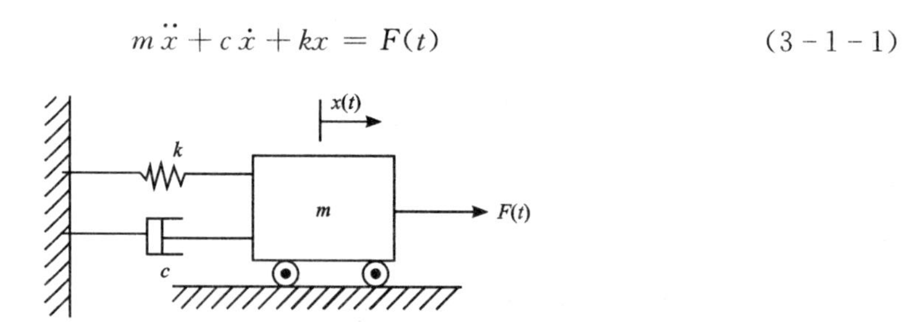

图 3-1-1 单自由度振动系统的力学模型

满足初始条件：$\dot{x}(0)=\dot{x}_0$，$x(0)=x_0$（$\dot{x}_0$ 为质点的初速度，x_0 为质点的初位移)，即常微分方程的初值问题。其控制方程为二阶常系数线性微分方程，可以用解析法求解。

2. 单自由度振动系统简谐激励作用下的响应

单自由度振动简谐激励作用下的运动微分方程为

$$m\ddot{x}+c\dot{x}+kx=F_0\sin\omega t \tag{3-1-2}$$

根据微分方程理论，该方程解的形式为奇次通解与某个特解之和，即

$$x(t)=x_1(t)+x_2(t) \tag{3-1-3}$$

$x_1(t)$为齐次通解，$x_2(t)$为特解。

1) 齐次通解 $x_1(t)$

齐次通解 $x_1(t)$ 由奇次方程 $m\ddot{x}+c\dot{x}+kx=0$ 求解获得，奇次方程实际上是单自由度自由振动问题运动微分方程。为表达简洁起见，将齐次方程两边同除以 m 得到

$$\ddot{x}+2\xi\omega_{\mathrm{n}}\dot{x}+\omega_{\mathrm{n}}^2x=0 \quad (\text{标准型}) \tag{3-1-4}$$

其中，$\omega_{\mathrm{n}}=\sqrt{\dfrac{k}{m}}$，又称固有频率；$\xi=\dfrac{c}{c_c}=\dfrac{c}{2m\omega_{\mathrm{n}}}$，称为阻尼比(临界阻尼 $c_c=2m\omega_{\mathrm{n}}$)。

设式(3-1-3)的解为 $x=Ae^{\lambda t}$，代入式(3-1-4)得

$$(\lambda^2+2\xi\omega_{\mathrm{n}}\lambda+\omega_{\mathrm{n}}^2)Ae^{\lambda t}=0$$

因为 $e^{\lambda t}\neq0$，而 $A=0$ 为零解，故只有

$$\lambda^2+2\xi\omega_{\mathrm{n}}\lambda+\omega_{\mathrm{n}}^2=0 \tag{3-1-5}$$

其解为

$$\lambda_{1,2}=\frac{-2\xi\omega_{\mathrm{n}}\pm\sqrt{4\xi^2\omega_{\mathrm{n}}^2-4\omega_{\mathrm{n}}^2}}{2}=-(\xi\pm\sqrt{\xi^2-1})\omega_{\mathrm{n}} \tag{3-1-6}$$

数学上称式(3-1-5)为微分方程(3-1-4)的特征方程，λ_1，λ_2 为特征方程的特征根。

将式(3-1-6)代入 $x=Ae^{\lambda t}$ 即可得到方程的通解，即

$$x_1(t)=A_1e^{\lambda_1t}+A_2e^{\lambda_2t} \tag{3-1-7}$$

根据阻尼比的不同，分三种情况讨论。

(1) $\xi>1$，过阻尼(见图 3-1-2)。

$$x_1(t)=e^{-\xi\omega_{\mathrm{n}}t}(A_1e^{-\sqrt{\xi^2-1}\omega_{\mathrm{n}}t}+A_2e^{\sqrt{\xi^2-1}\omega_{\mathrm{n}}t})$$

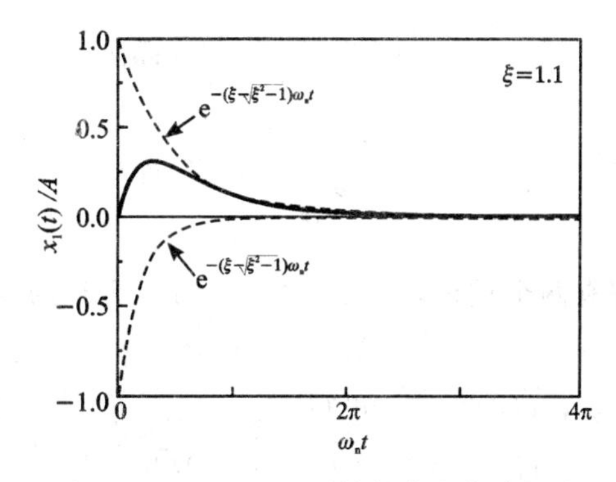

图 3-1-2 过阻尼系统的自由衰减振动

根据初始条件可以得到系数 A_1，A_2 的表达式为

$$A_1 = \frac{\dot{x}_0 + (\xi + \sqrt{\xi^2 - 1})\omega_n x_0}{2\omega_n \sqrt{\xi^2 - 1}}$$

$$A_2 = \frac{-\dot{x}_0 - (\xi - \sqrt{\xi^2 - 1})\omega_n x_0}{2\omega_n \sqrt{\xi^2 - 1}}$$

(2) $\xi<1$，欠阻尼(见图 3-1-3)。

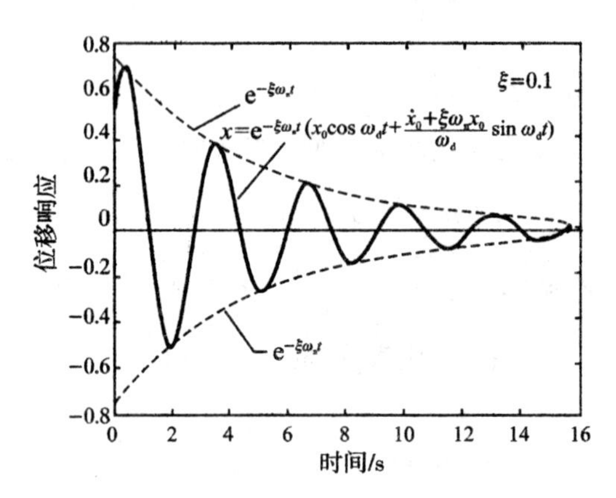

图 3-1-3　欠阻尼时单自由度系统自由振动响应

欠阻尼时，其特征根为 $\lambda_{1,2}=(-\xi\pm i\sqrt{1-\xi^2})\omega_n$。令 $\omega_d=\omega_n\sqrt{1-\xi^2}$，方程的通解为

$$x_1 = e^{-\xi\omega_n t}(A_1 e^{i\omega d t} + A_2 e^{-i\omega d t}) = e^{-\xi\omega_n t}(c_1 \cos\omega_d t + c_2 \sin\omega_d t)$$

利用

$$e^{\pm i\theta} = \cos\theta \pm i\sin\theta$$

$$x_1 = a e^{-\xi\omega_n t}\sin(\omega_d t + \varphi)$$

利用 $x(0)=x_0$，$\dot{x}(0)=\dot{x}_0$，代入得

$$c_1=x_0,\ c_2=\frac{\dot{x}_0+\xi\omega_n x_0}{\omega_d}$$

故

$$x = e^{-\xi\omega_n t}\left(x_0\cos\omega_d t+\frac{\dot{x}_0+\xi\omega_n x_0}{\omega_d}\sin\omega_d t\right)$$

$$= e^{-\xi\omega_n t}\sqrt{x_0^2+\left(\frac{\dot{x}_0+\xi\omega_n x_0}{\omega_d}\right)^2}\sin(\omega_d t+\varphi) \tag{3-1-8}$$

(3) $\xi=1$，临界阻尼。

当 $\xi=1$ 时，特征方程有两个重根，即 $\lambda_1=\lambda_2=-\omega_n$，方程的通解为

$$x_1=(A_1+A_2 t)e^{-\xi\omega_n t}$$

根据初始条件 $\dot{x}(0)=\dot{x}_0$，$x(0)=x_0$，可得

$$x_1 = [x_0 + (\dot{x}_0 + \omega_n x_0)t]e^{-\xi\omega_n t} \tag{3-1-9}$$

其振动响应如图 3-1-4 所示。

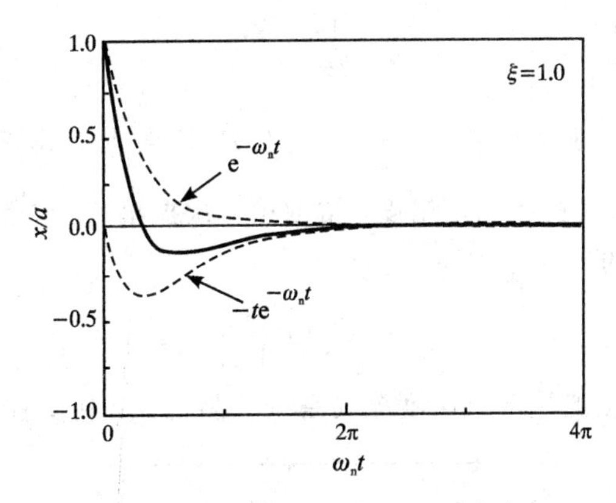

图 3-1-4　临界阻尼时自由振动响应

工程应用：

① $\xi=0$ 时，为无阻尼自由振动，式(3-1-8)变成

$$x=x_0\cos\omega_n t+\frac{\dot{x}_0}{\omega_n}\sin\omega_n t=\sqrt{x_0^2+\left(\frac{\dot{x}_0}{\omega_n}\right)^2}\sin(\omega_n t+\varphi)$$

其响应如图 3-1-5 所示，可见无阻尼自由振动响应的振幅取决于初始条件，振动频率为 $\omega_n=\sqrt{\frac{k}{m}}$，取决于振动系统的刚度系数和质量，与系统的初始条件和激励力无关，为系统的固有特征，称固有频率，又称自振频率。数学上，无阻尼自由振动运动微分方程的特征根为 ω_n。在振动理论中，该特征根具有了特有的物理含义，即振动系统的固有频率，它是振动系统最重要的特性之一。

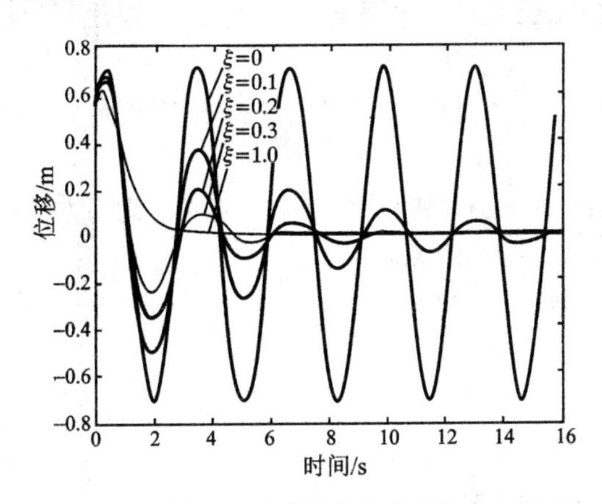

图 3-1-5　不同阻尼比时单自由度系统自由振动响应

② 阻尼对振幅的影响。图 3-1-5 为初始条件相同，质量和刚度系数相同条件下，不同阻尼时单自由度系统自由振动响应。可见，阻尼比越大，振幅衰减越大。由式(3-1-8)并参见图 3-1-6 知：

$$\frac{A_k}{A_{k+1}}=\frac{e^{-\xi\omega_n(t_k+T_d)}}{e^{-\xi\omega_n t_k}}=e^{-\xi\omega_n T_d}$$

两边取自然对数，注意到 $\omega_n T_d\approx\omega_d T_d=2\pi$，则

$$\xi \approx \frac{1}{2\pi} \ln \frac{A_k}{A_{k+1}}$$

此式揭示了阻尼比 ξ 与对数衰减率 $\ln \frac{A_k}{A_{k+1}}$ 之间的关系，它是自由振动法测量阻尼比的理论基础。在实际测量中，为了提高测量精度，常取第 k 次振幅 A_k 与第 $k+n$ 次振幅 A_{k+n}，经 n 次振幅波动后，阻尼比的计算公式为

$$\xi \approx \frac{1}{2\pi n} \ln \frac{A_k}{A_{k+n}} \tag{3-1-10}$$

该式用于自由振动法测量单自由度振动系统的阻尼比，在工程中常用。

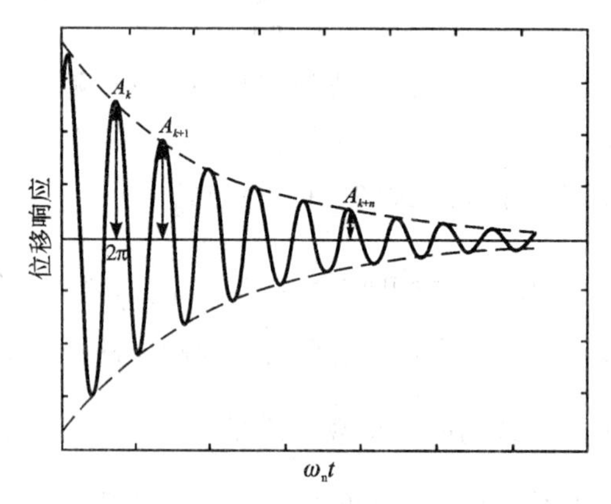

图 3-1-6　欠阻尼时单自由度系统自由振动响应

③ 从图 3-1-5 可知，$\xi=1$ 时系统的位移响应回到平衡状态的时间最短。因此对于指针式仪表读数系统，常将系统的阻尼比调整为临界阻尼，以达到稳定读数的目的。

2) 特解 $x_2(t)$

特解的求法很多，有比较系数法、旋转矢量法、拉氏变换法等，较简单快捷的方法是旋转矢量法。

设特解 $x_2(t)=X\sin(\omega t-\varphi)$，其中 X，φ 与 t 无关，代入方程(3-1-2)：

$$-m\omega^2 X\sin(\omega t-\varphi)+cX\omega\cos(\omega t-\varphi)+kX\sin(\omega t-\varphi)=F_0\sin\omega t$$

利用该式作旋转矢量图，如图 3-1-7 所示，图中的每个矢量都以 ω 逆时针旋转。

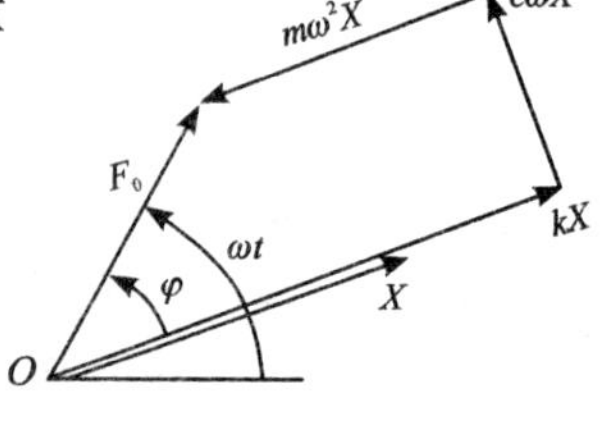

图 3-1-7　旋转矢量法

可以得到 2 个关系式：

$$\begin{cases} (kX-m\omega^2 X)^2+(c\omega X)^2=F_0^2 \\ \tan\varphi=\dfrac{c\omega X}{kX-m\omega^2 X} \end{cases}$$

即

$$\begin{cases} X=\dfrac{F_0}{\sqrt{(k-m\omega^2)^2+(c\omega)^2}}=\dfrac{F_0/k}{\sqrt{\left(1-\dfrac{m\omega^2}{k}\right)^2+\left(\dfrac{c\omega}{k}\right)^2}} \\ \varphi=\arctan\dfrac{c\omega}{k-m\omega^2} \end{cases}$$

将 $\omega_n=\sqrt{\dfrac{k}{m}}$，$\xi=\dfrac{c}{2m\omega_n}$，$X_{st}=\dfrac{F_0}{k}$代入上式得位移动力放大系数为

$$\mu=\frac{X}{X_{st}}=\frac{1}{\sqrt{\left[1-\left(\dfrac{\omega}{\omega_n}\right)^2\right]^2+\left[2\xi\left(\dfrac{\omega}{\omega_n}\right)\right]^2}} \tag{3-1-11}$$

$$\tan\varphi=\frac{2\xi\dfrac{\omega}{\omega_n}}{1-\left(\dfrac{\omega}{\omega_n}\right)^2} \tag{3-1-12}$$

综上所述，方程：

$$\ddot{x}+2\xi\omega_n\dot{x}+\omega_n^2x=\frac{F_0}{m}\sin\omega t$$

在欠阻尼条件下，其通解为

$$x(t)=e^{-\xi\omega_n t}(c_1\cos\sqrt{1-\xi^2}\,\omega_n t+c_2\sin\sqrt{1-\xi^2}\,\omega_n t)+\frac{X_{st}}{\sqrt{\left[1-\left(\dfrac{\omega}{\omega_n}\right)^2\right]^2+\left[2\xi\left(\dfrac{\omega}{\omega_n}\right)\right]^2}}\sin(\omega_d t-\varphi)$$

在初始条件为$\dot{x}(0)=\dot{x}_0$，$x(0)=x_0$，欠阻尼条件下，方程的定解为

$$x(t)=e^{-\xi\omega_n t}\left(x_0\cos\omega_d t+\frac{\dot{x}_0+\xi\omega x_0}{\omega_d}\sin\omega_d t\right)+\frac{X_{st}}{\sqrt{\left[1-\left(\dfrac{\omega}{\omega_n}\right)^2\right]^2+\left[2\xi\left(\dfrac{\omega}{\omega_n}\right)\right]^2}}\sin(\omega_d t-\varphi) \tag{3-1-13}$$

式(3-1-13)中的第一项为单自由度系统自由振动响应，当$t\to\infty$时，该项趋近于0。第二项为稳态解，表现为周期性运动。

图3-1-8为单自由度有阻尼系统在正弦激励力作用下稳态解的幅频特性图和相频特性图。

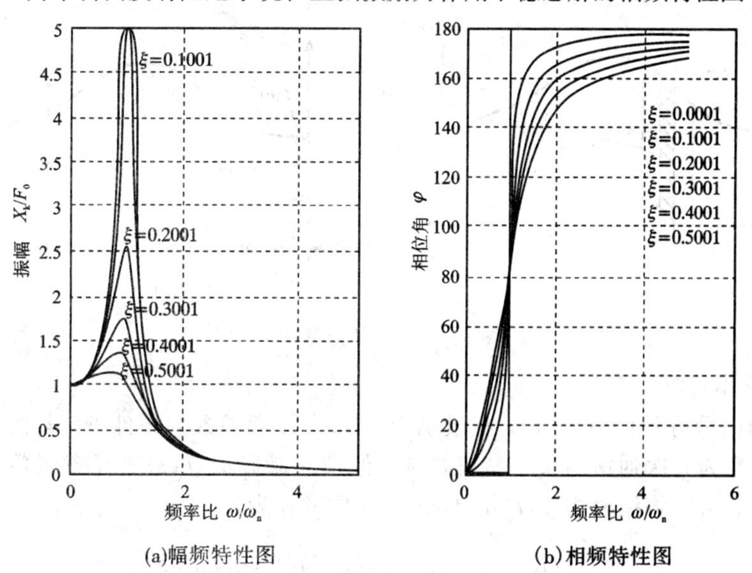

图 3-1-8　单自由度阻尼系统

其工程意义在于：

(1) 当频率比$\frac{\omega}{\omega_n}\to 1$时，振幅最大，当阻尼比$\xi\to 0$，位移动力放大系数$\mu\to\infty$，即发生共振现象。从图3-1-8(a)可以看出，对于一般的有阻尼系统，当$\frac{\omega}{\omega_n}\leqslant 0.75\sim 0.85$，$\frac{\omega}{\omega_n}\geqslant 1.25$时，位移动力放大系数$\mu$在1附近或小于1。所有对于降低振动的工程应用场合，应使频率比在$\frac{\omega}{\omega_n}\leqslant 0.75\sim 0.85$，$\frac{\omega}{\omega_n}\geqslant 1.25$的范围内，此即为**振动稳定性设计准则**。

(2) 发生共振时，振幅最大，且位移响应与激励力之间的相位角相差$\varphi=90°$，位移动力放大系数$\mu=\frac{X}{X_{st}}=\frac{1}{2\xi}$，故有

$$\xi=\frac{1}{2\mu}=\frac{1}{2\frac{X}{X_{st}}} \tag{3-1-14}$$

式(3-1-14)就是共振法测量阻尼比的理论依据。可以通过测量共振时单自由度系统的位移响应振幅X和激励力峰值F作用下的静态位移X_{st}，计算出位移动力放大系数μ，利用式(3-1-14)就可得到阻尼比ξ。除了观察振幅响应之外，通过测量激励力与位移响应的相位角之差是否等于90°来准确判断共振状态。

(3) 对于振动机械，应将频率比$\frac{\omega}{\omega_n}$调整到1附近工作，以利于获得较大的振动振幅。

(4) 位移动力放大系数μ揭示了动态位移响应振幅X与激励力峰值F作用下的静态位移X_{st}的关系。在许多场合下，为了简化计算，引入动载系数K_A的概念，将静态设计载荷F乘以动载系数K_A后，按照K_AF进行设计计算，其理论依据就在于此。

3. 单自由度振动任意激励力作用下的响应

单自由度振动系统任意激励力作用下的运动微分方程为式(3-1-1)，但这里$f(t)$为任意函数，如图3-1-9(a)所示。

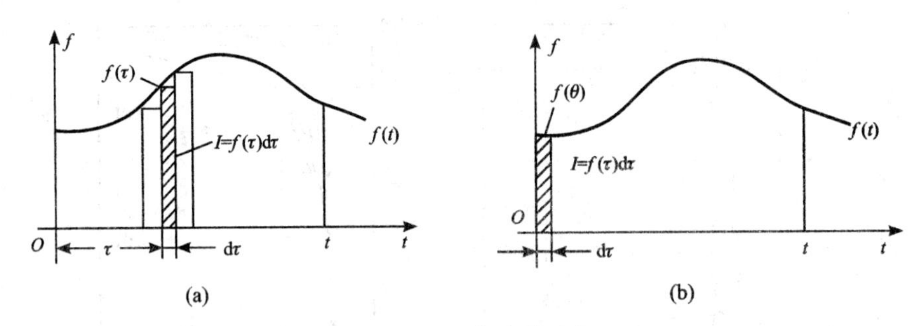

图3-1-9　任意激励力

1) 求解基本思路

对于运动微分方程(3-1-1)，在激励力$f(t)$为任意函数的条件下，若按照上节所讨论的方法，其解答为齐次通解与某个特解之和，但由于激励力$f(t)$为任意函数，其特解求取非常困难。虽然可以将激励力$f(t)$用Taylor级数展开为

$$f(t)=\sum_{n=-\infty}^{+\infty}(a_n\cos n\omega_n t+b_n\sin n\omega_n t)$$

此时微分方程变成

$$m\ddot{x}+c\dot{x}+kx=\sum_{n=-\infty}^{+\infty}(a_n\cos n\omega_{\mathrm{n}}t+b_n\sin n\omega_{\mathrm{n}}t)$$

求解过程中需要计算系数 a_n，b_n 以及求解 $\sin n\omega_{\mathrm{n}}t$，$\cos n\omega_{\mathrm{n}}t$ 项作用下对应微分方程的解，最后求其无穷多项解的和方可得到方程的解。即所谓 Taylor 级数求解其特解，但计算量巨大，也只有少数问题可以得到完美的解析解。因此必须另辟蹊径，探索新的可行的求解方法。Duhamel 在研究该问题时，巧妙地运用叠加原理，得到一个完美的解，即所谓 Duhamel 积分。其基本思路是

(1) t 时刻系统的响应只取决于 t 时刻以前的作用力，在[0，t]时间段的任意激励力 $f(t)$ 可视为由一系列元冲量 $f(\tau)\mathrm{d}\tau$ 组成，如图 3-1-9(a) 所示。

(2) 元冲量 $f(\tau)\mathrm{d}\tau$ 引起的系统的动力响应为 $\mathrm{d}x(\tau, t)$。

(3) 根据叠加原理，t 时刻系统的动力响应 $x(t)$ 等于 t 时刻以前的元冲量 $f(\tau)\mathrm{d}\tau$ 引起的系统的动力响应 $\mathrm{d}x(\tau, t)$ 的和，即 $x(t)=\int_0^t \mathrm{d}x(\tau, t)$。

2) 元冲量 $f(\tau)\mathrm{d}\tau$ 引起的系统的动力响应

振动系统受元冲量 $f(\tau)\mathrm{d}\tau$ 作用的过程是一个碰撞过程，碰撞过程的研究要抓住碰撞前、后两个状态和时间段 $\mathrm{d}\tau$ 碰撞过程。设碰撞前系统静止，碰撞后系统获得一定的速度后作自由振动，而碰撞过程中系统的运动规律可以用冲量定理描述。为便于理解，首先研究作用于坐标原点的元冲量 $f(0)\mathrm{d}\tau$ 引起的系统 t 时刻的响应 $\mathrm{d}x(\tau, t)$，如图 3-1-9(b) 所示。

碰撞前：系统静止，即初位移和初速度均为 0。

碰撞后：系统的位移为 x_0，速度为 $\dot{x}_0$。

根据质点冲量定理的微分形式，即质点的动量微分等于作用于质点的元冲量 $\mathrm{d}m\boldsymbol{v}=\boldsymbol{F}\mathrm{d}$，有

$$m\dot{x}_0-0=f(0)\mathrm{d}\tau$$

所以元冲量 $f(0)\mathrm{d}\tau$ 作用后质点的速度为 $\dot{x}_0=\frac{1}{m}f(0)\mathrm{d}\tau$，位移为 $x_0\doteq\frac{1}{2}\dot{x}_0\mathrm{d}\tau=\frac{1}{2}\left(\frac{1}{m}f(0)\mathrm{d}\tau\right)\mathrm{d}\tau\to 0$(因为该式的右边是关于 $\mathrm{d}\tau$ 的高阶无穷小)。

元冲量 $f(0)\mathrm{d}\tau$ 作用后到 t 时刻的时间段[$\mathrm{d}\tau$，t]内，系统作自由振动，根据单自由度有阻尼自由振动响应的表达式：

$$x=\mathrm{e}^{-\xi\omega_{\mathrm{n}}t}\left(x_0\cos\omega_{\mathrm{d}}t+\frac{\dot{x}_0+\xi\omega_{\mathrm{n}}x_0}{\omega_{\mathrm{d}}}\sin\omega_{\mathrm{d}}t\right)$$

有

$$\mathrm{d}x(0, t)=\mathrm{e}^{-\xi\omega_{\mathrm{n}}t}\frac{\dot{x}_0}{\omega_{\mathrm{d}}}\sin\omega_{\mathrm{d}}t=\mathrm{e}^{-\xi\omega_{\mathrm{n}}t}\frac{f(0)\mathrm{d}\tau}{m\omega_{\mathrm{d}}}\sin\omega_{\mathrm{d}}t \tag{3-1-15}$$

上式就是元冲量 $f(0)\mathrm{d}\tau$ 引起的 t 时刻的位移响应，而元冲量 $f(\tau)\mathrm{d}\tau$ 引起的 t 时刻的位移响应为 $\mathrm{d}x(\tau, t)$，比较图 3-1-9(a)和图 3-1-9(b)易见，只要将式(3-1-15)中右边的 $f(0)\mathrm{d}\tau$ 替换成 $f(\tau)\mathrm{d}\tau$，t 替换成 $t-\tau$ 即可。故元冲量 $f(\tau)\mathrm{d}\tau$ 引起的 t 时刻的位移响应为

$$dx(\tau,\ t) = e^{-\xi\omega_n(t-\tau)}\ \frac{f(\tau)d\tau}{m\omega_d}\sin\omega_d(t-\tau) \tag{3-1-16}$$

3）任意激励力 $f(t)$ 作用下系统的响应

根据叠加原理，任意激励力 $f(t)$ 作用下系统的响应等于 t 时刻以前的元冲量 $f(\tau)d\tau$ 引起的系统的动力响应 $dx(\tau,\ t)$ 的和：

$$x(t) = \int_0^t dx(\tau,\ t)$$

即

$$x(t) = \int_0^t e^{-\xi\omega_n(t-\tau)}\ \frac{f(\tau)}{m\omega_d}\sin\omega_d(t-\tau)d\tau \tag{3-1-17}$$

该式即为 Duhamel 积分。应用 Duhamel 积分可以很方便地求出在任意激励力作用下单自由度振动系统的稳态响应。

例 3-1-1　求初始静止的单自由度系统在阶跃力 $f(t)=\begin{cases}F_0, & t\geqslant 0\\ 0, & t<0\end{cases}$ 作用下系统的响应。

解： 系统的运动微分方程及初始条件可写为

$$\begin{cases} mx+cx+kx=F_0 \\ x_0=0,\ \dot{x}_0=0 \end{cases}$$

根据 Duhamel 积分有

$$\begin{aligned} x(t) &= \int_0^t e^{-\xi\omega_n(t-\tau)}\ \frac{f(\tau)}{m\omega_d}\sin\omega_d(t-\tau)d\tau \\ &= \int_0^t e^{-\xi\omega_n(t-\tau)}\ \frac{F_0}{m\omega_d}\sin\omega_d(t-\tau)d\tau \\ &= \frac{F_0}{m\omega_n^2}\left[1-e^{-\xi\omega_n t}\left(\cos\omega_d t+\frac{\xi}{\sqrt{1-\xi^2}}\sin\omega_d t\right)\right] \end{aligned}$$

若阻尼比 $\xi=0$，则系统的响应

$$x(t)=\frac{F_0}{m\omega_n^2}[1-\cos\omega_n t]$$

可见对于突加载荷作用，其位移动力放大系数为

$$\mu=\frac{x(t)}{x_{st}}=1-\cos\omega_n t$$

其最大值为 $\mu_{max}=2$。

对于激励力为比较复杂的函数，无法得到其 Duhamel 积分的解析表达式，但可以用数值积分的方法计算 Duhamel 积分的数值近似解。

3.1.2　多自由度系统的振动

1. 多自由度无阻尼自由振动

若采用刚度法得到的多自由度无阻尼系统自由振动的运动微分方程为

$$\boldsymbol{M}\ddot{\boldsymbol{X}}+\boldsymbol{K}\boldsymbol{X}=\boldsymbol{0} \tag{3-1-18}$$

式中，$\boldsymbol{M}$ 为系统的质量矩阵，$\boldsymbol{K}$ 为系统的刚度矩阵，$\boldsymbol{X}$ 为位移向量。

设方程(3-1-18)的解为

$$\boldsymbol{X}=\begin{bmatrix}A_1\\A_2\\\vdots\\A_n\end{bmatrix}\sin(\omega t+\varphi)=A\sin(\omega t+\varphi)$$

代入式(3-1-18)可得

$$(\boldsymbol{K}-\omega^2\boldsymbol{M})\boldsymbol{A}=\boldsymbol{0} \tag{3-1-19}$$

式(3-1-19)称为振幅方程。根据线性代数的理论，欲使式(3-1-19)振幅向量 $\boldsymbol{A}$ 有非零解，必须保证矩阵行列式：

$$|\boldsymbol{K}-\omega^2\boldsymbol{M}|=0 \tag{3-1-20}$$

式(3-1-20)称为频率方程，数学上称为特征方程。展开式(3-1-20)为关于 ω^2 的 n 次多项式，有 n 个根，从小到大依次记为 ω_1，ω_2，…，ω_n，称为系统的固有频率，数学上称为特征根。将求得的特征根代入振幅方程(3-1-17)，即为

$$(\boldsymbol{K}-\omega_k^2\boldsymbol{M})\boldsymbol{A}^{(k)}=0,\qquad k=1,2,\cdots,n \tag{3-1-21}$$

可以解出 n 个特征向量 $\boldsymbol{A}^{(k)}$ $(k=1, 2, \cdots, n)$，称为第 k 阶振型向量，简称第 k 阶振型。可见，n 个自由度的振动系统，有 n 个固有频率和振型向量，每个固有频率对应一个振型向量。

n 个自由度振动系统的自由振动响应可表达为

$$\boldsymbol{X}(t)=\sum_{k=1}^{n}C_k\boldsymbol{A}^{(k)}\sin(\omega_k t+\varphi_k) \tag{3-1-22}$$

式中，C_k 为任意常数，由初始条件确定。可见，对于 n 个自由度振动系统的自由振动响应，为 n 个以固有频率 ω_k、振型向量 $\boldsymbol{A}^{(k)}$ 为振幅的简谐振动的线性组合。

由于将固有频率代入方程(3-1-19)得到的振幅方程是线性相关的，故振型向量有无穷多组解，但振型向量中的各个元素必须满足一定的比例关系，我们常把振型向量的第一行规定为 1，这样得到的振型向量称主振型向量，简称主振型。

对于两个自由度自由振动系统，其振幅方程为

$$\begin{bmatrix}k_{11}-\omega^2m_1 & k_{12}\\ k_{21} & k_{22}-\omega^2m_2\end{bmatrix}\begin{bmatrix}A_1\\A_2\end{bmatrix}=\begin{bmatrix}0\\0\end{bmatrix}$$

频率方程为

$$\begin{vmatrix}k_{11}-\omega^2m_1 & k_{12}\\ k_{21} & k_{22}-\omega^2m_2\end{vmatrix}=0$$

展开得

$$m_1m_2(\omega^2)^2-(k_{11}m_2+k_{22}m_1)\omega^2+(k_{11}k_{22}-k_{12}k_{21})=0$$

ω^2 有 2 个根：

$$\omega_{1,2}^2=\frac{(k_{11}m_2+k_{22}m_1)\mp\sqrt{(k_{11}m_2+k_{22}m_1)^2-4m_1m_2(k_{11}k_{22}-k_{12}k_{21})}}{2m_1m_2} \tag{3-1-23}$$

代入振幅方程，可得 2 个主振型向量：

$$\omega_1 \rightarrow \begin{bmatrix} 1 \\ \mu_1 \end{bmatrix} = \begin{bmatrix} 1 \\ \dfrac{A_2^{(1)}}{A_1^{(1)}} \end{bmatrix} = \begin{bmatrix} 1 \\ \dfrac{\omega_1^2 m_1 - k_{11}}{k_{12}} \end{bmatrix}$$

$$\omega_2 \rightarrow \begin{bmatrix} 1 \\ \mu_2 \end{bmatrix} = \begin{bmatrix} 1 \\ \dfrac{A_2^{(2)}}{A_1^{(2)}} \end{bmatrix} = \begin{bmatrix} 1 \\ \dfrac{\omega_2^2 m_1 - k_{11}}{k_{12}} \end{bmatrix}$$

若采用柔度法得到的多自由度无阻尼系统自由振动的运动微分方程为

$$\boldsymbol{Y} = -\boldsymbol{\delta M}\ddot{\boldsymbol{Y}} \tag{3-1-24}$$

式中，$\boldsymbol{M}$ 为系统的质量矩阵，$\boldsymbol{\delta}$ 为系统的柔度矩阵，$\boldsymbol{Y}$ 为位移向量。

同样的，设方程(3－1－24)的解为

$$\boldsymbol{Y} = \begin{bmatrix} A_1 \\ A_2 \\ \vdots \\ A_n \end{bmatrix} \sin(\omega t + \varphi) = A\sin(\omega t + \varphi)$$

代入式(3－1－22)可得

$$\left(\frac{1}{\omega^2}\boldsymbol{I} - \boldsymbol{\delta M}\right)\boldsymbol{A} = \boldsymbol{0} \tag{3-1-25}$$

式(3－1－25)也称为振幅方程。根据线性代数的理论，欲使式(3－1－25)振幅向量 $\boldsymbol{A}$ 有非零解，必须保证矩阵行列式：

$$\left|\frac{1}{\omega^2}\boldsymbol{I} - \boldsymbol{\delta M}\right| = 0 \tag{3-1-26}$$

式(3－1－26)称为频率方程。展开式(3－1－26)为关于$\frac{1}{\omega^2}$的 n 次多项式，有 n 个根，从小到大依次记为 ω_1，ω_2，…，ω_n，称为系统的固有频率。将求得的固有频率代入振幅方程(3－1－25)，即为

$$\left(\frac{1}{\omega_k^2}\boldsymbol{I} - \boldsymbol{\delta M}\right)\boldsymbol{A}^{(k)} = \boldsymbol{0}, \quad k = 1, 2, \cdots, n \tag{3-1-27}$$

可以解出 n 个特征向量 $\boldsymbol{A}^{(k)}$ $(k=1, 2, \cdots, n)$，称为第 k 阶振型向量，简称第 k 阶振型。

例 3－1－2　求图示简支梁的固有频率和主振型。梁的抗弯刚度为 EI，在三分点 1 和 2 处有相等的集中质量 m。

解：(1) 建立图 3－1－10 所示系统的运动微分方程。

两个自由度振动系统，采用柔度法：

$$\boldsymbol{Y} = -\boldsymbol{\delta M}\ddot{\boldsymbol{Y}}$$

容易得到

$$\boldsymbol{M} = \begin{bmatrix} m_1 & 0 \\ 0 & m_2 \end{bmatrix} = \begin{bmatrix} m & 0 \\ 0 & m \end{bmatrix}$$

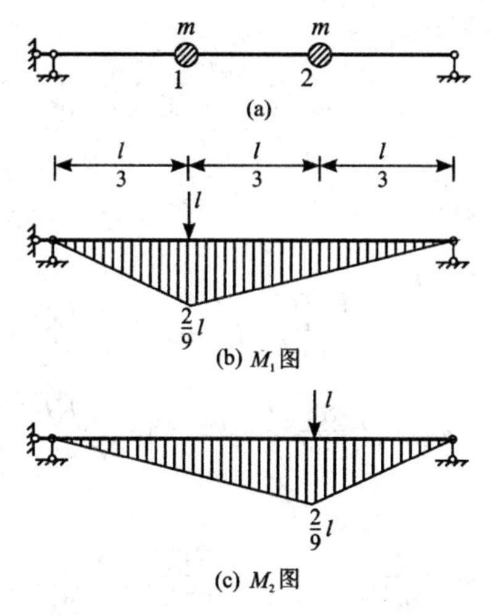

图 3-1-10　运动微分方程

柔度矩阵中的系数可以用图乘法求得，如

$$\delta_{11}=\delta_{22}=\sum\int\frac{M_1^2}{EI}\mathrm{d}s$$
$$=\frac{1}{EI}\left[\frac{1}{2}\times\frac{2}{9}l\times\frac{2}{3}l\times\frac{2}{3}\times\frac{2}{9}l+\frac{1}{2}\times\frac{2}{9}l\times\frac{1}{3}l\times\frac{2}{3}\times\frac{2}{9}l\right]$$
$$=\frac{4l^3}{243EI}$$

$$\delta_{12}=\delta_{21}=\sum\int\frac{\overline{M}_1\overline{M}_2}{EI}\mathrm{d}s=\frac{1}{EI}\left[2\times\frac{1}{2}\times\frac{2}{9}l\times\frac{1}{3}l\times\frac{2}{3}\times\frac{1}{9}l+\frac{1}{2}\times\frac{2}{9}l\times\frac{1}{3}l\right.$$
$$\left.\times\left(\frac{2}{3}\times\frac{1}{9}l+\frac{1}{3}\times\frac{2}{9}l\right)+\frac{1}{2}\times\frac{l}{9}\times\frac{l}{3}\times\left(\frac{2}{3}\times\frac{2l}{9}+\frac{1}{3}\times\frac{l}{9}\right)\right]$$
$$=\frac{7l^3}{486EI}$$

$$\boldsymbol{\delta}=\begin{bmatrix}\delta_{11} & \delta_{12}\\ \delta_{21} & \delta_{22}\end{bmatrix}=\frac{l^3}{EI}\begin{bmatrix}\frac{4}{243} & \frac{7}{486}\\ \frac{7}{486} & \frac{4}{243}\end{bmatrix}$$

所以运动微分方程为

$$\begin{bmatrix}y_1\\ y_2\end{bmatrix}=-\frac{l^3}{EI}\begin{bmatrix}m & m\\ m & m\end{bmatrix}\begin{bmatrix}\frac{4}{243} & \frac{7}{486}\\ \frac{7}{486} & \frac{4}{243}\end{bmatrix}\begin{bmatrix}\ddot{y}_1\\ \ddot{y}_2\end{bmatrix}$$

(2) 求固有频率和主振型。

由式(3-1-26)有

$$\left|\frac{1}{\omega^2}\boldsymbol{I}-\boldsymbol{\delta M}\right|=\begin{vmatrix}\frac{1}{\omega^2}-m_1\delta_{11} & -m_2\delta_{21}\\ -m_1\delta_{12} & \frac{1}{\omega^2}-m_2\delta_{22}\end{vmatrix}=\begin{vmatrix}\frac{1}{\omega^2}-m\frac{4l^3}{243EI} & -m\frac{7l^3}{486EI}\\ -m\frac{7l^3}{486EI} & \frac{1}{\omega^2}-m\frac{4l^3}{243EI}\end{vmatrix}=0$$

解得

$$\frac{1}{\omega_1^2}=\frac{15ml^3}{486EI}$$

$$\frac{1}{\omega_2^2}=\frac{ml^3}{486EI}$$

固有频率为

$$\omega_1=\sqrt{\frac{486EI}{15ml^3}}=5.6921\sqrt{\frac{EI}{ml^3}}$$

$$\omega_2=\sqrt{\frac{486EI}{ml^3}}=22.045\sqrt{\frac{EI}{ml^3}}$$

将固有频率代入式(3-1-27)得

$$\begin{bmatrix}\frac{1}{\omega_k^2}-m\frac{4l^3}{243EI} & -m\frac{7l^3}{486EI}\\ -m\frac{7l^3}{486EI} & \frac{1}{\omega_k^2}-m\frac{4l^3}{243EI}\end{bmatrix}\begin{bmatrix}A_1^{(k)}\\ A_2^{(k)}\end{bmatrix}=\begin{bmatrix}0\\0\end{bmatrix}$$

解得

第一主振型

$$\frac{A_1^{(1)}}{A_2^{(1)}}=\frac{\frac{7l^3}{486EI}}{\frac{1}{\omega_1^2}-m\frac{4l^3}{243EI}}=\frac{1}{1}$$

第二主振型

$$\frac{A_1^{(2)}}{A_2^{(2)}}=\frac{\frac{7l^3}{486EI}}{\frac{1}{\omega_2^2}-m\frac{4l^3}{243EI}}=\frac{1}{-1}$$

其图形如图 3-1-11 所示。

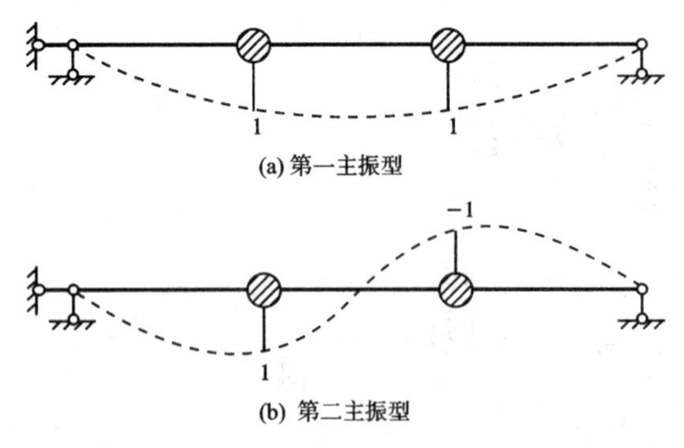

图 3-1-11　第一主振型和第二主振型

2. 两个自由度振动系统的谐迫振动、动力吸振器

图 3-1-12 所示的两个自由度系统，在质点 m_1 上作用简谐激励力 $F=F_0\sin\omega t$，它也是动力吸振器的力学模型，k_1-m_1 为主系统，k_2-m_2 为子系统或吸振器。其运动微分方程为

$$\begin{bmatrix} m_1 & 0 \\ 0 & m_2 \end{bmatrix}\begin{bmatrix} \ddot{x}_1 \\ \ddot{x}_2 \end{bmatrix}+\begin{bmatrix} k_1+k_2 & -k_2 \\ -k_2 & k_2 \end{bmatrix}\begin{bmatrix} x_1 \\ x_2 \end{bmatrix}=\begin{bmatrix} F_0 \\ 0 \end{bmatrix}\sin\omega t \tag{3-1-28}$$

令 $x=\begin{bmatrix} x_1 \\ x_2 \end{bmatrix}=\begin{bmatrix} A_1 \\ A_2 \end{bmatrix}\sin\omega t$，代入式(3-1-28)得

$$-\begin{bmatrix} m_1 & 0 \\ 0 & m_2 \end{bmatrix}\begin{bmatrix} A_1 \\ A_2 \end{bmatrix}\omega^2+\begin{bmatrix} k_1+k_2 & -k_2 \\ -k_2 & k_2 \end{bmatrix}\begin{bmatrix} A_1 \\ A_2 \end{bmatrix}=\begin{bmatrix} F_0 \\ 0 \end{bmatrix}$$

该方程一般有唯一解，其解为

$$\begin{cases} \dfrac{A_1}{A_s}=\dfrac{1-\omega^2/\omega_{22}^2}{\Delta} \\ \dfrac{A_2}{A_s}=\dfrac{1}{\Delta} \end{cases} \tag{3-1-29}$$

式中

$$\Delta=\left(1-\frac{\omega^2}{\omega_{22}^2}\right)\left(1+\frac{k_2}{k_1}-\frac{\omega^2}{\omega_{11}^2}\right)-\frac{k_2}{k_1},\ \omega_{11}=\frac{k_1}{m_1},\ \omega_{22}=\frac{k_2}{m_2},\ A_s=\frac{F_0}{k_2},\ \mu=\frac{m_2}{m_1}$$

从式(3-1-29)可以看出，当 $1-\omega^2/\omega_{22}^2=0$ 时，$A_1=0$，即质点 m_1 的振动位移振幅为 0。即当激励力的频率等于 k_2-m_2 子系统的固有频率时，在简谐力 $F_0\sin\omega t$ 作用下的质点 m_1 静止不动，由式(3-1-29)的第二式，当 $\omega=\omega_{22}$ 时，有

$$A_2=-\frac{k_1}{k_2}A_s=-\frac{k_1}{k_2}\frac{F_0}{k_1}=-\frac{F_0}{k_2}$$

因此质点 m_2 的响应为

$$x_2=-\frac{F_0}{k_2}\sin\omega t$$

这样弹簧 k_2 作用于质点 m_1 的力为 $kx_2=-F_0\sin\omega t$，在任何瞬时恰好与激励力 $F_0\sin\omega t$ 大小相等，方向相反，使得原来的 k_1-m_1 主系统在简谐力作用下的强迫振动位移响应完全消失，从而达到很好的减振效果。这就是动力吸振器的工作原理。一般地，附加在建筑系统上的 k_2-m_2 子系统称为动力吸振器。显然，为了达到良好的吸振效果，必须调整 k_2 与 m_2 的值，使得吸振器的固有频率 ω_{22} 等于激励力的频率 ω。换句话说，动力吸振器只能在固有频率 ω_{22} 附近有比较好的吸振效果。

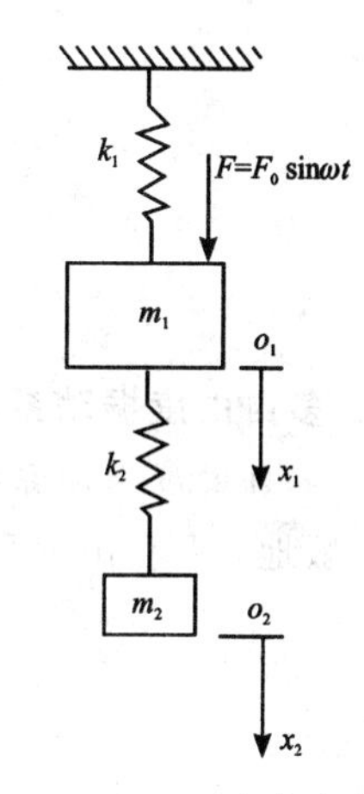

图 3-1-12　两个自由度系统

为简单起见，作为一个特例，在令 $\omega_{11}=\omega_{22}$ 条件下讨论，此时 $\dfrac{k_2}{m_2}=\dfrac{k_1}{m_1}$，$\dfrac{k_2}{k_1}=\dfrac{m_2}{m_1}=\mu$。从式(3-1-29)可以看出，当 $\Delta=0$ 时，系统将发生共振，振幅理论上为无穷大。共振频率可由 $\Delta=\left(1-\dfrac{\omega^2}{\omega_{22}^2}\right)\left(1+\mu-\dfrac{\omega^2}{\omega_{11}^2}\right)-\mu=0$ 求出，即

$$\frac{\omega^2}{\omega_{22}^2}=\left(1+\frac{\mu}{2}\right)\mp\sqrt{\left(1+\frac{\mu}{2}\right)^2-1}=\left(1+\frac{\mu}{2}\right)\mp\sqrt{\mu+\frac{\mu^2}{4}}$$

易见，根号项的值小于$1+\frac{\mu}{2}$而大于$\frac{\mu}{2}$，因而$\frac{\omega^2}{\omega_{22}^2}$有两个正实根，一个大于1，另一个小于1，即两个自由度振动系统有两个共振频率。一般地，n个自由度振动系统有n个共振频率。可以验证，将相关微分方程式(3-1-29)的质量矩阵和刚度矩阵中的数据代入式(3-1-23)，计算得到两个自由度系统的固有频率为

$$\omega_{1,2}=\left(1+\frac{\mu}{2}\right)\mp\sqrt{\mu+\frac{\mu^2}{4}}$$

可见，发生共振时系统的共振频率与固有频率相等。图3-1-13画出了$\mu=0.2$，$\frac{\omega_{22}}{\omega_{11}}=1.0$时质点$m_1$的振幅与激励力频率之间的关系，两个共振点十分明显。

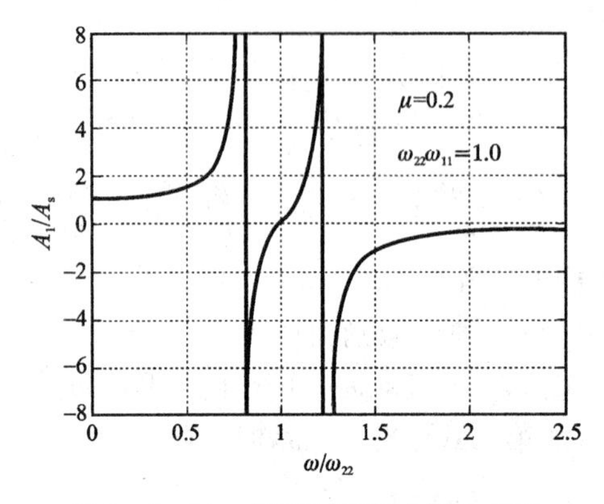

图3-1-13　振幅与频率之间的关系

3. 多自由度振动系统的强迫振动、振型叠加法

1）多自由度振动系统强迫振动数学模型

一般地，多自由度系统在任意激励力作用下的运动微分方程可表示为

$$\boldsymbol{M}\ddot{\boldsymbol{Y}}+\boldsymbol{C}\boldsymbol{Y}+\boldsymbol{K}\boldsymbol{Y}=\boldsymbol{F}(t) \tag{3-1-30}$$

式中：$\boldsymbol{Y}=\begin{bmatrix}y_1\\y_2\\\vdots\\y_n\end{bmatrix}$为位移列向量，$\boldsymbol{M}=\begin{bmatrix}m_1&0&\cdots&0\\0&m_2&\cdots&0\\\vdots&\vdots&&\vdots\\0&0&\cdots&m_n\end{bmatrix}$为质量矩阵，$\boldsymbol{C}=\begin{bmatrix}c_{11}&c_{12}&\cdots&c_{1n}\\c_{21}&c_{22}&\cdots&c_{2n}\\\vdots&\vdots&&\vdots\\c_{n1}&c_{n2}&\cdots&c_{nn}\end{bmatrix}$为阻尼矩阵，$\boldsymbol{K}=\begin{bmatrix}k_{11}&k_{12}&\cdots&k_{1n}\\k_{21}&k_{22}&\cdots&k_{2n}\\\vdots&\vdots&&\vdots\\k_{n1}&k_{n2}&\cdots&k_{nn}\end{bmatrix}$为刚度矩阵，$\boldsymbol{F}(t)=\begin{bmatrix}f_1(t)\\f_2(t)\\\vdots\\f_n(t)\end{bmatrix}$为激励荷载。

2）主振型的加权正交性

对于多自由度系统，可以按照下式求其n个固有频率$\omega_k(k=1, 2, \cdots, n)$：

$$|\boldsymbol{K}-\omega^2\boldsymbol{M}|=\begin{vmatrix} k_{11}-\omega^2 m_1 & k_{12} & \cdots & k_{1n} \\ k_{21} & k_{22}-\omega^2 m_2 & \cdots & k_{2n} \\ \vdots & \vdots & & \vdots \\ k_{n1} & k_{n2} & \cdots & k_{nn}-\omega^2 m_n \end{vmatrix}=0$$

再由

$$(\boldsymbol{K}-\omega_k^2\boldsymbol{M})\boldsymbol{A}^{(k)}=\begin{bmatrix} k_{11}-\omega_k^2 m_1 & k_{12} & \cdots & k_{1n} \\ k_{21} & k_{22}-\omega_k^2 m_2 & \cdots & k_{2n} \\ \vdots & \vdots & & \vdots \\ k_{n1} & k_{n2} & \cdots & k_{nn}-\omega_k^2 m_n \end{bmatrix}\begin{bmatrix} A_1^{(k)} \\ A_2^{(k)} \\ \vdots \\ A_n^{(k)} \end{bmatrix}=\begin{bmatrix} 0 \\ 0 \\ \vdots \\ 0 \end{bmatrix}$$

求出主振型向量 $u_{(k)}$，将 n 个主振型向量用一个矩阵表示，即称为主振型矩阵 $\boldsymbol{u}=[u^{(1)}, u^{(2)}, \cdots, u^{(n)}]$。

主振型关于质量矩阵和刚度矩阵的加权正交性，即

$$\boldsymbol{u}^{(j)}\boldsymbol{K}\boldsymbol{u}^{(i)}=\boldsymbol{0}\quad (i\neq j),\qquad \boldsymbol{u}^{(j)}\boldsymbol{M}\boldsymbol{u}^{(i)}=\boldsymbol{0}\quad (i\neq j)$$

证明： 因为 ω_k 和 $\boldsymbol{u}^{(k)}$ 为系统的第 k 阶固有频率和主振型，所以有特征方程

$$(\boldsymbol{K}-\omega_k^2\boldsymbol{M})\boldsymbol{u}^{(k)}=\boldsymbol{0}$$

对于任意两个不同的主振型向量 $\boldsymbol{u}^{(i)}$，$\boldsymbol{u}^{(j)}$，有

$$\boldsymbol{K}\boldsymbol{u}^{(i)}=\omega_i^2\boldsymbol{M}\boldsymbol{u}^{(i)}\tag{3-1-31}$$

$$\boldsymbol{K}\boldsymbol{u}^{(j)}=\omega_j^2\boldsymbol{M}\boldsymbol{u}^{(j)}\tag{3-1-32}$$

两边分别左乘$(\boldsymbol{u}^{(j)})^{\mathrm{T}}$ 和$(\boldsymbol{u}^{(i)})^{\mathrm{T}}$ 得

$$(\boldsymbol{u}^{(j)})^{\mathrm{T}}\boldsymbol{K}\boldsymbol{u}^{(i)}=\omega_i^2(\boldsymbol{u}^{(j)})^{\mathrm{T}}\boldsymbol{M}\boldsymbol{u}^{(i)}\tag{3-1-33}$$

$$(\boldsymbol{u}^{(i)})^{\mathrm{T}}\boldsymbol{K}\boldsymbol{u}^{(j)}=\omega_j^2(\boldsymbol{u}^{(i)})^{\mathrm{T}}\boldsymbol{M}\boldsymbol{u}^{(j)}\tag{3-1-34}$$

对式(3-1-34)两边转置。注意到，刚度矩阵 $\boldsymbol{K}$ 和质量矩阵 $\boldsymbol{M}$ 的对称性，有

$$((\boldsymbol{u}^{(i)})^{\mathrm{T}}\boldsymbol{K}\boldsymbol{u}^{(j)})^{\mathrm{T}}=(\boldsymbol{u}^{(j)})^{\mathrm{T}}\boldsymbol{K}\boldsymbol{u}^{(i)}=\omega_j^2(\boldsymbol{u}^{(j)})^{\mathrm{T}}\boldsymbol{M}\boldsymbol{u}^{(i)}\tag{3-1-35}$$

式(3-1-33)－式(3-1-35)得

$$(\omega_i^2-\omega_j^2)(\boldsymbol{u}^{(j)})^{\mathrm{T}}\boldsymbol{M}\boldsymbol{u}^{(i)}=\boldsymbol{0}$$

由于 $\omega_i^2\neq\omega_j^2$(当 $i\neq j$ 时)，因此有

$$(\boldsymbol{u}^{(j)})^{\mathrm{T}}\boldsymbol{M}\boldsymbol{u}^{(i)}=\boldsymbol{0}\ (i\neq j)\tag{3-1-36}$$

即主振型关于质量矩阵的加权正交性。将式(3-1-36)代入式(3-1-35)得

$$(\boldsymbol{u}^{(j)})^{\mathrm{T}}\boldsymbol{K}\boldsymbol{u}^{(i)}=\boldsymbol{0}\ (i\neq j)\tag{3-1-37}$$

即主振型关于刚度矩阵的加权正交性。

由于主振型关于刚度矩阵 $\boldsymbol{K}$ 和质量矩阵 $\boldsymbol{M}$ 的加权正交性，若主振型矩阵 $\boldsymbol{u}=[\boldsymbol{u}^{(1)}, \boldsymbol{u}^{(2)}, \cdots, \boldsymbol{u}^{(n)}]$，则有

$\boldsymbol{u}^{\mathrm{T}}\boldsymbol{K}\boldsymbol{u}=\bar{\boldsymbol{K}}=\begin{bmatrix} \overline{K}_1 & 0 & 0 & \cdots & 0 \\ 0 & \overline{K}_2 & 0 & \cdots & 0 \\ \vdots & \vdots & \vdots & & \vdots \\ 0 & 0 & 0 & \cdots & \overline{K}_n \end{bmatrix}$ 称为主刚度矩阵，$\boldsymbol{u}^{\mathrm{T}}\boldsymbol{M}\boldsymbol{u}=\overline{\boldsymbol{M}}=$

$$\begin{bmatrix} \overline{M}_1 & 0 & 0 & \cdots & 0 \\ 0 & \overline{M}_2 & 0 & \cdots & 0 \\ \vdots & \vdots & \vdots & & \vdots \\ 0 & 0 & 0 & \cdots & \overline{M}_n \end{bmatrix}$$称为主质量矩阵。

3）方程的解耦

考虑方程(3-1-30)中无阻尼时的情形，即 $\boldsymbol{C}=\boldsymbol{0}$；有阻尼的情形，若阻尼可表示为质量矩阵和刚度矩阵的线性组合，即 $\boldsymbol{C}=\alpha\boldsymbol{M}+\beta\boldsymbol{K}$，也可采用振型叠加法求解。

作变量代换 $\boldsymbol{Y}=\boldsymbol{uX}$，$\boldsymbol{X}$ 在这里称为主坐标，将 $\boldsymbol{X}$ 代入方程(3-1-30)得

$$\boldsymbol{Mu}\ddot{\boldsymbol{X}}+\boldsymbol{KuX}=\boldsymbol{F}(t)$$

两边左乘 $\boldsymbol{u}^{\mathrm{T}}$ 有

$$\boldsymbol{u}^{\mathrm{T}}\boldsymbol{Mu}\ddot{\boldsymbol{X}}+\boldsymbol{u}^{\mathrm{T}}\boldsymbol{KuX}=\boldsymbol{u}^{\mathrm{T}}\boldsymbol{F}(t)$$

根据主振型关于刚度矩阵 $\boldsymbol{K}$ 和质量矩阵 $\boldsymbol{M}$ 的加权正交性，并令

$$\overline{\boldsymbol{F}}(t)=\begin{bmatrix} \overline{F}_1(t) \\ \overline{F}_2(t) \\ \vdots \\ \overline{F}_n(t) \end{bmatrix}=\boldsymbol{u}^{\mathrm{T}}\boldsymbol{F}(t)$$

称为广义载荷。

$$\overline{\boldsymbol{M}}\ddot{\boldsymbol{X}}+\overline{\boldsymbol{K}}\boldsymbol{X}=\overline{\boldsymbol{F}}(t) \tag{3-1-38}$$

由于主质量矩阵 $\overline{\boldsymbol{M}}$ 和主刚度矩阵 $\overline{\boldsymbol{K}}$ 为对角矩阵，上式展开就可得

$$\overline{M}_i\ddot{X}_i+\overline{K}_iX_i=\overline{F}_i(t) \quad (i=1,\ 2,\ \cdots,\ n) \tag{3-1-39}$$

4）求解主坐标下的振动方程

由式(3-1-32)两边同除 $\overline{M}_i$，并令 $\omega_i^2=\dfrac{\overline{K}_i}{\overline{M}_i}$，则

$$\ddot{X}_i+\omega_i^2X_i=\frac{\overline{F}_i(t)}{\overline{M}_i} \quad (i=1,\ 2,\ \cdots,\ n)$$

根据 Duhamel 积分，有

$$\ddot{X}_i=\frac{1}{\overline{M}_i\omega_i}\int_0^t\overline{F}_i(\tau)\sin\omega_i(t-\tau)\mathrm{d}\tau \quad (i=1,\ 2,\ \cdots,\ n) \tag{3-1-40}$$

将上式回代到 $\boldsymbol{Y}=\boldsymbol{uX}$，即可得到系统的位移动力学响应。

例 3-1-3　图 3-1-14 所示为无阻尼二自由度系统，若 $k_1=k_2=k_3=1$，$m_1=m_2=1$，$t=0$ 时，$x_1(0)=x_2(0)=0$，$\dot{x}_1(0)=v_0$，$\dot{x}_2(0)=0$，$F_2(t)=U(t)$，$F_1(t)=0$，$u(t)$为单位阶跃函数，用振型叠加法求时域响应。

解：(1) 建立系统运动方程。

$$\begin{bmatrix} m_1 & 0 \\ 0 & m_2 \end{bmatrix}\begin{bmatrix} \ddot{x}_1 \\ \ddot{x}_2 \end{bmatrix}+\begin{bmatrix} k_1+k_2 & -k_2 \\ -k_2 & k_2+k_3 \end{bmatrix}\begin{bmatrix} x_1 \\ x_2 \end{bmatrix}=\begin{bmatrix} 0 \\ u(t) \end{bmatrix}$$

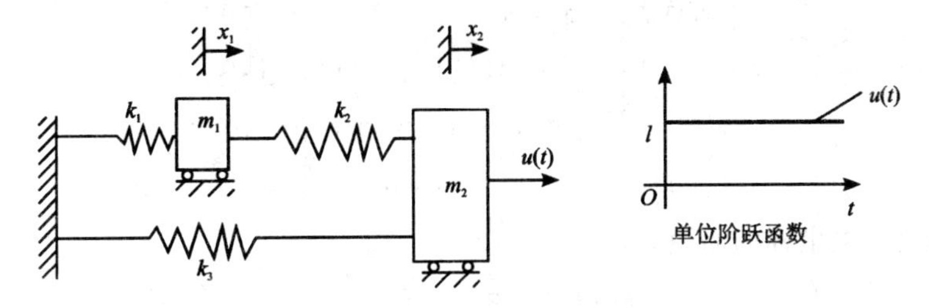

图 3-1-14　无阻尼二自由度系统

代入数据：

$$\begin{bmatrix}1 & 0\\0 & 1\end{bmatrix}\begin{bmatrix}\ddot{x}_1\\\ddot{x}_2\end{bmatrix}+\begin{bmatrix}2 & -1\\-1 & 2\end{bmatrix}\begin{bmatrix}x_1\\x_2\end{bmatrix}=\begin{bmatrix}0\\u(t)\end{bmatrix}$$

(2) 求系统的特征值和特征向量。

特征矩阵：

$$\boldsymbol{B}=\boldsymbol{K}-\omega^2\boldsymbol{M}=\begin{bmatrix}k_1+k_2-\omega^2 m_1 & -k_2\\-k_2 & k_2+k_3-\omega^2 m_2\end{bmatrix}$$

代入数据：

$$\boldsymbol{B}=\begin{bmatrix}2-\omega^2 & -1\\-1 & 2-\omega^2\end{bmatrix}$$

特征方程：

$$\begin{vmatrix}2-\omega^2 & -1\\-1 & 2-\omega^2\end{vmatrix}=0\Rightarrow(2-\omega^2)^2-1=0$$

即

$$(\omega^2-1)(\omega^2-3)=0$$

解得固有频率：

$$\omega_1=1,\ \omega_2=\sqrt{3}$$

将 ω_1^2，ω_2^2 分别代入 $\boldsymbol{B}$ 中，任一列的振型矩阵为

$$\boldsymbol{u}=\begin{bmatrix}1 & 1\\-1 & 1\end{bmatrix}$$

其逆矩阵为

$$\boldsymbol{u}^{-1}=\frac{1}{2}\begin{bmatrix}1 & 1\\-1 & 1\end{bmatrix}$$

(3) 求相应主坐标的初始条件。

由 $\boldsymbol{X}=\boldsymbol{u}\boldsymbol{Y}\Rightarrow\boldsymbol{Y}=\boldsymbol{u}^{-1}\boldsymbol{X}$ 有

$$\begin{bmatrix} y_1(0) \\ y_2(0) \end{bmatrix} = \frac{1}{2}\begin{bmatrix} 1 & 1 \\ -1 & 1 \end{bmatrix}\begin{bmatrix} x_1(0) \\ x_2(0) \end{bmatrix} = \begin{bmatrix} 0 \\ 0 \end{bmatrix}$$

$$\begin{bmatrix} \dot{y}_1(0) \\ \dot{y}_2(0) \end{bmatrix} = \frac{1}{2}\begin{bmatrix} 1 & 1 \\ -1 & 1 \end{bmatrix}\begin{bmatrix} v_0 \\ 0 \end{bmatrix} = \frac{1}{2}\begin{bmatrix} v_0 \\ -v_0 \end{bmatrix}$$

（4）求相应于主坐标的激励。

$$\begin{bmatrix} \overline{F}_1(t) \\ \overline{F}_2(t) \end{bmatrix} = \boldsymbol{u}^{\mathrm{T}}\begin{bmatrix} F_1(t) \\ F_2(t) \end{bmatrix} = \begin{bmatrix} 1 & -1 \\ 1 & 1 \end{bmatrix}\begin{bmatrix} 0 \\ u(t) \end{bmatrix} = \begin{bmatrix} -u(t) \\ u(t) \end{bmatrix}$$

（5）求主系数及主坐标响应。

$$\boldsymbol{u}^{\mathrm{T}}\boldsymbol{M}\boldsymbol{u} = \begin{bmatrix} 1 & -1 \\ 1 & 1 \end{bmatrix}\begin{bmatrix} 1 & 0 \\ 0 & 1 \end{bmatrix}\begin{bmatrix} 1 & 1 \\ -1 & 1 \end{bmatrix} = \begin{bmatrix} 2 & 0 \\ 0 & 2 \end{bmatrix} = \overline{\boldsymbol{M}}$$

$$\boldsymbol{u}^{\mathrm{T}}\boldsymbol{K}\boldsymbol{u} = \begin{bmatrix} 1 & -1 \\ 1 & 1 \end{bmatrix}\begin{bmatrix} 2 & -1 \\ -1 & 2 \end{bmatrix}\begin{bmatrix} 1 & 1 \\ -1 & 1 \end{bmatrix} = \begin{bmatrix} 6 & 0 \\ 0 & 2 \end{bmatrix} = \overline{\boldsymbol{K}}$$

于是解耦后方程为

$$\begin{cases} 2\ddot{y}_1 + 6y_1 = -u(t) \\ 2y_2 + 2y_2 = u(t) \end{cases}$$

由于振动系统对阶跃函数 $u(t)$ 的响应为 $\frac{1}{k}(1-\cos\omega_{\mathrm{n}}t)$，对初速度 $\dot{x}_0$ 的响应是 $\frac{x_0}{\omega_{\mathrm{n}}}\sin\omega_{\mathrm{n}}t$，因此两个激励产生的响应为

$$\begin{cases} y_1 = \dfrac{v_0}{2\omega_1}\sin\omega_1 t - \dfrac{1}{k_1}(1-\cos\omega_1 t) \\ y_2 = \dfrac{v_0}{2\omega_2}\sin\omega_2 t + \dfrac{1}{k_2}(1-\cos\omega_2 t) \end{cases}$$

以 $\omega_{\mathrm{n}_1} = \sqrt{\frac{6}{2}} = \sqrt{3}$，$\omega_{\mathrm{n}_2} = \sqrt{\frac{2}{2}} = 1$，$k_1 = 6$，$k_2 = 2$，代入上式得

$$\begin{cases} y_1 = \dfrac{v_0}{2\sqrt{3}}\sin\sqrt{3}t - \dfrac{1}{6}(1-\cos\sqrt{3}t) \\ y_2 = \dfrac{v_0}{2\times 1}\sin t - \dfrac{1}{2}(1-\cos t) \end{cases}$$

（6）求原系统的广义坐标响应：

$$\begin{bmatrix} x_1 \\ x_2 \end{bmatrix} = \boldsymbol{u}\begin{bmatrix} y_1 \\ y_2 \end{bmatrix} = \begin{bmatrix} 1 & 1 \\ -1 & 1 \end{bmatrix}\begin{bmatrix} x_1 \\ x_2 \end{bmatrix} = \begin{bmatrix} y_1 + y_2 \\ -y_1 + y_2 \end{bmatrix}$$

故

$$x_1 = \frac{v_0}{2}\left(\frac{1}{\sqrt{3}}\sin\sqrt{3}t + \sin t\right) + \frac{1}{6}\cos\sqrt{3}t - \frac{1}{2}\cos t + \frac{1}{3}$$

$$x_2 = \frac{v_0}{2}\left(-\frac{1}{\sqrt{3}}\sin\sqrt{3}t + \sin t\right) - \frac{1}{6}\cos\sqrt{3}t - \frac{1}{2}\cos t + \frac{2}{3}$$

3.1.3　连续系统

1. 波动方程的解答

对于圆轴的自由扭转和杆件的轴向运动，作为连续系统，其运动微分方程为

$$\frac{\partial^2 \theta_t}{\partial t^2} = c^2 \frac{\partial^2 \theta_t}{\partial x^2} \tag{3-1-41}$$

对于圆轴的自由扭转振动，式中 $c^2=\frac{G}{\rho}=\frac{GI_p}{J^*}$。该方程可以用分离变量法求解。

设方程的解的形式为

$$\theta_t(x,\ t) = \phi(x) \cdot q(t) \tag{3-1-42}$$

代入方程(3-1-41)：

$$\frac{d^2 q(t)}{dt^2}\phi(x)=c^2\ \frac{d^2\phi(x)}{dx^2}q(t)$$

即

$$\frac{1}{q(t)}\frac{d^2 q(t)}{dt^2}=\frac{c^2}{\phi(x)}\frac{d^2\phi(x)}{dx^2}=-\omega_n^2$$

因为上式左边为时间 t 的函数，右边是截面位置 x 的函数，故只可能等于某个常数，不妨假设等于 $-\omega_n^2$，从而有

$$\begin{cases} \dfrac{d^2 q(t)}{dt^2} + \omega_n^2 q(t) = 0 \\ \dfrac{d^2\phi(x)}{dx^2} + a^2\phi(x) = 0 \end{cases} \quad \left(\text{式中 } a^2 = \frac{\omega_n^2}{c^2}\right) \tag{3-1-43}$$

求解为

$$\begin{cases} q(t)=A\sin\omega_n t+B\cos\omega_n t \\ \phi(x)=C\sin ax+D\cos ax \end{cases}$$

方程的通解为

$$\theta_t(x,\ t) = (C\sin ax + D\cos ax)(A\sin\omega_n t + B\cos\omega_n t) \tag{3-1-44}$$

式中，A，B，C，D 为待定系数，由边界条件和初始条件决定。可见，ω_n 为振动系统的固有频率，$\phi(x)=C\sin ax+D\cos ax$ 为振动系统的振型函数。

例 3-1-4　图 3-1-15 为一端固定的圆轴，使其作扭转自由振动，求其固有频率、振型函数和响应。

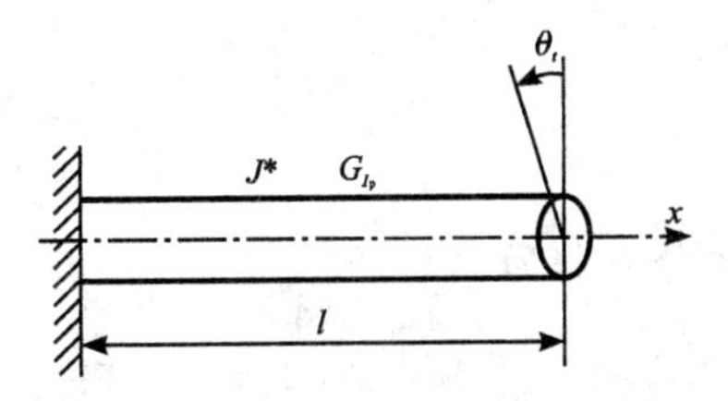

图 3-1-15　一端固定的圆轴

解： 该问题的边界条件为 $\theta_t(0,\ t)=0$，代入通解

$$\theta_t(0,\ t)=(C\sin ax+D\cos ax)(A\sin\omega_n t+B\cos\omega_n t)=0$$

得
$$D=0$$
此时方程的解可写成
$$\theta_t(x, t)=C\sin ax(A\sin\omega_n t+B\cos\omega_n t)$$
求导得
$$\dot{\theta}_t(x, t)=C\sin ax(A\omega_n\cos\omega_n t-B\omega_n\sin\omega_n t)$$
因为在自由振动过程中，圆轴的自由端无外力偶作用，故有扭矩在自由端的值：
$$T_t(l, t)=GI_p\left.\frac{d\theta_t}{dx}\right|_{x=l}=0$$
即
$$\left.\frac{d\theta_t}{dx}\right|_{x=l}=C\cos al(A\sin\omega_n t+B\cos\omega_n t)=0$$
由 $\cos al=0$ 可得 $a_j l=\frac{\pi}{2}(2j-1)$，因此固有频率为
$$\omega_{nj}=\frac{\pi}{2l}(2j-1)\sqrt{\frac{GI_p}{J^*}}\qquad(j=1, 2, \cdots)$$
对应的振型函数为
$$\phi_j(x)=C\sin\frac{(2j-1)\pi}{2l}x\qquad(j=1, 2, \cdots)$$
可见，对于连续系统，有无穷多个固有频率，对应的有无穷多个振型函数。

若初始条件为 $\theta_t(l, 0)=\theta_0$，$\dot{\theta}_t(l, 0)=0$，由 $\dot{\theta}_t(l, 0)=0$ 得
$$A=0$$
这样方程的解可写成
$$\theta_t(x, t)=C_0\sin\frac{(2j-1)\pi}{2l}x\cos\omega_n t$$
由 $\theta_t(l, 0)=\theta_0$ 得
$$C_0=\frac{\theta_0}{\sin\frac{(2j-1)\pi}{2l}l}$$
所以方程的解为
$$\theta_t(x, t)=\theta_0\frac{\sin\frac{(2j-1)\pi}{2l}x}{\sin\frac{(2j-1)\pi}{2l}l}\cos\omega_n t$$

2. 梁的横向自由振动

梁的横向自由振动运动微分方程为
$$\frac{\partial^4 y}{\partial x^4}=-\frac{1}{c^2}\frac{\partial^2 y}{\partial t^2},\qquad c^2=\frac{EI}{\bar{m}}\tag{3-1-45}$$
用分离变量法求解。令
$$y(x, t)=\phi(x)\cdot q(t)\tag{3-1-46}$$
代入方程(3-1-45)得

$$\frac{d^4\phi(x)}{dx^4}q(t)=-\frac{1}{c^2}\phi(x)\frac{d^2q(t)}{dt^2}$$

整理得

$$\frac{c^2}{\phi(x)}\frac{d^4\phi(x)}{dx^4}=-\frac{1}{q(t)}\frac{d^2q(t)}{dt^2}(=\omega_n^2)$$

$$\begin{cases}\dfrac{d^2q(t)}{dt^2}+\omega_n^2q(t)=0\\[2mm] \dfrac{d^4\phi(x)}{dx^4}-\lambda^4\phi(x)=0\end{cases}\left(\text{式中 }\lambda^4=\frac{\omega_n^2}{c^2}=\frac{\bar{m}\omega_n^2}{EI}\right) \tag{3-1-47}$$

由式(3-1-47)的第一式知

$$q(t)=A\sin\omega_n t+B\cos\omega_n t$$

令 $\phi(x)=e^{st}$，代入式(3-1-47)的第 2 式得

$$s^4-\lambda^4=0 \tag{3-1-48}$$

$$s_{1,2}=\pm\lambda，s_{3,4}=\pm i\lambda$$

$\phi(x)$的通解为

$$\phi(x)=A_1e^{i\lambda x}+A_2e^{-i\lambda x}+A_3e^{\lambda x}+A_4e^{-\lambda x}$$

因为

$$e^{\pm i\lambda x}=\cos\lambda x\pm i\sin\lambda x，e^{\pm\lambda x}=\mathrm{ch}\lambda x\pm i\,\mathrm{sh}\lambda x$$

故有

$$\phi(x)=C_1\sin\lambda x+C_2\cos\lambda x+C_3\mathrm{sh}\lambda x+C_4\mathrm{ch}\lambda x \tag{3-1-49}$$

运动微分方程的通解为

$$y(x,t)=(C_1\sin\lambda x+C_2\cos\lambda x+C_3\mathrm{sh}\lambda x+C_4\mathrm{ch}\lambda x)(A\sin\omega_n t+B\cos\omega_n t) \tag{3-1-50}$$

式中，C_1，C_2，C_3，C_4，A，B 为待定系数，可由边界条件和初始条件确定。

例 3-1-5　图 3-1-16 所示为简支梁作自由振动，求固有频率和振型函数。

解：该问题的边界条件可写成

$$\begin{cases}\phi(0)=0\\ M(0)=EI\left.\dfrac{d^2\phi(x)}{dx^2}\right|_{x=0}=0\\ \phi(l)=0\\ M(l)=EI\left.\dfrac{d^2\phi(x)}{dx^2}\right|_{x=l}=0\end{cases}$$

代入 $\phi(x)$的表达式(3-1-49)得

$$\begin{cases}C_2+C_4=0\\ -C_2+C_4=0\\ C_1\sin\lambda l+C_2\cos\lambda l+C_3\mathrm{sh}\lambda l+C_4\mathrm{ch}\lambda l=0\\ -C_1\sin\lambda l-C_2\cos\lambda l+C_3\mathrm{sh}\lambda l+C_4\mathrm{ch}\lambda l=0\end{cases}$$

即
$$\begin{cases} C_2=0 \\ C_4=0 \\ C_1\sin\lambda l=0 \\ C_3\text{sh}\lambda l=0 \end{cases}$$

又因为 $\text{sh}\lambda l\neq 0$，故只能有 $C_3=0$。若 $C_1=0$，对应的解为零解，无实际意义。只能有$\sin\lambda l=0$(频率方程)。

$$\lambda_j=\frac{j\pi}{l}\quad (j=1,\ 2,\ \cdots)$$

各阶固有频率为

$$\omega_{nj}=j^2\pi^2\sqrt{\frac{EI}{\bar{m}l^4}}\quad (j=1,\ 2,\ \cdots)$$

振型函数为

$$\phi_j(x)=C_1\sin\frac{j\pi}{l}x\quad (j=1,\ 2,\ \cdots)$$

前三阶振型函数图形如图 3-1-16(b)所示。与多自由度振动系统类似，连续系统的振型函数也具有正交性。

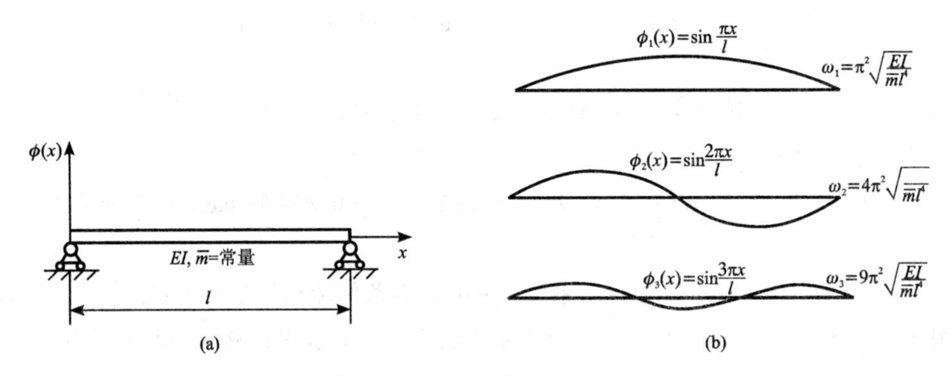

图 3-1-16　简支梁的自由振动

3.1.4　非线性系统

与线性系统不同，非线性系统叠加原理不能成立，一般很难得到精确解，用解析法也只能得到问题的近似解，目前还缺乏一种适用面广泛的通用方法。这就导致求解非线性振动问题的方法很多，但每一种方法都有其适用性和局限性，这里介绍两种求解非线性振动问题的常见方法，摄动法和平均法。

1. 摄动法

改写 Duffing 方程：

$$\begin{cases} \ddot{u}(t)+\omega_0^2u(t)=\varepsilon p(u(t),\ \dot{u}(t)) \\ u(0)=a_0,\quad \dot{u}(0)=0 \end{cases}\tag{3-1-51}$$

式中，ε 为小参数，故摄动法又叫小参数法。如前面讨论的单摆的运动微分方程可以近似写成

$$\ddot{u}+\frac{g}{l}u=\frac{g}{l}\cdot\frac{1}{6}u^3$$

其中

$$\omega_0^2=\frac{g}{l},\ \varepsilon p(u(t),\ \dot{u}(t))=\frac{g}{6l}u^3$$

即

$$\ddot{u}+\omega_0^2u=\frac{1}{6}\omega_0^2u^3$$

摄动法的基本思想：认为方程的解 u 依赖于小参数 ε，从而形如 $u(t,\ \varepsilon)$，将其展开得

$$u(t,\ \varepsilon)=u_0(t)+\varepsilon u_1(t)+\varepsilon^2u_2(t)+\cdots$$

认为 $u_1(t)$，$u_2(t)$，…是计入非线性后对派生解 $u_0(t)$的一种修正。代入方程(3-1-51)，并进行比较：

$$\begin{aligned}\ddot{u}+\omega_0^2u&=(\ddot{u}_0+\varepsilon\ddot{u}_1+\varepsilon^2\ddot{u}_2+\cdots)+\omega_0^2(u_0+\varepsilon u_1(t)+\varepsilon^2u_2(t)+\cdots)\\&=(\ddot{u}_0+\omega_0^2u_0)+\varepsilon(\ddot{u}_1+\omega_0^2u_1)+\varepsilon^2(\ddot{u}_2+\omega_0^2u_2)+\cdots+\varepsilon p(u,\ \dot{u})\\&=\varepsilon p(u_0+\varepsilon u_1+\varepsilon^2u_2+\cdots,\ \dot{u}_0+\varepsilon\dot{u}_1+\varepsilon^2\dot{u}_2+\cdots)\\&=\varepsilon p(u_0,\ \dot{u}_0)+\varepsilon^2\left[\frac{\partial p}{\partial u}(u_0,\ \dot{u}_0)u_1+\frac{\partial p}{\partial \dot{u}}(u_0,\ \dot{u})\dot{u}_1\right]+\cdots\end{aligned}$$

初值问题成为

$$\begin{cases}(\ddot{u}_0+\omega_0^2u_0)+\varepsilon(\ddot{u}_1+\omega_0^2u_1)+\varepsilon^2(\ddot{u}_2+\omega_0^2u_2)+\cdots=\varepsilon p(u_0,\ \dot{u}_0)+\varepsilon^2\Big[\dfrac{\partial p}{\partial u}(u_0,\ \dot{u}_0)u_1\\ \qquad+\dfrac{\partial p}{\partial \dot{u}}(u_0,\ \dot{u})\dot{u}_1\Big]+\cdots\\ u_0(0)+\varepsilon u_1(0)+\varepsilon^2u_2(0)+\cdots=a_0\\ \dot{u}_0(0)+\varepsilon\dot{u}_1(0)+\varepsilon^2\dot{u}_2(0)+\cdots=0\end{cases}$$

根据 ε 的任意性，式中 ε 同次幂系数必然相等，从而有

$$\varepsilon^0:\begin{cases}\ddot{u}_0+\omega_0^2=0\\ u_0(0)=a_0,\quad \dot{u}_0(0)=0\end{cases}$$

$$\varepsilon^1:\begin{cases}\ddot{u}_1+\omega_0^2u_1=p(u_0,\ \dot{u}_0)\\ u_1(0)=0,\quad \dot{u}_1(0)=0\end{cases}$$

$$\varepsilon^2:\begin{cases}\ddot{u}_2+\omega_0^2u_2=\dfrac{\partial p}{\partial u}(u_0,\ \dot{u}_0)u_1+\dfrac{\partial p}{\partial \dot{u}}(u_0,\ \dot{u}_0)\dot{u}_1\\ u_2(0)=0,\quad \dot{u}_2(0)=0\end{cases}$$

从而得到一组可依次求解的序列线性常微分方程的初值问题，求解这个序列问题，从而得到问题的解答。

例 3-1-6　用摄动法求解 Duffing 方程的一次近似解。

$$\begin{cases}\ddot{u}+\omega_0^2 u=\varepsilon\omega_0^2 u^3\\ u(0)=a_0,\ \dot{u}(0)=0\end{cases}$$

解：根据摄动法，有

$$\varepsilon^0:\begin{cases}\ddot{u}_0+\omega_0^2=0\\ u_0(0)=a_0,\quad \dot{u}_0(0)=0\end{cases}$$

其解为 $u_0=a_0\cos\omega_0 t$。

将三角公式$\cos^3 x=\dfrac{3\cos x+\cos 3x}{4}$代入零次近似：

$$\varepsilon^1:\begin{cases}\ddot{u}_1+\omega_0^2 u_1=\omega_0^2 a_0^3\ \cos^3\omega_0 t=\dfrac{\omega_0^2 a_0^3}{4}(3\cos\omega_0 t+\cos 3\omega_0 t)\\ u_1(0)=0,\quad \dot{u}_1(0)=0\end{cases}$$

解得

$$u_1(t)=\frac{a_0^3}{32}(\cos\omega_0 t-\cos 3\omega_0 t)+\frac{3\omega_0 a_0^3}{8}t\sin\omega_0 t$$

故 Duffing 方程的一次近似解为

$$u_0(t)=a_0\cos\omega_0 t+\varepsilon\left[\frac{a_0^3}{32}(\cos\omega_0 t-\cos 3\omega_0 t)+\frac{3\omega_0 a_0^3}{8}t\sin\omega_0 t\right]$$

因为存在永久项 $t\sin\omega_0 t\to\infty$（当 $t\to\infty$），所以该近似解只有在 $t\in[0,\ 1/\varepsilon]$内有效。

2. 平均法

可以认为，平均法的求解思想受到常数变易法的启示。对于一个弱非线性系统，先略去非线性项的影响求解线性问题，再考虑非线性项的影响。将忽略非线性影响的线性问题的解的振幅和相位看做时间的慢变参数，并在一个周期内取平均值，进而求出方程的解。

$$\begin{cases}\ddot{x}+\omega_0^2 x=f(x,\ \dot{x})\\ x_{(0)}=x_0,\quad \dot{x}_{(0)}=0\end{cases}\tag{3-1-52}$$

设其解为

$$\begin{cases}x=a\sin\psi & \text{(a)}\\ \dot{x}=a\omega_0\cos\psi & \text{(b)}\\ \psi=\omega_0 t+\varphi & \text{(c)}\end{cases}\tag{3-1-53}$$

对式(3-1-53)求导得

$$\dot{x}=\dot{a}\sin\psi+a(\omega_0+\dot{\varphi})\cos\psi$$

与式(3-1-53)比较有

$$\dot{a}\sin\psi+a\dot{\varphi}\cos\psi=0\tag{3-1-54}$$

由式(3-1-53)有

$$\ddot{x}=\dot{a}\omega_0\cos\psi-a\omega_0(\omega_0+\dot{\varphi})\sin\psi$$

代入式(3-1-52)：

$$\ddot{x}+\omega_0^2x=\dot{a}\omega_0\cos\psi-a\omega_0^2\sin\psi-a\omega_0\dot{\varphi}\sin\psi+\omega_0^2a\sin\psi=f(x,\ \dot{x})$$

即

$$\dot{a}\omega_0\cos\psi-a\omega_0\dot{\varphi}\sin\psi=f(x,\ \dot{x}) \tag{3-1-55}$$

联立式(3-1-54)、式(3-1-55)得

$$\begin{cases}\dot{a}=\dfrac{1}{\omega_0}f(x,\ \dot{x})\cos\psi\\ \dot{\varphi}=-\dfrac{1}{\omega_0 a}f(x,\ \dot{x})\sin\psi\end{cases} \tag{3-1-56}$$

由于振幅 a 和相位 φ 是关于位移响应 $x(t)$ 的慢变参数，在一个运动周期[0，2π]范围内平均化得平均法的计算公式为

$$\begin{cases}\dot{a}=\dfrac{1}{2\pi\omega_0}\displaystyle\int_0^{2\pi}f(a\sin\psi,\ a\omega_0\cos\psi)\cos\psi\mathrm{d}\psi\\ \dot{\varphi}=-\dfrac{1}{2\pi a\omega_0}\displaystyle\int_0^{2\pi}f(a\sin\psi,\ a\omega_0\cos\psi)\sin\psi\mathrm{d}\psi\end{cases} \tag{3-1-57}$$

例 3-1-7 用平均法求解 Duffing 方程：

$$\begin{cases}\ddot{x}+\omega_0^2x=f(x,\ \dot{x})=\dfrac{1}{6}\omega_0^2x^3\\ x(0)=a_0,\quad \dot{x}(0)=0\end{cases}$$

解： 设方程的解为

$$\begin{cases}x=a\sin\varphi\\ \dot{x}=a\omega_0\cos\varphi\\ \psi=\omega_0t+\varphi\end{cases}$$

在一个运动周期[0，2π]内，平均法的计算公式为

$$\begin{cases}\dot{a}=\dfrac{1}{2\pi\omega_0}\displaystyle\int_0^{2\pi}f(a\sin\psi,\ a_0\omega_0\cos\psi)\cos\psi\mathrm{d}\psi\\ \dot{\varphi}=\dfrac{-1}{2\pi\omega_0 a}\displaystyle\int_0^{2\pi}f(a\sin\psi,\ a_0\omega_0\cos\psi)\sin\psi\mathrm{d}\psi\end{cases}$$

代入 Duffing 方程：

$$\dot{a}=\frac{1}{2\pi\omega_0}\int_0^{2\pi}\frac{1}{6}\omega_0^2a^3\ \sin^3\psi\cos\psi\mathrm{d}\psi=-\frac{\omega_0a^3}{12\pi}\cdot\left.\frac{\sin^4\psi}{4}\right|_0^{2\pi}=0$$

$$\begin{aligned}\dot{\varphi}&=-\frac{1}{2\pi\omega_0 a}\int_0^{2\pi}\frac{1}{6}\omega_0^2a^3\ \sin^3\psi\sin\psi\mathrm{d}\psi\\&=-\frac{\omega_0a^2}{12\pi}\int_0^{2\pi}\left[\frac{3}{8}-\frac{1}{2}\cos2\psi+\frac{1}{8}\cos4\psi\right]\mathrm{d}\psi\\&=-\frac{3\omega_0a^2}{48}\end{aligned}$$

即微分方程组：

$$\begin{cases}\dot{a}=0\\ \dot{\varphi}=-\dfrac{3\omega_0 a^2}{48}\end{cases}$$

解得

$$\begin{cases}a=c_1\\ \varphi=-\dfrac{\omega_0 a^2 t}{16}+c_2\end{cases}$$

由初始条件：

$$\begin{cases}t=0, & x(0)=a_0\\ t=0, & \dot{x}(0)=0\end{cases}$$

即

$$\begin{cases}x=c_1\sin\left(\omega_0 t-\dfrac{\omega_0 c_1^2}{16}t+c_2\right)\\ \dot{x}=\omega_0 c_1\left(1+\dfrac{c_1^2}{16}\right)\cos\left(\omega_0 t-\dfrac{\omega_0 c_1^2}{16}t+c_2\right)\end{cases}$$

$$\begin{cases}c_1\sin c_2=a_0\\ \omega_0 c_1\left(1+\dfrac{c_1^2}{16}\right)\cos c_2=0\end{cases}, \quad c_2=\frac{\pi}{2}, \quad c_1=a_0$$

得 Duffing 方程的解为

$$x(t)=a_0\sin\left[\omega_0\left(1-\frac{a_0^2}{16}\right)t+\frac{\pi}{2}\right]$$

3.2 机械系统的运动方程求解方法——数值法

自从计算机出现以后，以计算机为工具的数值分析方法得到了飞速发展。现在，计算机已经广泛应用于解决各种工程问题，数值计算法已经成为解决机械系统动力学问题的最主要的方法。应用数值法解决机械系统动力学问题主要有两种方式：一种方式是根据机械系统的运动微分方程，选择恰当的算法和计算机高级语言，编写专门的计算机程序求解。另一种方式是利用专业软件，按照专业软件的要求，建立机械系统动力学模型求解。本节讨论第一种方式求解的基本原理、算法和程序实现，有关应用动力学仿真软件 ADAMS 解决动力学仿真问题将在第 7 章动力学专题Ⅱ中讨论。

3.2.1 欧拉法

对于常微分方程的定解问题，形如：

$$\begin{cases}\dot{y}=f(x,y)\\ y(x_0)=y_0\end{cases} \tag{3-2-1}$$

所谓数值解法，就是寻求解 $y(x)$ 在一系列离散节点 $x_1<x_2<\cdots<x_n<x_{n+1}<\cdots$ 上的近似值 y_1，y_2，…，y_n，y_{n+1}…相邻两个节点的间距 $h_n=x_{n+1}-x_n$ 称为步长，一般在计算时，去步长为定值，这时节点为 $x_n=x_0-nh$，$n=0$，1，2，…。

初值问题式(3-2-1)的数值解法的求解过程：给出用已知信息 y_n，y_{n-1}，y_{n-2}…计算 y_{n+1} 的递推公式，从初始条件出发，顺着节点排列的次序一步一步地向前推进。即所谓“步进式”算法。

欧拉法以节点的差商代替导数值，构成的递推公式为

$$\frac{y_{n+1}-y_n}{x_{n+1}-x_n}=f(x_n,\ y_n)$$

即欧拉(Euler)公式：

$$y_{n+1}=y_n+hf(x_n,\ y_n) \tag{3-2-2}$$

如图 3-2-1(a) 所示，从 $P_0(x_0,\ y_0)$ 开始计算，以 P_0 的切线方向推进到 $x=x_1$ 上的 P_1，再从 P_1 的切线方向推进到 $x=x_2$ 上一点 P_2，循此前进做出一条折线 $P_0P_1P_2$…从而得到方程的近似解。

从图 3-2-1(b)可以看出，由于欧拉法是以差商代替导数，其误差较大。为了提高计算精度，一种办法是减小步长，但会导致累计误差增大，当步长减小到一定程度后，计算精度的提高会受限；另一种办法是改进算法，如改进的欧拉法、Runge-Kutta 法等。

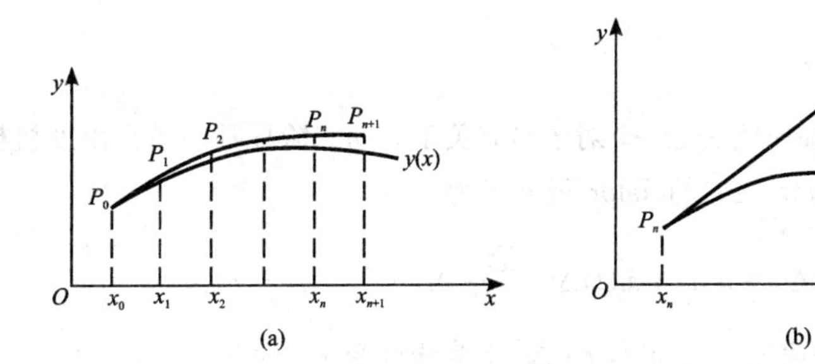

图 3-2-1　“步进式”算法

改进的欧拉法以 P_n 和 P_{n+1} 两个节点的差商的平均值来代替导数，由于 y_{n+1} 值为待求值，故计算 P_{n+1} 节点的差商采用预测和校正方式，其迭代公式为

$$\begin{cases}\text{预测：}y_{n+1}=y_n+hf(x_n,\ y_n)\\[2ex]\text{校正：}y_{n+1}=y_n+\dfrac{h}{2}[f(x_n,\ y_n)+f(x_{n+1},\ y_{n+1})]\end{cases} \tag{3-2-3}$$

可以证明，欧拉法具有一阶精度，而改进的欧拉法具有二阶精度。

对于具有关于时间二阶导数的单自由度机械系统运动微分方程，形如

$$\begin{cases}\ddot{x}=f(x,\ \dot{x},\ t)\\[2ex]x(0)=x_0,\ \dot{x}(0)=\dot{x}_0\end{cases} \tag{3-2-4}$$

可令 $\dot{x}=y$，将方程(3-2-3)转化成一阶常微分方程组：

$$\begin{cases}\dot{y}=f(x,\ y,\ t)\\ \dot{x}=y\\ x(0)=x_0,\ y(0)=y_0=\dot{x}_0\end{cases}\tag{3-2-5}$$

其欧拉法的迭代公式为

$$\begin{cases}x(t+\Delta t)=x(t)+y(t)\Delta t\\ y(t+\Delta t)=y(t)+\dot{y}(t)\Delta t\\ \dot{y}(t)=f(x,\ y,\ t)\end{cases}$$

即

$$\begin{cases}x(t+\Delta t)=x(t)+y(t)\Delta t\\ y(t+\Delta t)=y(t)+f(x,\ y,\ t)\Delta t\end{cases}\tag{3-2-6}$$

改进的欧拉法的迭代公式为

$$\begin{aligned}&\text{预测：}\begin{cases}x(t+\Delta t)=x(t)+y(t)\Delta t\\ y(t+\Delta t)=y(t)+f(x,\ y,\ t)\Delta t\end{cases}\\ &\text{校正：}\begin{cases}x(t+\Delta t)=x(t)+(y(t)+y(t+\Delta t))\Delta t/2\\ y(t+\Delta t)=y(t)+(f(x,\ y,\ t)+f(x(t+\Delta t),\ y(t+\Delta t),\ t+\Delta t))\Delta t/2\end{cases}\end{aligned}\tag{3-2-7}$$

3.2.2 Newmark-β 法

Newmark-β 法是线性加速度法之一。对于具有关于时间二阶导数的单自由度机械系统运动微分方程式(3-2-4)，其 $x(t+\Delta t)$的 Talor 展开式为

$$x(t+\Delta t)=x(t)+\dot{x}(t)\Delta t+\frac{\ddot{x}(t)}{2!}\Delta t^2+\frac{\dddot{x}(t)}{3!}\Delta t^3+o(\Delta t^4)$$

上式中取前三项，若认为加速度在区间$[t,\ t+\Delta t]$上为线性变化，则有

$$\dddot{x}(t)=\frac{\ddot{x}(t+\Delta t)-\ddot{x}(t)}{\Delta t}$$

并代入上式有

$$x(t+\Delta t)=x(t)+\dot{x}(t)\Delta t+\frac{\Delta t^2}{2!}\ddot{x}(t)+\frac{\Delta t^3}{3!}\frac{\ddot{x}(t+\Delta t)-\ddot{x}(t)}{\Delta t}\tag{3-2-8}$$

这就是线性加速度法的迭代公式，该法大致具有三阶精度。将上式的最后一项中$\frac{1}{3!}$用 β 代替，即为 Newmark-β 法。其迭代公式为

$$\begin{cases}x(t+\Delta t)=x(t)+\dot{x}(t)\Delta t+\frac{\Delta t^2}{2!}\ddot{x}(t)+\beta\Delta t^2[\ddot{x}(t+\Delta t)-\ddot{x}(t)]\\ \dot{x}(t+\Delta t)=\dot{x}(t)+\frac{\Delta t}{2}[\ddot{x}(t+\Delta t)+\ddot{x}(t)]\end{cases}\tag{3-2-9}$$

式中，β 为调节公式特征的参数，一般取值范围为 $0\leqslant\beta\leqslant1/2$。

对于多自由度振动系统运动微分方程：

$$\boldsymbol{M}\ddot{\boldsymbol{X}}(t)+\boldsymbol{C}\dot{\boldsymbol{X}}(t)+\boldsymbol{K}\boldsymbol{X}(t)=\boldsymbol{F}(t)$$

$t+\Delta t$ 时刻有关系式：

$$\boldsymbol{M}\ddot{\boldsymbol{X}}(t+\Delta t)+\boldsymbol{C}\dot{\boldsymbol{X}}(t+\Delta t)+\boldsymbol{K}\boldsymbol{X}(t+\Delta t)=\boldsymbol{F}(t+\Delta t)$$

代入式(3-2-9)得

$$\boldsymbol{M}\ddot{\boldsymbol{X}}(t+\Delta t)+\boldsymbol{C}\left[\dot{\boldsymbol{X}}(t)+\Delta t\frac{\ddot{\boldsymbol{X}}(t+\Delta t)+\ddot{\boldsymbol{X}}(t)}{2}\right]+\boldsymbol{K}\left\{\boldsymbol{X}(t)+\dot{\boldsymbol{X}}(t)\Delta t+\frac{\Delta t^2}{2!}\ddot{\boldsymbol{X}}(t)\right.$$

$$\left.+\beta\Delta t^2[\ddot{\boldsymbol{X}}(t+\Delta t)-\ddot{\boldsymbol{X}}(t)]\right\}=\boldsymbol{F}(t+\Delta t)$$

整理移项：

$$\ddot{\boldsymbol{X}}(t+\Delta t)=\left[\boldsymbol{M}+\frac{\boldsymbol{C}}{2}\Delta t+\beta(\Delta t)^2\boldsymbol{K}\right]^{-1}\left\{\boldsymbol{F}(t+\Delta t)-\boldsymbol{C}\left[\dot{\boldsymbol{X}}(t)+\frac{\Delta t}{2}\ddot{\boldsymbol{X}}(t)\right]\right.$$

$$\left.-\boldsymbol{K}\left[\boldsymbol{X}(t)+\Delta t\dot{\boldsymbol{X}}(t)+\left(\frac{1}{2}-\beta\right)\Delta t^2\ddot{\boldsymbol{X}}(t)\right]\right\}\tag{3-2-10}$$

3.2.3　Runge-Kutta 法

Runge-Kutta 法是求解常微分方程应用最多的方法。对于微分方程的定解问题式(3-2-1)，利用欧拉法求解，其截断误差 $o(h^2)$ 故具有一阶精度。改进欧拉法，其迭代公式可表示为

$$y_{n+1}=y_n+\frac{h}{2}[f(x_n,\ y_n)+f(x_n+h,\ y_n+hf(x_n,\ y_n)]$$

由于预测了 P_{n+1} 节点的差商，并用 P_n 和 P_{n+1} 两个节点的差商的平均值来代替导数，可望达到二阶精度。实际上，方程(3-2-1)在区间$[x_n,\ x_{n+1}]$上的等价积分形式为

$$y(x_{n+1})-y(x_n)=\int_{x_n}^{x_{n+1}}f(x,\ y(x))\mathrm{d}x\tag{3-2-11}$$

欲提高公式的计算阶数，就必须提高公式右端的积分的计算精度，可以通过增加积分求积的节点数实现。故将右端的积分表示为

$$\int_{x_n}^{x_{n+1}}f(x,\ y(x))\mathrm{d}x\approx h\sum_{i=1}^{r}c_if(x_n+\lambda_ih,\ y(x_{n+1}+\lambda_ih))$$

一般来说，节点数越多，计算越准确，如图 3-2-2 所示。仿照欧拉法的迭代公式，写成

$$y_{n+1}-y_n=h\phi(x_n,\ y_n,\ h)\tag{3-2-12}$$

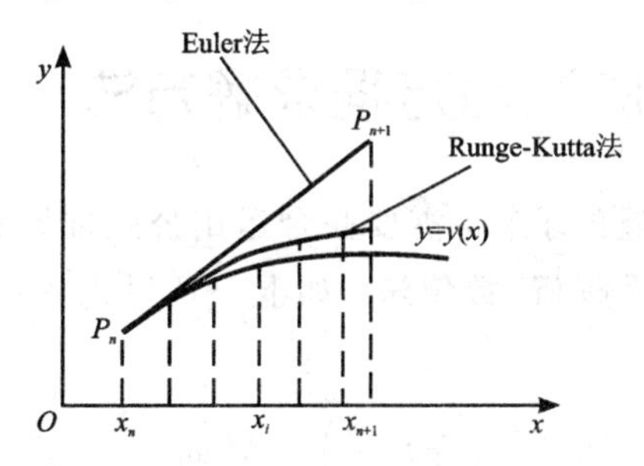

图 3-2-2　算法精度比较

其中，$\phi(x_n, y_n, h)$称为增量函数，可表示为

$$\begin{cases} \phi(x_n, y_n, h) = \sum_{i=1}^{r} c_i K_i \\ K_1 = f(x_n, y_n) \\ K_i = f\left(x_n + \lambda_i h, y_n + h\sum_{j=1}^{i-1}\mu_{ij}K_j\right), i = 2, \cdots, r \end{cases} \tag{3-2-13}$$

式中，c_i，λ_i，μ_{ij}均为待定常数。式(3－2－12)和式(3－2－13)称为r阶 Runge-Kutta 法。

工程中应用最多的是 4 阶 Runge-Kutta 法，其迭代公式为

$$\begin{cases} y_{n+1} = y_n + \frac{h}{6}(K_1 + 2K_2 + 2K_3 + K_4) \\ K_1 = f(x_n, y_n) \\ K_2 = f(x_{n+h/2}, y_n + K_1) \\ K_3 = f(x_{n+h/2}, y_n + K_2 h/2) \\ K_4 = f(x_{n+h}, y_n + K_3 h) \end{cases} \tag{3-2-14}$$

对于单自由度振动系统运动微分方程式(3－2－5)，Runge-Kutta 法的迭代公式为

$$\begin{cases} x_{i+1} = x_i + \frac{\Delta t}{6}(g_1 + 2g_2 + 2g_3 + g_4) \\ y_{i+1} = y_i + \frac{\Delta t}{6}(f_1 + 2f_2 + 2f_3 + f_4) \end{cases} \tag{3-2-15}$$

其中各项如表 3－2－1 所示。

表 3－2－1 Runge-Kutta 法迭代公式中的中间变量

t_i	x_i	$\bar{y}_i$	f_i
$\tau_1 = t_i$	$k_1 = x_1$	$g_1 = y_1$	$f_1 = f(\tau_1, k_1, g_1)$
$\tau_2 = t_i + \Delta t/2$	$k_2 = x_1 + g_1 h/2$	$g_2 = y_1 + f_1 h/2$	$f_2 = f(\tau_2, k_2, g_2)$
$\tau_3 = t_i + \Delta t/2$	$k_3 = x_1 + g_2 h/2$	$g_3 = y_1 + f_2 h/2$	$f_3 = f(\tau_3, k_3, g_3)$
$\tau_4 = t_i + \Delta t$	$k_4 = x_1 + g_3 h$	$g_4 = y_1 + f_3 h$	$f_4 = f(\tau_4, k_4, g_4)$

3.3 机械系统的运动方程求解方法——解析-数值法

许多机械系统动力学问题的求解，需要联合运用公式推导和数值计算的方法，才能得到问题的解，我们不妨称之为**解析-数值法**。如上一章讨论的偏置曲柄滑块机构动力学问题，其运动微分方程：

$$\frac{\mathrm{d}}{\mathrm{d}t}\left(\frac{1}{2}J_e\omega_1^2\right) = M_e\omega_1 \tag{3-3-1}$$

3.3.1　等效力矩是等效构件转角的函数

等效力矩是等效构件转角的函数，即

$$M_e = M_e(\varphi)$$

对上式积分：

$$\frac{1}{2}J_e\omega^2 - \frac{1}{2}J_{e0}\omega_0^2 = \int_{\varphi_0}^{\varphi} M_e(\varphi)\mathrm{d}\varphi = W(\varphi) \quad \left(令\ W(\varphi) = \int_{\varphi_0}^{\varphi} M_e(\varphi)\mathrm{d}\varphi\right)$$

$$\omega = \sqrt{\frac{J_{e0}\omega_0^2 + 2W(\varphi)}{J_e(\varphi)}} \tag{3-3-2}$$

由

$$\omega = \frac{\mathrm{d}\varphi}{\mathrm{d}t} \Rightarrow \mathrm{d}t = \frac{\mathrm{d}\varphi}{\omega}$$

故

$$t = t_0 + \int_{\varphi_0}^{\varphi} \frac{\mathrm{d}\varphi}{\omega} \tag{3-3-3}$$

例 3-3-1　对于图 3-3-1 所示的偏置曲柄滑块机构，若已知 $l_1=0.2\ \mathrm{m}$，$l_2=0.5\ \mathrm{m}$，$l_{s_2}=0.2\ \mathrm{m}$，$e=0.05\ \mathrm{m}$，$J_{01}=3\ \mathrm{kg\cdot m^2}$，$J_2=0.15\ \mathrm{kg\cdot m^2}$，$m_2=5\ \mathrm{kg}$，$m_3=10\ \mathrm{kg}$。

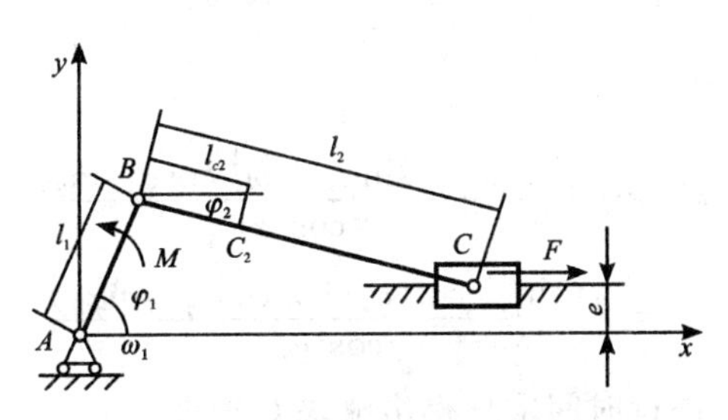

图 3-3-1　偏置曲柄滑块机构

(1) 试计算该曲柄滑块机构的等效转动惯量 J_e 及其导数 $\frac{\mathrm{d}J_e}{\mathrm{d}\varphi_1}$ 随曲柄转角 φ_1 的变化规律。

(2) 若 $M_e = M_e(\varphi_1)$ 由表 3-3-1 给定，初始条件：$t_0=0$，$\varphi_{10}=0$，$\omega_{10}=62\ \mathrm{rad/s}$，求 ω 与 t 之间的关系。

表 3-3-1　等效力矩与曲柄转角关系

φ/(°)	0	10	20	30	40	50	60	70	80	90	100	110	120	130	140	150	160	170	180
M_e/(N·m)	720	540	360	180	0	−240	−480	−720	−840	−900	−840	−720	−480	−240	0	180	360	480	540
φ/(°)	190	200	210	220	230	240	250	260	270	280	290	300	310	320	330	340	350	360	
M_e/(N·m)	420	240	0	−180	−360	−480	−600	−480	−360	−180	0	240	480	720	840	960	840	720	

解：(1) 等效转动惯量 J_e 及其导数 $\frac{dJ_e}{d\varphi_1}$ 的计算。

欲计算等效转动惯量 J_e 及其导数 $\frac{dJ_e}{d\varphi_1}$，必须进行运动学分析计算。取曲柄的转角 φ_1 为广义坐标，可以假设曲柄作匀速转动，$\omega_1=1$，$\varepsilon_1=0$。建立坐标系 xOy，该机构的封闭向量方程为

$$\begin{cases} x = l_1\cos\varphi_1 + l_2\cos\varphi_2 \\ e = l_1\sin\varphi_1 + l_2\sin\varphi_2 \end{cases} \tag{3-3-4}$$

由式(3-3-4)的第二式：

$$\sin\varphi_2 = \frac{e}{l_2} - \frac{l_1}{l_2}\sin\varphi_1 = \frac{e}{l_2} - \lambda\sin\varphi_1 \tag{3-3-5}$$

式中，$\lambda=\frac{l_1}{l_2}$ 称为曲柄连杆比。将式(3-3-5)对时间求导，并利用假设条件($\omega_1=1$，$\varepsilon_1=0$)，可以得到连杆的传动角速度比为

$$\omega_2^* = \frac{\omega_2}{\omega_1} = -\lambda\frac{\cos\varphi_1}{\cos\varphi_2} \tag{3-3-6}$$

对上式作运算 $\varepsilon_2^*=\frac{d\omega_2^*}{d\varphi_2}$，有

$$\begin{aligned} \varepsilon_2^* &= -\lambda\frac{-\cos\varphi_2\sin\varphi_1 + \omega_2^*\cos\varphi_1\sin\varphi_2}{\cos^2\varphi_2} \\ &= \frac{\lambda(\sin\varphi_1\cos^2\varphi_2 + \lambda\cos^2\varphi_1\sin\varphi_2)}{\cos^3\varphi_2} \end{aligned} \tag{3-3-7}$$

再对式(3-3-4)的第一式进行时间求导得出滑块 C 速度：

$$\begin{cases} v_C^* = \frac{dx_C}{d\varphi_1} = l_1\frac{\sin(\varphi_2-\varphi_1)}{\cos\varphi_2} \\ a_C^* = \frac{d^2x_C}{d\varphi_1^2} = \frac{dv_C^*}{d\varphi_1} - l_1\left[\frac{\cos(\varphi_1-\varphi_2)}{\cos\varphi_2} + \lambda\frac{\cos^2\varphi_1}{\cos^3\varphi_2}\right] \end{cases} \tag{3-3-8}$$

由于连杆作平面运动，可由 C_2 与 B 点运动学关系得到

$$\begin{cases} v_{C_2}^* = v_B^* + v_{C_2B}^* \\ a_{C_2}^* = a_B^* + a_{C_2B}^* \end{cases} \tag{3-3-9}$$

式中：$v_{C_2B}^*$，$a_{C_2B}^*$ 分别为质心 C_2 对于 B 点的相对速度和相对加速度，写成坐标系 xOy 下的分量形式为

$$\begin{cases} v_{C_2x}^* = -l_1\sin\varphi_1 - \omega_2^* l_{s_2}\sin\varphi_2 \\ v_{C_2y}^* = l_1\cos\varphi_1 + \omega_2^* l_{s_2}\cos\varphi_2 \\ a_{s_2x}^* = -l_1\cos\varphi_1 - \omega_2^{*2} l_{C_2}\cos\varphi_2 - \varepsilon_2^* l_{C_2}\sin\varphi_2 \\ a_{s_2y}^* = -l_1\sin\varphi_1 - \omega_2^{*2} l_{C_2}\sin\varphi_2 + \varepsilon_2^* l_{C_2}\cos\varphi_2 \end{cases} \tag{3-3-10}$$

将以上各式代入等效转动惯量的计算公式：

$$J_e = \sum_{j=1}^{n}\left[J_j\left(\frac{\omega_j}{\omega_1}\right)^2 + m_j\left(\frac{v_{C_j}}{\omega_1}\right)^2\right]$$

得

$$J_e = J_{01} + J_2\omega_2^{*2} + m_2(v_{s_2x}^{*2} + v_{s_2y}^{*2}) + m_3 v_C^{*2} \tag{3-3-11}$$

$$\frac{dJ_e}{d\varphi_1} = 2[J_2\omega_2^*\varepsilon_2^* + m_2(v_{s_2x}^* a_{s_2x}^* + v_{s_2y}^* a_{s_2y}^*) + m_3 v_C^* a_C^*] \tag{3-3-12}$$

(2) 求 ω 与 t 之间的关系。

式(3-3-1)～(3-3-12)虽然给出了问题解答的解析表达式，但对于解决具体问题，还必须采用计算机编程方能得到问题的解。对于该问题的算法和计算机编程并不困难，算法仅涉及数值积分，编程只需利用赋值语句和循环语句。用 Matlab 编写的计算程序见附录。计算的中间结果以及角速度变化规律如图 3-3-2～图 3-3-8 所示。

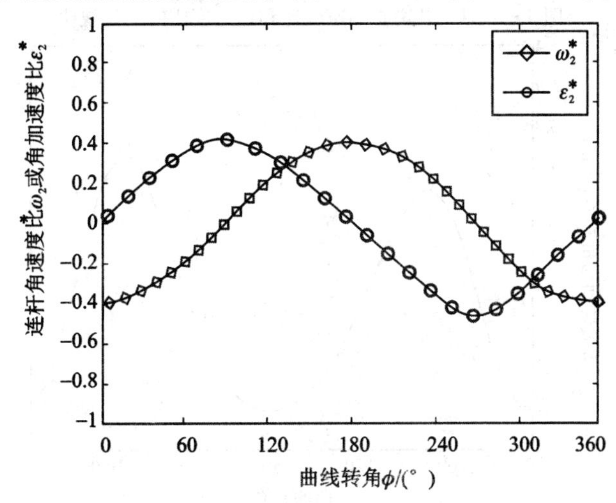

图 3-3-2 连杆角速度比和角加速度比的变化规律

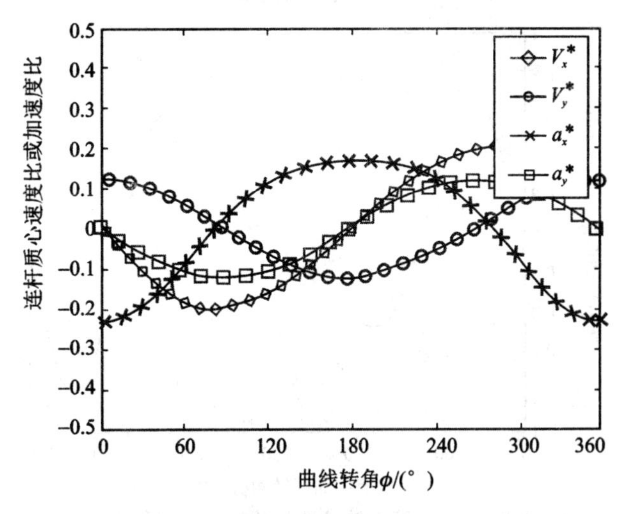

图 3-3-3 连杆质心速度比和加速度比的变化规律

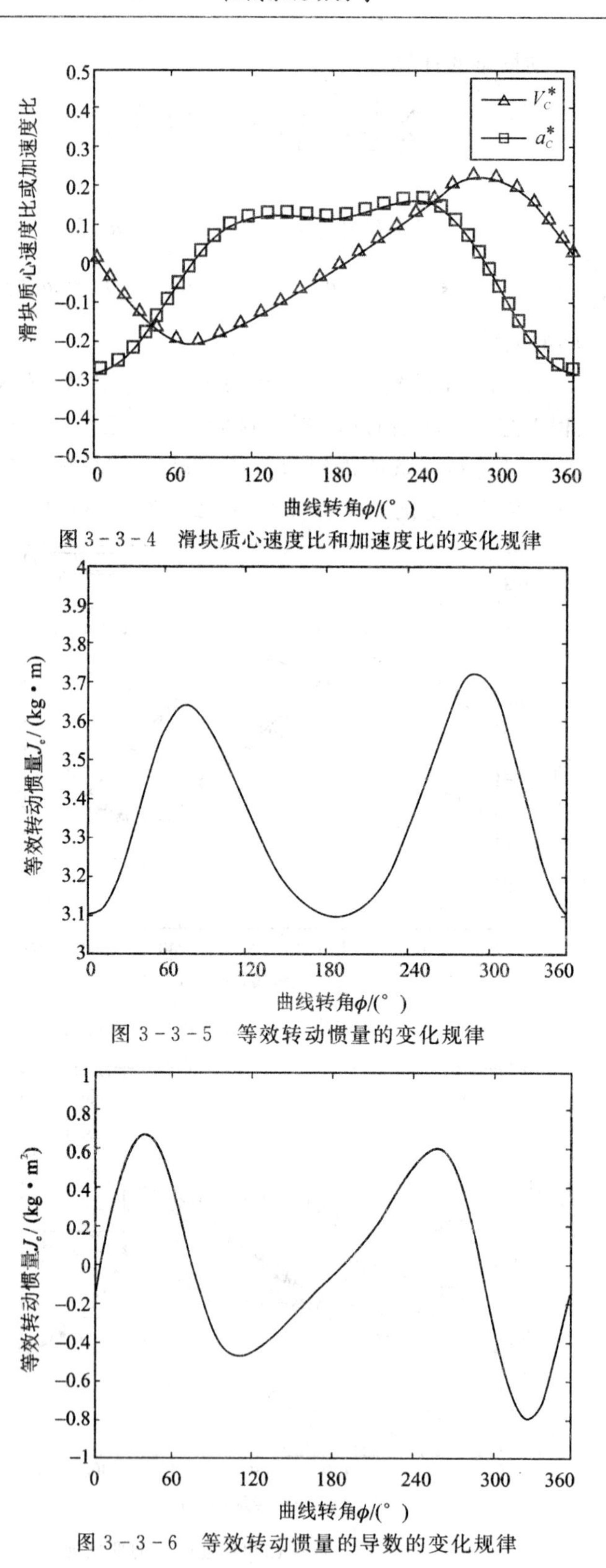

图 3-3-4　滑块质心速度比和加速度比的变化规律

图 3-3-5　等效转动惯量的变化规律

图 3-3-6　等效转动惯量的导数的变化规律

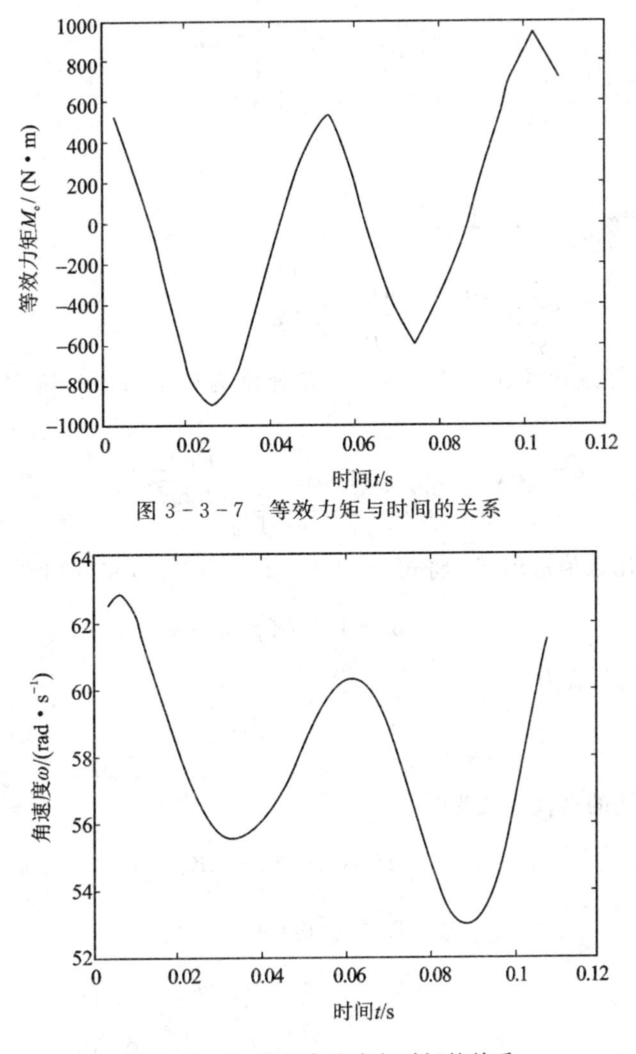

图 3-3-7　等效力矩与时间的关系

图 3-3-8　曲柄角速度与时间的关系

3.3.2　等效力矩是等效构件和角速度的函数

等效力矩是等效构件和角速度的函数，即

$$M_e=M_e(\varphi,\ \omega)$$

对于具有非定传动比的机构，其等效力矩一般与等效构件的转角有关。若其发动机或工作机的机械特性与机械的运动速度有关，如以电动机为动力源的机械，则其等效力矩就是等效构件的转角和角速度的函数，即 $M_e=M_e(\varphi,\ \omega)$。工程中常见的机械系统都属于这种情况。

由于 $M_e=M_e(\varphi,\ \omega)$，$J_e=J_e(\varphi)$，根据力矩形式的运动微分方程

$$\frac{d}{dt}\left(\frac{1}{2}J_e\omega^2\right)=M_e\omega$$

有

$$\frac{d}{dt}\left(\frac{1}{2}J_e\omega^2\right)=\frac{1}{2}\frac{dJ_e}{d\varphi}\omega^3+\frac{1}{2}J_e\cdot 2\omega\frac{d\omega}{dt}=M_e\omega$$

故
$$\frac{1}{2}\frac{\mathrm{d}J_e}{\mathrm{d}\varphi}\omega^2+J_e\frac{\mathrm{d}\omega}{\mathrm{d}t}=M_e$$

移项有
$$\frac{\mathrm{d}\omega}{\mathrm{d}t}=\frac{M_e-\frac{1}{2}\frac{\mathrm{d}J_e}{\mathrm{d}\varphi}\omega^2}{J_e} \tag{3-3-13}$$

又因为$\frac{\mathrm{d}\omega}{\mathrm{d}t}=\frac{\mathrm{d}\omega}{\mathrm{d}\varphi}\frac{\mathrm{d}\varphi}{\mathrm{d}t}=\omega\frac{\mathrm{d}\omega}{\mathrm{d}\varphi}$，代入上式得

$$\frac{\mathrm{d}\omega}{\mathrm{d}\varphi}=\frac{M_e(\varphi,\omega)-\frac{1}{2}\frac{\mathrm{d}J_e}{\mathrm{d}\varphi}\omega^2}{J_e\omega}=f(\varphi,\omega) \tag{3-3-14}$$

式(3-3-14)为以等效构件转角为变量，以角速度为待求量的一阶常微分方程。其中式(3-3-14)的函数

$$f(\varphi,\omega)=\frac{M_e(\varphi,\omega)-\frac{1}{2}\frac{\mathrm{d}J_e}{\mathrm{d}\varphi}\omega^2}{J_e\omega}$$

十分复杂，但可以用数值法求解。将式(3-3-14)在区间$[\omega_i,\omega_{i+1}]$上写成积分形式：

$$\omega_{i+1}=\omega_i+\int_{\varphi_i}^{\varphi_i+1}f(\varphi,\omega)\mathrm{d}\varphi \tag{3-3-15}$$

Euler 法的迭代公式为

$$\omega_{i+1}=\omega_i+f_ih \tag{3-3-16}$$

h 为步长。

Runge-Kutta 法的迭代公式为

$$\omega_{i+1}=\omega_i+\frac{1}{6}h(K_1+2K_2+2K_3+K_4) \tag{3-3-17}$$

式中
$$K_1=f(\varphi_i,\omega_i)$$
$$K_2=f\left(\varphi_i+\frac{h}{2},\omega_i+h\frac{K_1}{2}\right)$$
$$K_3=f\left(\varphi_i+\frac{h}{2},\omega_i+h\frac{K_2}{2}\right)$$
$$K_4=f(\varphi_i+h,\omega_i+hK_3)$$

例 3-3-2 对于例 3-3-1 所示的曲柄连杆机构，若作用在曲柄上的驱动力矩为 $M_1=60(62.8-\omega_1)$，作用在滑块 C 上的工作阻力 $F=150v_C^2$，其中 ω_1(rad/s)为曲柄的实际角速度，v_C(m/s)为滑块的速度。曲柄 AB 的初始条件仍为 $t_0=0$，$\varphi_{10}=0$，$\omega_{10}=62$ rad/s，其他参数同例 3-3-1。求曲柄 AB 的运动情况。

解：取曲柄 AB 为等效构件，其等效力矩为

$$M_e=M_1-F\frac{v_C^2}{\omega_1}=60(62.8-\omega_1)-150\frac{v_C^2}{\omega_1}$$

因为 $v_C=v_C^*\omega_1$，代入上式得

$$M_e=3768-(60+150v_C^{*2})\omega_1 \tag{3-3-18}$$

利用式(3-3-18)并利用计算机编程计算，其计算程序见附录。采用上述两种方法求解方程(3-3-14)，计算的步长为 π/180，即 10°，计算结果如图 3-3-9 和图 3-3-10 所示。

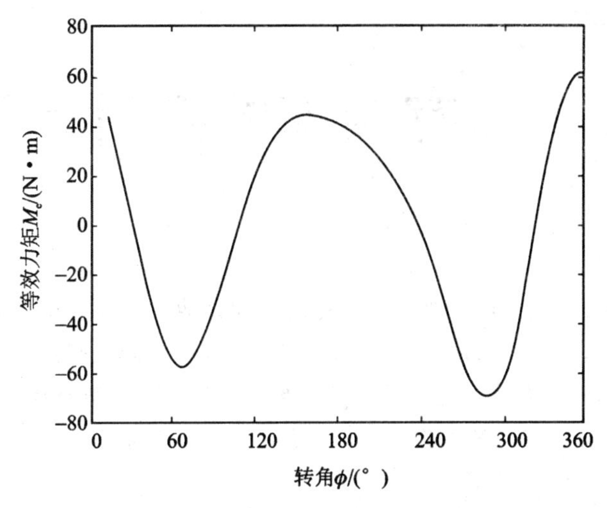

图 3-3-9 等效力矩随曲柄转角的变化

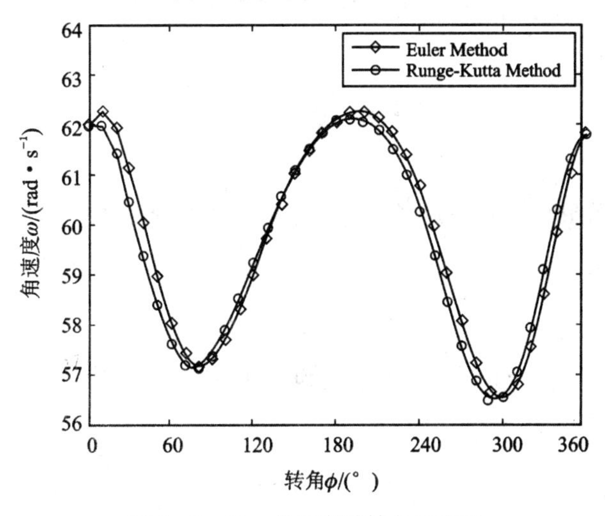

图 3-3-10 角速度随转角的变化

第 4 章　固有频率的实用计算方法

从上一章讨论的结果可以看出，一方面，计算动力系统的动力响应，计算工作量相对比较大。另一方面，许多动力学问题，不一定需要计算动力系统的动力响应，如利用振动稳定性准则($\omega \leqslant 0.75\omega_n$，$\omega \geqslant 1.25\omega_n$)，就能够达到减少振动、降低噪声的目的。因此，掌握振动系统的固有频率的计算方法，就显得十分重要。另外，用振型叠加法计算多自由度振动系统的响应，必须计算振动系统的振型，也就必须首先计算振动系统的固有频率。

4.1　单自由度系统

1. 列方程法

根据单自由度无阻尼自由振动系统运动微分形如：

$$m\ddot{x} + kx = 0 \tag{4-1-1}$$

只要列出单自由度无阻尼自由振动系统的运动微分方程，就可以得到振动系统的固有频率：

$$\omega_n = \sqrt{\frac{k}{m}} \tag{4-1-2}$$

例 4-1-1　建立图 4-1-1(a) 所示的均质杆绕 O 点作微幅转动振动系统的运动微分方程。

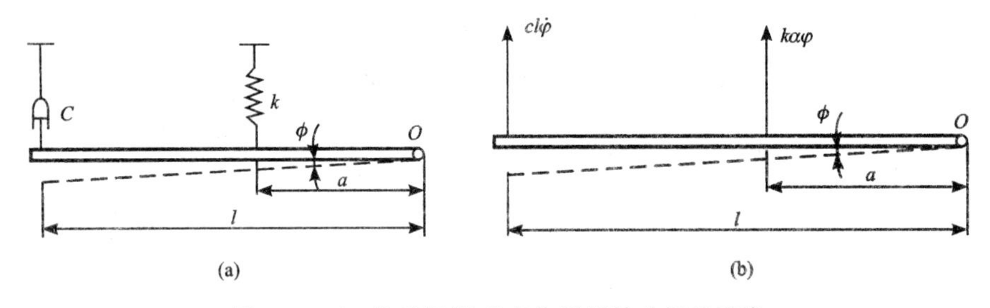

图 4-1-1　均质杆绕 O 点作微幅转动振动系统

解： 单自由度系统，取均质杆为研究对象，画其受力图，如图 4-1-1(b)所示。根据动量矩定理 $J_0\ddot{\varphi} = \sum M_0(F)$ 有

$$J_0\ddot{\varphi} = -ka^2\varphi - cl^2\dot{\varphi}$$

即

$$J_0\ddot{\varphi} + ka^2\varphi + cl^2\dot{\varphi} = 0$$

故振动系统固有频率为

$$\omega_n=\sqrt{\frac{ka^2}{J_0}}=\sqrt{\frac{ka^2}{\frac{1}{3}ml^3}}=\sqrt{\frac{3ka^2}{ml^3}}$$

2. 能量法

对于单自由度无阻尼自由振动系统，其响应为简谐振动，系统的动能与势能满足：

$$T+U=\text{const} \text{ 或 } \frac{\mathrm{d}}{\mathrm{d}t}(T+U)=0$$

在静平衡位置，势能为 0，动能达到最大，即 $U=0$，$T=T_{max}$。在最大位移处，动能为 0，势能达到最大，即 $U=U_{max}$，$T=0$。所以有

$$U_{max}=T_{max} \tag{4-1-3}$$

即单自由度无阻尼自由振动系统的最大势能等于最大动能。根据这个关系可以计算单自由度振动系统的固有频率。

对图 4-1-1 所示的振动系统，系统的动能为 $T=\frac{1}{2}J_0\dot{\varphi}^2$，系统的势能为 $U=\frac{1}{2}k(a\varphi)^2$。

令 $\varphi=\varphi_0\sin\omega_n t$，则有

$$\dot{\varphi}=-\varphi_0\omega_n\cos\omega_n t$$

$$T=\frac{1}{2}J_0\dot{\varphi}^2=\frac{1}{2}J_0(-\varphi_0\omega_n\cos\omega_n t)^2=\frac{1}{2}J_0\varphi_0^2\omega_n^2\cos^2\omega_n t$$

$$U=\frac{1}{2}k(a\varphi)^2=\frac{1}{2}k(a\varphi_0\sin\omega_n t)^2=\frac{1}{2}ka^2\varphi_0^2\sin^2\omega_n t$$

可见最大动能为 $T_{max}=\frac{1}{2}J_0\varphi_0^2\omega_n^2$，最大势能为 $U_{max}=\frac{1}{2}ka^2\varphi_0^2$。

由 $T_{max}=U_{max}$ 得

$$\frac{1}{2}J_0\varphi_0^2\omega_n^2=\frac{1}{2}ka^2\varphi_0^2$$

从而有系统的固有频率：

$$\omega_n=\sqrt{\frac{ka^2}{J_0}}$$

或由
$$\frac{\mathrm{d}}{\mathrm{d}t}(T+U)=\frac{\mathrm{d}}{\mathrm{d}t}\left(\frac{1}{2}J_0\dot{\varphi}^2+\frac{1}{2}ka^2\varphi^2\right)=J_0\dot{\varphi}\ddot{\varphi}+ka^2\dot{\varphi}\varphi=0$$

即
$$\ddot{\varphi}+\frac{ka^2}{J_0}\varphi=0$$

也可得到系统的固有频率：

$$\omega_n=\sqrt{\frac{ka^2}{J_0}}$$

4.2　多自由度系统

4.2.1　求特征值法

对于多自由度振动系统，其无阻尼自由振动运动微分方程为

$$\boldsymbol{M}\ddot{\boldsymbol{X}}+\boldsymbol{K}\boldsymbol{X}=\boldsymbol{0} \tag{4-2-1}$$

令 $\boldsymbol{X}=\boldsymbol{u}\sin(\omega t+\varphi)$，则 $\ddot{\boldsymbol{X}}=-\omega^2\boldsymbol{u}\sin(\omega t+\varphi)$，代入方程(4-2-1)，并消去 $\sin(\omega t+\varphi)$ 项得

$$(\boldsymbol{K}-\omega^2\boldsymbol{M})\boldsymbol{u}=\boldsymbol{0} \tag{4-2-2}$$

方程(4-2-2)称方程(4-2-1)的特征方程，又是多自由度振动系统的振幅方程。欲使方程有非零解，需令方程的系数行列式等于零。

$$|\boldsymbol{K}-\omega^2\boldsymbol{M}|=0 \tag{4-2-3}$$

可得到特征方程的 n 个特征根 $\omega_{ni}(i=1,2,\cdots,n)$，即振动系统的固有频率。

例 4-2-1　2个自由度振动系统，其运动微分方程为

$$\begin{bmatrix} m & 0 \\ 0 & 2m \end{bmatrix}\begin{bmatrix} \ddot{x}_1 \\ \ddot{x}_2 \end{bmatrix}+\begin{bmatrix} 2k & -k \\ -k & k \end{bmatrix}\begin{bmatrix} x_1 \\ x_2 \end{bmatrix}=\begin{bmatrix} 0 \\ 0 \end{bmatrix}$$

令其特征方程的系数行列式等于0，得

$$\begin{vmatrix} 2k-\omega^2 m & -k \\ -k & k-2\omega^2 m \end{vmatrix}=0$$

即

$$(2k-\omega^2 m)(k-2\omega^2 m)-k^2=0$$

可得固有频率为

$$\begin{cases} \omega_1^2=0.2192\dfrac{k}{m} \\ \omega_2^2=2.2808\dfrac{k}{m} \end{cases}$$

一般而言，利用求特征值的方法计算多自由度振动系统的固有频率，手工计算只能解决2～3个自由度振动系统的固有频率问题，在计算3个自由度以上振动系统的固有频率时，求解特征方程需要求解 n 次多项式，手工计算无可行的解决办法。工程中对于一般的机械振动系统，一阶固有频率最为重要，也是工程师们最感兴趣的问题。鉴于精确求解振动系统的固有频率存在困难，人们将注意力集中到求解自由度振动系统的一阶固有频率的近似值。

4.2.2　计算固有频率的近似法

1. 瑞利法(Rayleigh 法)

瑞利法从单自由度振动系统固有频率计算的能量方法出发，对于多自由度振动系统，

在作无阻尼自由振动时，$T_{\max}=U_{\max}$且响应为同步振动。系统的动能可表示为

$$T=\frac{1}{2}\dot{\boldsymbol{X}}^{\mathrm{T}}\boldsymbol{M}\dot{\boldsymbol{X}} \tag{4-2-4}$$

系统的势能为

$$U=\frac{1}{2}\boldsymbol{X}^{\mathrm{T}}\boldsymbol{K}\boldsymbol{X} \tag{4-2-5}$$

设

$$\boldsymbol{X}=\boldsymbol{u}_i\sin\omega_{ni}t \tag{4-2-6}$$

式中，$\boldsymbol{u}_i$为第 i 阶固有频率 ω_{ni} 对应的振型，则$\dot{\boldsymbol{X}}=\omega_{ni}\boldsymbol{u}_i\cos\omega_{n}t$，代入式(4-2-4)和式(4-2-5)得多自由度振动系统在作无阻尼自由振动时的最大动能为 $T_{\max}=\frac{\omega_{ni}^2}{2}\boldsymbol{u}_i^{\mathrm{T}}\boldsymbol{M}\boldsymbol{u}_i$ 和 $U_{\max}=\frac{1}{2}\boldsymbol{u}_i^{\mathrm{T}}\boldsymbol{K}\boldsymbol{u}_i$，代入公式 $T_{\max}=U_{\max}$得

$$\omega_{ni}^2=\frac{\boldsymbol{u}_i^{\mathrm{T}}\boldsymbol{K}\boldsymbol{u}_i}{\boldsymbol{u}_i^{\mathrm{T}}\boldsymbol{M}\boldsymbol{u}_i} \tag{4-2-7}$$

利用式(4-2-7)精确计算多自由度振动系统的固有频率，但前提条件是需要已知系统的振型，这是无法做到的。但振动系统的一阶振型的近似值一般可以预测，大多数情况下与其静载荷作用下产生的静变形十分接近。

例如例 4-2-1 所给出的振动问题，若取 $\boldsymbol{u}_1=\begin{bmatrix}1\\1\end{bmatrix}$，代入式(4-2-7)进行试算：

$$\omega_{n1}^2=\frac{\boldsymbol{u}_1^{\mathrm{T}}\boldsymbol{K}\boldsymbol{u}_1}{\boldsymbol{u}_1^{\mathrm{T}}\boldsymbol{M}\boldsymbol{u}_1}=\frac{\begin{bmatrix}1 & 1\end{bmatrix}\begin{bmatrix}2k & -k\\-k & k\end{bmatrix}\begin{bmatrix}1\\1\end{bmatrix}}{\begin{bmatrix}1 & 1\end{bmatrix}\begin{bmatrix}m & 0\\0 & 2m\end{bmatrix}\begin{bmatrix}1\\1\end{bmatrix}}=\frac{k}{3m}=0.333\frac{k}{m}$$

若取 $\boldsymbol{u}_1=\begin{bmatrix}1\\2\end{bmatrix}$，即在静载荷作用下的静变形关系，代入式(4-2-7)进行试算：

$$\omega_{n1}^2=\frac{\boldsymbol{u}_1^{\mathrm{T}}\boldsymbol{K}\boldsymbol{u}_1}{\boldsymbol{u}_1^{\mathrm{T}}\boldsymbol{M}\boldsymbol{u}_1}=\frac{\begin{bmatrix}1 & 2\end{bmatrix}\begin{bmatrix}2k & -k\\-k & k\end{bmatrix}\begin{bmatrix}1\\2\end{bmatrix}}{\begin{bmatrix}1 & 2\end{bmatrix}\begin{bmatrix}m & 0\\0 & 2m\end{bmatrix}\begin{bmatrix}1\\2\end{bmatrix}}=\frac{2k}{9m}=0.222\frac{k}{m}$$

若取 $\boldsymbol{u}_2=\begin{bmatrix}1\\-1\end{bmatrix}$代入式(4-2-7)：

$$\omega_{n2}^2=\frac{\boldsymbol{u}_2^{\mathrm{T}}\boldsymbol{K}\boldsymbol{u}_2}{\boldsymbol{u}_2^{\mathrm{T}}\boldsymbol{M}\boldsymbol{u}_2}=\frac{\begin{bmatrix}1 & -1\end{bmatrix}\begin{bmatrix}2k & -k\\-k & k\end{bmatrix}\begin{bmatrix}1\\-1\end{bmatrix}}{\begin{bmatrix}1 & -1\end{bmatrix}\begin{bmatrix}m & 0\\0 & 2m\end{bmatrix}\begin{bmatrix}1\\-1\end{bmatrix}}=\frac{5k}{3m}=1.667\frac{k}{m}$$

与精确解相比，一阶固有频率的相对计算误差为

$$\frac{0.2222\dfrac{k}{m}-0.2192\dfrac{k}{m}}{0.2192\dfrac{k}{m}}=1.35\%$$

二阶固有频率的相对计算误差为

$$\frac{1.6667\frac{k}{m}-2.2806\frac{k}{m}}{2.2808\frac{k}{m}}=-26.92\%$$

瑞利法的计算精度决定于对振型的假设。计算一阶固有频率精度较高，但数值偏大。

2. 邓克利法(Dunkenley 法)

对于多自由度振动系统，用柔度法建立的运动微分方程可表示为

$$\boldsymbol{X}=-\boldsymbol{\delta}\boldsymbol{M}\ddot{\boldsymbol{X}} \tag{4-2-8}$$

若用刚度法建立运动微分方程，则柔度矩阵 $\boldsymbol{\delta}=\boldsymbol{K}^{-1}$。同样的，令 $\boldsymbol{X}=\boldsymbol{u}\sin\omega_n t$，代入式(4-2-8)，得

$$(\boldsymbol{I}-\omega^2\boldsymbol{\delta}\boldsymbol{M})\boldsymbol{u}=0 \tag{4-2-9}$$

欲使特征方程(4-2-9)有非零解，只要方程的系数行列式等于零，即

$$|\boldsymbol{I}-\omega^2\boldsymbol{\delta}\boldsymbol{M}|=0 \tag{4-2-10}$$

对于 2 个自由度系统：

$$\begin{vmatrix} 1-\omega^2\delta_{11}m_1 & -\omega^2\delta_{12}m_2 \\ -\omega^2\delta_{21}m_1 & 1-\omega^2\delta_{22}m_2 \end{vmatrix}=0$$

展开整理得

$$\frac{1}{\omega^4}-\frac{\delta_{11}m_1+\delta_{22}m_2}{\omega^2}+m_1m_2(\delta_{11}\delta_{22}-\delta_{12}\delta_{21})=0 \tag{4-2-11}$$

设 ω_1^2，ω_2^2 为方程的两个根，则有

$$\left(\frac{1}{\omega^2}-\frac{1}{\omega_1^2}\right)\left(\frac{1}{\omega^2}-\frac{1}{\omega_2^2}\right)=0 \text{ 或 } \frac{1}{\omega^4}-\left(\frac{1}{\omega_1^2}+\frac{1}{\omega_2^2}\right)\frac{1}{\omega^2}+\frac{1}{\omega_1^2\omega_2^2}=0 \tag{4-2-12}$$

比较式(4-2-11)和式(4-2-12)，可得

$$\frac{1}{\omega_1^2}+\frac{1}{\omega_2^2}=\delta_{11}m_1+\delta_{22}m$$

一般有 $\omega_2^2\gg\omega_1^2$，即 $\frac{1}{\omega_2^2}\ll\frac{1}{\omega_1^2}$，因此有

$$\frac{1}{\omega_1^2}\approx\frac{1}{\omega_1^2}+\frac{1}{\omega_2^2}=\delta_{11}m_1+\delta_{22}m$$

一般地，对于具有 n 个自由度的振动系统，$\frac{1}{\omega_1^2}\gg\frac{1}{\omega_2^2}\gg\cdots\gg\frac{1}{\omega_n^2}$，故有

$$\frac{1}{\omega_1^2}\approx\frac{1}{\omega_1^2}+\frac{1}{\omega_2^2}+\cdots+\frac{1}{\omega_n^2}=\delta_{11}m_1+\delta_{22}m_2+\cdots+\delta_{nn}m_n=\sum_{i=1}^{n}\delta_{ii}m_i \tag{4-2-13}$$

即邓克利法计算自由度的振动系统一阶固有频率的计算公式。

用邓克利法求解上例：

$$\boldsymbol{\delta}=\boldsymbol{K}^{-1}=\begin{bmatrix} 2k & -k \\ -k & k \end{bmatrix}^{-1}=\frac{1}{k}\begin{bmatrix} 1 & 1 \\ 1 & 2 \end{bmatrix}$$

$$\frac{1}{\omega_1^2} \approx \delta_{11} m_1 + \delta_{22} m = \frac{1}{k} m + \frac{2}{k} \times 2m = \frac{5m}{k}$$

即

$$\omega_1^2 \approx 0.2 \frac{k}{m}$$

与精确解答相比，相对误差为

$$\left(0.2 \frac{k}{m} - 0.2192 \frac{k}{m}\right) / 0.2192 \frac{k}{m} = -8.76\%$$

可见邓克利法计算结果偏小，这是由于

$$\frac{1}{\omega_1^2} = \sum_{i=1}^{n} \delta_{ii} m_i - \left(\frac{1}{\omega_2^2} + \cdots + \frac{1}{\omega_n^2}\right)$$

邓克利法舍去了$\frac{1}{\omega_2^2}$以及以后的各项计算$\frac{1}{\omega_1^2}$，导致$\frac{1}{\omega_1^2}$计算值偏大，ω_1^2 计算值偏小。

4.3　传递矩阵法

传递矩阵法（Transfer Matrix Method）属于一种解析-数值解法，其基本思路：将系统离散成若干单元，每一个单元与邻近单元界面上用位移协调和力的平衡条件予以联系；每一单元可以用牛顿第二定律建立运动方程，从而建立单元两端之间的传递矩阵。从系统的边界开始求解，在边界上有的外力及位移关系是已知的，求出另一侧的力和位移；依次进行下去，最后可得到问题的解。传递矩阵法既可求振动系统的固有频率，也可以求振动系统的强迫振动响应问题。

4.3.1　传递矩阵法分析轴的纵向振动

图 4-3-1(a) 为一端固定一端自由作纵、横向自由振动的轴，以此为例，讨论传递矩阵法求解其固有频率的步骤。

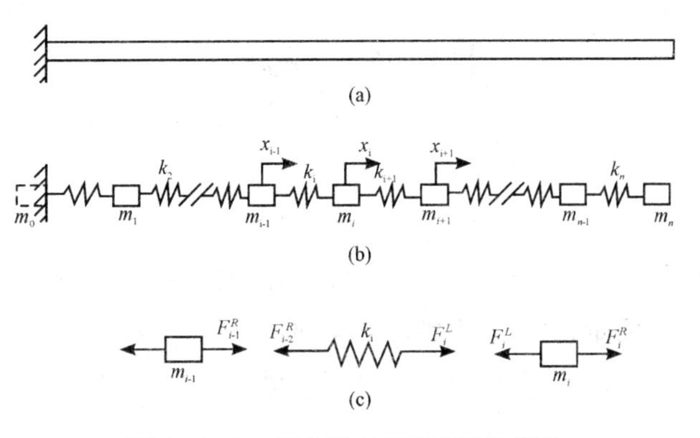

图 4-3-1　轴的纵向振动离散化模型

1. 传递矩阵法的求解步骤

(1) 系统的离散化。利用集中质量法将具有分布质量的连续系统离散为具有 n 个自由度的链式系统，如图 4-3-1(b)所示，并进行编号。

(2) 建立点、场矩阵。

取第 i 个质量弹簧元件研究，如图 4-3-1(c)所示。第 i 个元件弹簧元件左、右两端的作用力相等，位移分别为 x_i^L 和 x_{i-1}^R，故两端状态向量关系：

$$\begin{cases} F_i^L = F_{i-1}^R \\ F_i^L = F_{i-1}^R = k_i(x_i^L - x_{i-1}^R) \end{cases} \tag{4-3-1}$$

写成矩阵形式：

$$\begin{bmatrix} x_i^L \\ F_i^L \end{bmatrix} = \begin{bmatrix} 1 & \frac{1}{k_i} \\ 0 & 1 \end{bmatrix} \begin{bmatrix} x_{i-1}^R \\ F_{i-1}^R \end{bmatrix} \tag{4-3-2}$$

式(4-3-2)给出了弹簧元件两端状态向量关系方程，状态向量从$(i-1)$变换到(i)，只要将$(i-1)$状态向量乘以式(4-3-2)右边的方阵即可得到(i)状态向量。故称此方阵为场传递矩阵(Field Transfer Matrix)。记

$$\boldsymbol{F}_{i(i-1)} = \begin{bmatrix} 1 & \frac{1}{k_i} \\ 1 & 1 \end{bmatrix} \tag{4-3-3}$$

类似的方法研究质量元件。对于质量元件 m_i，如图 4-3-1(c)所示，易知，两侧的位移相等 $x_i^R = x_i^L$，且在没有外激励力作用时，根据牛顿第二定律，可得下列关系式：

$$\begin{cases} x_i^R = x_i^L \\ m_i \ddot{x}_i^R = F_i^R - F_i^L \end{cases} \tag{4-3-4}$$

若振动系统作简谐振动，则有

$$\ddot{x}_i^R = -\omega^2 x_i^R \tag{4-3-5}$$

将式(4-3-5)代入式(4-3-4)得

$$\begin{cases} x_i^R = x_i^L \\ F_i^R - F_i^L = -m_i\omega^2 x_i^L \end{cases}$$

即

$$\begin{bmatrix} x_i^R \\ F_i^R \end{bmatrix} = \begin{bmatrix} 1 & 0 \\ -m_i\omega^2 & 1 \end{bmatrix} \begin{bmatrix} x_i^L \\ F_i^L \end{bmatrix} \tag{4-3-6}$$

式(4-3-6)给出了质量元件 m_i 两侧状态向量之间的关系方程，状态向量从质量元件 m_i 左端变换到右端，只要将质量元件 m_i 左端的状态向量乘以式(4-3-6)右边的方阵即可。故称此方阵为点传递矩阵(Point Transfer Matrix)。记

$$\boldsymbol{P}_{i(i-1)} = \begin{bmatrix} 1 & 0 \\ -m_i\omega^2 & 1 \end{bmatrix} \tag{4-3-7}$$

(3) 求系统的传递矩阵。

将式(4-3-2)代入式(4-3-6)，得到第 i 个质量弹簧单元的状态向量传递关系：

$$\begin{bmatrix} x_i^R \\ F_i^R \end{bmatrix} = \begin{bmatrix} 1 & 0 \\ -m_i\omega^2 & 1 \end{bmatrix} \begin{bmatrix} x_i^L \\ F_i^L \end{bmatrix} = \begin{bmatrix} 1 & 0 \\ -m_i\omega^2 & 1 \end{bmatrix} \begin{bmatrix} 1 & \dfrac{1}{k_i} \\ 0 & 1 \end{bmatrix} \begin{bmatrix} x_{i-1}^R \\ F_{i-1}^R \end{bmatrix}$$

$$= \begin{bmatrix} 1 & \dfrac{1}{k_i} \\ -m_i\omega^2 & 1-\dfrac{m_i\omega^2}{k_i} \end{bmatrix} \begin{bmatrix} x_{i-1}^R \\ F_{i-1}^R \end{bmatrix} \tag{4-3-8}$$

$\boldsymbol{Z}=\begin{bmatrix} x \\ F \end{bmatrix}$，称为振动系统的状态向量，$\boldsymbol{C}_i=\begin{bmatrix} 1 & \dfrac{1}{k_i} \\ -m_i\omega^2 & 1-\dfrac{m_i\omega^2}{k_i} \end{bmatrix}$称为第 i 个质量弹簧单元的传递矩阵。上式可简写为下列简洁的形式：

$$\boldsymbol{Z}_i^R = \boldsymbol{C}_i\boldsymbol{Z}_{i-1}^R \tag{4-3-9}$$

对于图 4－3－1(b)所示的振动系统，最右端状态 $\boldsymbol{Z}_n^R$ 与最左端状态 $\boldsymbol{Z}_0^R$ 之间的关系为

$$\boldsymbol{Z}_n^R = \boldsymbol{C}_n\boldsymbol{Z}_{n-1}^R = \boldsymbol{C}_n\boldsymbol{C}_{n-1}\boldsymbol{Z}_{n-2}^R = \cdots = \boldsymbol{C}_n\boldsymbol{C}_{n-1}\cdots\boldsymbol{C}_1\boldsymbol{Z}_0^R = \boldsymbol{C}\boldsymbol{Z}_0^R \tag{4-3-10}$$

式中，$\boldsymbol{C}=\boldsymbol{C}_n\boldsymbol{C}_{n-1}\cdots\boldsymbol{C}_1$，称为系统的总传递矩阵。易见，系统的传递矩阵中的元素一定依赖于固有频率 ω，可以表达为

$$\boldsymbol{C} = \begin{bmatrix} c_{11}(\omega) & c_{12}(\omega) \\ c_{21}(\omega) & c_{22}(\omega) \end{bmatrix} \tag{4-3-11}$$

而状态向量 $\boldsymbol{Z}_n^R$，$\boldsymbol{Z}_0^R$ 依赖于边界条件。

(4) 求系统的固有频率。求系统的固有频率时，从最左边的状态向量 $\boldsymbol{Z}_0^R$ 出发，利用式(4－3－10)计算最右边的状态向量 $\boldsymbol{Z}_n^R$，得到一个关于 ω 的方程式，其中满足所需解决问题边界条件的 ω 就是系统的固有频率。对于图 4－3－1 所示的悬臂梁的纵向振动问题，其边界条件为 $x_0^R=0$，$F_n^R=0$，代入式(4－3－10)有

$$\begin{bmatrix} x_n^R \\ 0 \end{bmatrix} = \begin{bmatrix} c_{11}(\omega) & c_{12}(\omega) \\ c_{21}(\omega) & c_{22}(\omega) \end{bmatrix} \begin{bmatrix} 0 \\ F_0^R \end{bmatrix} \tag{4-3-12}$$

从而得 $x_n^R=c_{12}(\omega)F_0^R$，$c_{22}(\omega)F_0^R=0$。满足 $c_{22}(\omega)=0$ 的 $\omega=0$ 即为系统的固有频率。

例 4－3－1　用传递矩阵法求图 4－3－2 所示的单自由度系统的固有频率。

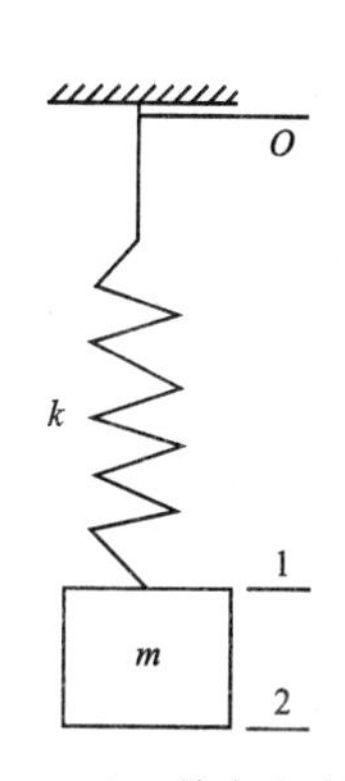

图 4－3－2　单自由度系统

解：(1) 编号：如图 4－3－2 所示。

(2) 计算点、场矩阵。

点矩阵 $\boldsymbol{P}_{21}=\begin{bmatrix} 1 & 0 \\ -m\omega^2 & 1 \end{bmatrix}$，场矩阵 $\boldsymbol{F}_{10}=\begin{bmatrix} 1 & \dfrac{1}{k} \\ 1 & 1 \end{bmatrix}$。

(3) 计算传递矩阵。

$$\boldsymbol{Z}_2=\boldsymbol{P}_{21}\boldsymbol{Z}_1=\boldsymbol{P}_{21}\boldsymbol{F}_{10}\boldsymbol{Z}_0$$

即

$$\begin{bmatrix} x_2 \\ F_2 \end{bmatrix} = \begin{bmatrix} 1 & 0 \\ -m\omega^2 & 1 \end{bmatrix} \begin{bmatrix} 1 & \dfrac{1}{k} \\ 0 & 1 \end{bmatrix} \begin{bmatrix} x_0 \\ F_0 \end{bmatrix} = \begin{bmatrix} 1 & \dfrac{1}{k} \\ -m\omega^2 & 1-\dfrac{m\omega^2}{k} \end{bmatrix} \begin{bmatrix} x_0 \\ F_0 \end{bmatrix}$$

(4) 求系统的固有频率(无阻尼自由振动)。

根据边界条件：$x_0=0$，$F_2=0$，有

$$\begin{bmatrix} x_2 \\ 0 \end{bmatrix} = \begin{bmatrix} 1 & \dfrac{1}{k} \\ -m\omega^2 & 1-\dfrac{m\omega^2}{k} \end{bmatrix} \begin{bmatrix} 0 \\ F_0 \end{bmatrix} = \begin{bmatrix} \dfrac{F_0}{k} \\ F_0\left(1-\dfrac{m\omega^2}{k}\right) \end{bmatrix}$$

即

$$\begin{cases} x_0 = \dfrac{F_0}{k} \\ 0 = F_0\left(1-\dfrac{m\omega_n^2}{k}\right) \end{cases}$$

从而得到系统的固有频率为 $\omega_n^2=\dfrac{k}{m}$。

(5) 若系统作强迫振动，设 $F_2(t)=P\sin\omega t$，根据边界条件：$x_0=0$，$F_2=P$，有

$$\begin{bmatrix} x_2 \\ P \end{bmatrix} = \begin{bmatrix} 1 & \dfrac{1}{k} \\ -m\omega^2 & 1-\dfrac{m\omega^2}{k} \end{bmatrix} \begin{bmatrix} 0 \\ F_0 \end{bmatrix} = \begin{bmatrix} \dfrac{F_0}{k} \\ F_0\left(1-\dfrac{m\omega^2}{k}\right) \end{bmatrix}$$

即

$$\begin{cases} x_0 = \dfrac{F_0}{k} \\ P = F_0\left(1-\dfrac{m\omega^2}{k}\right) \end{cases}$$

从而有

$$\frac{F_0}{P} = \frac{kx_2}{P} = \frac{1}{1-\dfrac{m\omega^2}{k}} = \frac{1}{1-\left(\dfrac{\omega}{\omega_n}\right)^2}$$

例 4-3-2　用传递矩阵法求图 4-3-3 所示的两个自由度系统的固有频率。

解：(1) 编号：如图 4-3-3 所示。

(2) 计算点、场矩阵及传递矩阵。

$$\begin{bmatrix} x_2 \\ F_2 \end{bmatrix} = \begin{bmatrix} 1 & 0 \\ -m\omega^2 & 1 \end{bmatrix} \begin{bmatrix} 1 & \dfrac{1}{k} \\ 0 & 1 \end{bmatrix} \begin{bmatrix} x_0 \\ F_0 \end{bmatrix}$$

$$= \begin{bmatrix} 1 & \dfrac{1}{k} \\ -m\omega^2 & 1-\dfrac{m\omega^2}{k} \end{bmatrix} \begin{bmatrix} x_0 \\ F_0 \end{bmatrix}$$

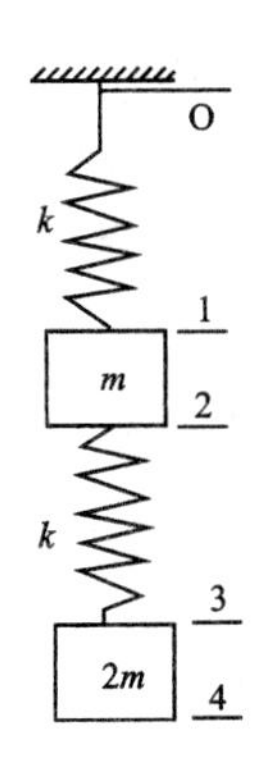

图 4-3-3　两个自由度系统

$$\begin{bmatrix} x_4 \\ F_4 \end{bmatrix}=\begin{bmatrix} 1 & 0 \\ -2m\omega^2 & 1 \end{bmatrix}\begin{bmatrix} 1 & \frac{1}{k} \\ 0 & 1 \end{bmatrix}\begin{bmatrix} x_2 \\ F_2 \end{bmatrix}=\begin{bmatrix} 1 & \frac{1}{k} \\ -2m\omega^2 & 1-\frac{2m\omega^2}{k} \end{bmatrix}\begin{bmatrix} x_2 \\ F_2 \end{bmatrix}$$

$$=\begin{bmatrix} 1 & \frac{1}{k} \\ -2m\omega^2 & 1-\frac{2m\omega^2}{k} \end{bmatrix}\begin{bmatrix} 1 & \frac{1}{k} \\ -m\omega^2 & 1-\frac{m\omega^2}{k} \end{bmatrix}\begin{bmatrix} x_0 \\ F_0 \end{bmatrix}$$

$$=\begin{bmatrix} 1-\frac{m\omega^2}{k} & \frac{1}{k}\left(2-\frac{m\omega^2}{k}\right) \\ -m\omega^2\left(3-\frac{2m\omega^2}{k}\right) & 1-\frac{5m\omega^2}{k}+2\left(\frac{m\omega^2}{k}\right)^2 \end{bmatrix}\begin{bmatrix} x_0 \\ F_0 \end{bmatrix}$$

(3) 求系统的固有频率(无阻尼自由振动)。

由边界条件 $x_0=0$，$F_4=0$ 得

$$\begin{bmatrix} x_4 \\ 0 \end{bmatrix}=\begin{bmatrix} 1-\frac{m\omega^2}{k} & \frac{1}{k}\left(2-\frac{m\omega^2}{k}\right) \\ -m\omega^2\left(3-\frac{2m\omega^2}{k}\right) & 1-\frac{5m\omega^2}{k}+2\left(\frac{m\omega^2}{k}\right)^2 \end{bmatrix}\begin{bmatrix} 0 \\ F_0 \end{bmatrix}$$

即

$$\begin{cases} x_4=\frac{F_0}{k}\left(2-\frac{m\omega^2}{k}\right) \\ 0=F_0\left[1-\frac{5m\omega^2}{k}+2\left(\frac{m\omega^2}{k}\right)^2\right] \end{cases}$$

由上式的第二式得

$$1-\frac{5m\omega^2}{k}+2\left(\frac{m\omega^2}{k}\right)^2=0$$

可解出两个根，即系统的固有频率为

$$\omega_{1,2}^2=\frac{5\mp\sqrt{17}}{4}\frac{k}{m}=\begin{cases} 0.2192\,\frac{k}{m} \\ 2.2808\,\frac{k}{m} \end{cases}$$

4.3.2　传递矩阵法分析圆轴的扭转振动

1. 传递矩阵法的求解要点

图 4-3-4(a)为某扭转振动系统，其状态向量可用扭转角 θ 和扭矩 T 表示，用右手螺旋法则规定其正方向。即 $\mathbf{Z}=\begin{bmatrix} \theta \\ T \end{bmatrix}$。图 4-3-4(b)为系统的某一具有代表性的第 n 段单元。其点矩阵形式的动力方程式为

$$\begin{bmatrix} \theta \\ T \end{bmatrix}_L^R=\begin{bmatrix} 1 & 0 \\ -\omega^2 J_n & 1 \end{bmatrix}\begin{bmatrix} \theta \\ T \end{bmatrix}_n^L \tag{4-3-13}$$

式中，J_n 为第 n 段单元对转轴的转动惯量。

场矩阵形式的弹性方程式为

$$\begin{bmatrix}\theta \\ T\end{bmatrix}_n^L = \begin{bmatrix}1 & \dfrac{1}{k_n} \\ 0 & 1\end{bmatrix}\begin{bmatrix}\theta \\ T\end{bmatrix}_{n-1}^R \qquad (4-3-14)$$

式中，k_n 为第 n 段单元的扭矩刚度系数。对于长度为 l、直径为 d 材料的切变模量为 G 的圆轴，其扭转刚度为

$$k_n = \frac{GI_p}{l} = \frac{Gd^4}{32l}$$

将式(4-3-14)代入式(4-3-13)得

$$\begin{bmatrix}\theta \\ T\end{bmatrix}_L^R = \begin{bmatrix}1-\dfrac{\omega^2 J_n}{k_n} & \dfrac{1}{k_n} \\ -\omega^2 J_n & 1\end{bmatrix}\begin{bmatrix}\theta \\ T\end{bmatrix}_{n-1}^R \qquad (4-3-15)$$

第 n 段单元的传递矩阵为

$$\boldsymbol{C}_n = \begin{bmatrix}1-\dfrac{\omega^2 J_n}{k_n} & \dfrac{1}{k_n} \\ -\omega^2 J_n & 1\end{bmatrix} \qquad (4-3-16)$$

系统的传递矩阵的计算公式仍然可以表示为

$$\boldsymbol{C} = \boldsymbol{C}_m \boldsymbol{C}_{m-1} \cdots \boldsymbol{C}_1 \qquad (4-3-17)$$

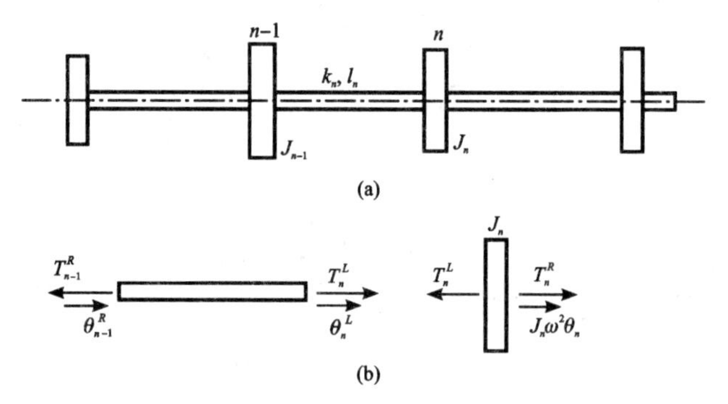

图 4-3-4 扭转振动单元状态向量表示

2. 算法流程图

例 4-3-3 图 4-3-5(a) 所示的一端固定一端自由的圆轴作扭转自由振动，其中杆

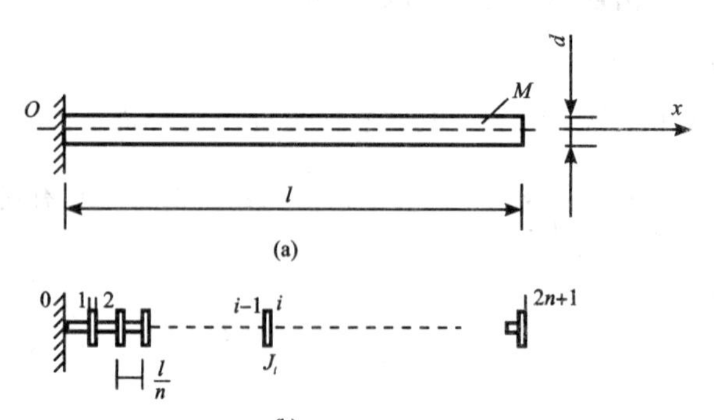

图 4-3-5 一端固定一端自由的圆轴的自由扭转振动

长为 l，轴径为 d，材料的切变模量为 G，密度为 ρ，用传递矩阵法计算一阶固有频率。

解：(1) 将圆轴分成 n 等份，并进行编号，如图 4-3-5(b)所示。

每段长度 $l_i=l/n$，每个集中圆盘的转动惯量为

$$J_i=\rho I_p l_i=\rho I_p \frac{l}{n}=\frac{\rho\pi d^4 l}{32n}$$

扭转刚度为

$$k_{ni}=\frac{GI_p}{l_i}=\frac{n\pi G d^4}{32l}$$

(2) 单元传递矩阵及传递关系。

$$\boldsymbol{C}_i=\begin{bmatrix}1-\dfrac{\omega^2 J_i}{k_{ni}} & \dfrac{1}{k_{ni}}\\ -\omega^2 J_i & 1\end{bmatrix}$$

$$\begin{bmatrix}\theta\\ T\end{bmatrix}_i^R=\begin{bmatrix}1-\dfrac{\omega^2 J_i}{k_{ni}} & \dfrac{1}{k_{ni}}\\ -\omega^2 J_i & 1\end{bmatrix}\begin{bmatrix}\theta\\ T\end{bmatrix}_{i-1}^R \quad (i=1, 2, \cdots, n)$$

传递关系

$$\boldsymbol{Z}_n^R=\boldsymbol{C}_n\boldsymbol{C}_{n-1}\cdots\boldsymbol{C}_1\boldsymbol{Z}_0^R=\boldsymbol{C}\boldsymbol{Z}_0^R$$

(3) 计算流程图。根据以上传递关系，其算法流程图如图 4-3-6 所示。

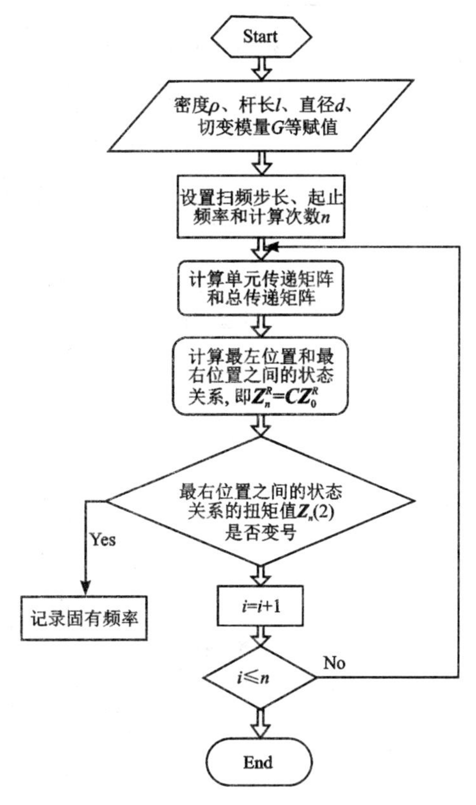

图 4-3-6　扫频法计算流程图

按照图 4-3-6 给定的计算流程图编写的 Matlab 计算程序见附录。

(4) 计算结果。取杆长为 $l=1000$ mm，轴径为 $d=150$ mm，材料的切变模量为 $G=80$ GPa，密度为 $\rho=7.8\times10^{-6}$ kg/mm^3，计算结果如图 4-3-7 所示。在 0～1000 rad/s 范围内，计算得到的前 3 阶固有频率为 158.5、475 和 791.5 rad/s。而由理论解：

$$\omega_{nj}=\frac{\pi}{2l}(2j-1)\sqrt{\frac{G}{\rho}}\qquad (j=1,\ 2\ \cdots)$$

计算得到的前三阶固有频率分别为 159.08、477.24 和 795.4 rad/s，相对误差分别为 0.365%、0.469%和 0.490%。可见，传递矩阵法计算振动系统的固有频率具有较高的计算精度。

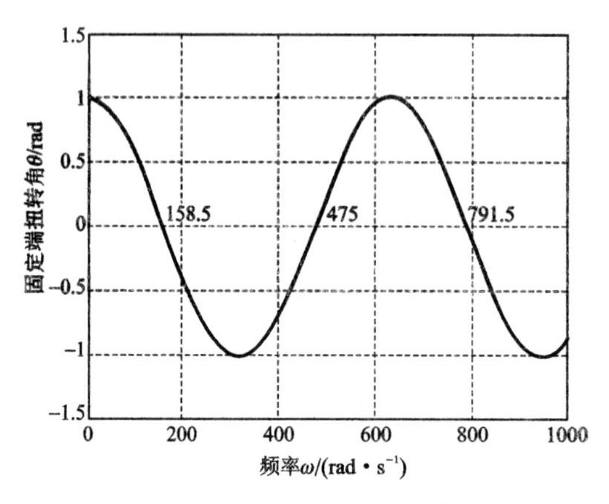

图 4-3-7 传递矩阵法的计算结果

第 5 章　考虑构件弹性的机械系统动力学

前面几章讨论的是有关机械系统动力学基本理论和方法，即机械系统动力学模型的建立、运动微分方程的建立和求解方法。掌握了这些基本理论和方法，就可以解决考虑构件弹性的机械系统动力学问题，机械系统的形式和种类繁多。本章以工程中常见的传动系统为研究对象，主要讨论齿轮传动系统、凸轮机构、连杆机构和轴-轴承系统的动力学分析问题。

5.1　齿轮传动系统

齿轮传动系统是最常见的机械传动系统之一，在机械工程中应用十分广泛。尽管渐开线齿轮具有瞬时传动比恒定，轮齿之间的总的作用力大小和方向理论上不变，齿轮传动系统具有良好的动力性能和较高的传动精度等特性，但由于齿轮传动在啮合过程中啮合点的位置变化、单齿啮合与双齿啮合交替进行导致的时变综合啮合刚度会导致齿轮传动系统在工作过程中产生冲击与噪声。此外，齿形的制造误差也会影响齿轮传动系统的动力学性能。齿轮传动系统动力学问题属参数激振问题，即使在外部激励载荷不变的条件下，齿轮传动系统在工作过程中也会产生振动和噪声。

5.1.1　齿轮传动系统运动微分方程

1. 齿轮传动系统运动微分方程的建立

对于一对啮合的渐开线直齿圆柱齿轮传动，可采用集中质量法建立齿轮传动系统的动力学模型。该模型认为系统由只有弹性而无惯性的弹簧和只有惯性没有弹性的质量块组成。以轮齿在啮合线上的相对位移作为广义坐标，将一对互相啮合的齿轮简化成如图 5－1－1 所示的单自由度模型。

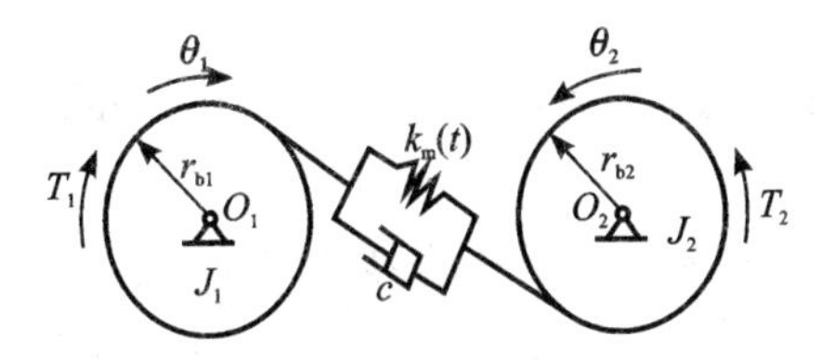

图 5－1－1　齿轮传动系统单自由度动力学模型

假设：

(1) 齿轮系统的传动轴和轴承的刚度足够大，即齿轮轴的横向振动相对于扭转振动可以忽略不计，并忽略轴承和机架的变形。

(2) 忽略轴承的摩擦力。

(3) 对于渐开线直齿圆柱齿轮，齿轮之间的啮合力始终作用在啮合线方向上，两齿轮简化为由阻尼和弹簧相连接的圆柱体，阻尼系数为两齿轮啮合时的啮合阻尼，弹簧的刚度系数为啮合齿轮的啮合刚度。

分别取两齿轮为研究对象，刚体绕定轴转动运动微分方程：

$$\begin{cases} J_1\ddot{\theta}_1 + c(r_{b1}\dot{\theta}_1 + r_{b2}\dot{\theta}_2)r_{b1} + k_m(t)(r_{b1}\theta_1 + r_{b2}\theta_2)r_{b1} = T_1 \\ J_2\ddot{\theta}_2 + c(r_{b1}\dot{\theta}_1 + r_{b2}\dot{\theta}_2)r_{b2} + k_m(t)(r_{b1}\theta_1 + r_{b2}\theta_2)r_{b2} = T_2 \end{cases} \tag{5-1-1}$$

式(5-1-1)中，θ_1、θ_2 分别为齿轮1、2因轮齿弹性变形而产生的扭转角；J_1、J_2 分别为齿轮对各自转轴的转动惯量，T_1、T_2 分别为作用在齿轮上的外力偶矩。显然，由静力平衡条件知，$\dfrac{T_1}{r_{b1}}=\dfrac{T_2}{r_{b2}}$；$r_{b1}$、$r_{b2}$ 分别为齿轮1、2的基圆半径；$k_m(t)$、c 为齿轮时变啮合刚度和阻尼系数。若假设两齿轮沿啮合线的相对位移为

$$x = r_{b1}\theta_1 + r_{b2}\theta_2 \tag{5-1-2}$$

将式(5-1-2)代入式(5-1-1)，并利用关系式$\dfrac{T_1}{r_{b1}}=\dfrac{T_2}{r_{b2}}$得

$$\ddot{x} + 2\zeta\sqrt{\frac{k_m(t)}{m_e}}\,\dot{x} + \frac{k_m(t)}{m_e}x = \frac{F_N}{m_e} \tag{5-1-3}$$

式(5-1-3)中，m_e 为齿轮的诱导质量，$m_e=\dfrac{J_1J_2}{J_1r_{b2}{}^2+J_2r_{b1}{}^2}$；$F_N=\dfrac{T_1}{r_{b1}}=\dfrac{T_2}{r_{b2}}$，$\zeta=\dfrac{c}{2\sqrt{k_m(t)m_e}}$为齿轮副的相对阻尼系数，计算时，可取$\zeta=0.01\sim0.1$。$k_m(t)$为一对齿轮的时变综合啮合刚度：

$$k_m(t) = \begin{cases} k(t) + k(t+T_z) & (0 \leqslant t \leqslant T_s) \\ k(t) & (T_s \leqslant t \leqslant T_z) \end{cases} \tag{5-1-4}$$

式中，T_z 为一对轮齿一个啮合周期所需的时间：

$$T_z = \frac{60}{z_1 n_1} \tag{5-1-5}$$

T_s 为一对轮齿一个啮合周期内双齿啮合时间：

$$T_s = T_z(\varepsilon - 1) \tag{5-1-6}$$

n_1 为齿轮1转速、ε 为一对啮合齿轮的重合度，$k(t)$为齿轮单对齿啮合刚度。

方程(5-1-3)具有下面几个特点：

(1) 传动过程中，齿轮副的啮合是沿啮合线进行的，轮齿啮合力与啮合位移都发生在齿轮啮合线上。

(2) 由于一对齿轮的时变综合啮合刚度是时间的函数，方程不再是一般的常系数微分方程而是变系数微分方程。综合啮合刚度的时变性，齿轮传动系统的振动是由内部固有激励引起的，即齿轮传动系统动力学问题是参数激振问题。

2. 齿轮啮合时的载荷分配

对于渐开线直齿圆柱，其重合度 $1<\varepsilon<2$，在一个啮合周期内，有双齿啮合区和单齿啮合区。双齿啮合时，法向载荷由两对轮齿共同承担；单齿啮合时，法向载荷由一对轮齿承担。对于一对啮合的齿轮，其轮齿可以看成一个具有变刚度系数的弹簧，考虑到齿轮啮合时单齿啮合与双齿啮合交替进行，齿轮法向载荷分配模型如图 5-1-2 所示。

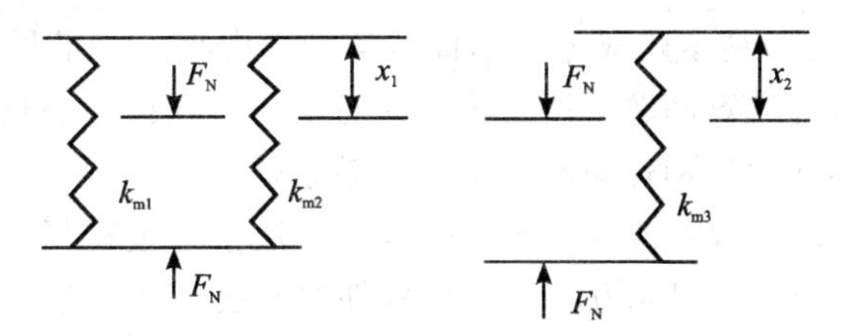

图 5-1-2　齿轮法向载荷分配模型

双齿啮合区：

$$\begin{cases} F_{s1}+F_{s2}=F_N \\ F_{s1}=k_{m1}x_1 \\ F_{s2}=k_{m2}x_1 \end{cases} \tag{5-1-7}$$

可解得

$$\begin{cases} F_{s1}=q_1F_N \\ F_{s2}=q_2F_N \\ q_i=\dfrac{k_{mi}}{k_{m1}+k_{m2}} \quad (i=1,\ 2) \end{cases} \tag{5-1-8}$$

单齿啮合区：

$$F_{s1}=k_{m3}x_2=F_N \tag{5-1-9}$$

式中，F_N 为啮合齿副的法向总载荷；F_{s1}、F_{s2} 为双齿啮合区中，啮合齿副 1、2 分别承担的载荷；k_{m1}、k_{m2} 为双齿啮合区中，啮合齿副 1、2 沿啮合线量度的啮合刚度；k_{m3} 为单齿啮合区中，啮合齿副 1 沿啮合线量度的啮合刚度；x_1 为双齿啮合时，两齿轮沿啮合线的相对位移；x_2 为单齿啮合时，两齿轮沿啮合线的相对位移；q_i 为双齿啮合时，第 i 个啮合齿副的载荷分配系数。

一对轮齿从开始啮合到退出啮合的过程中，由于渐开线齿轮齿厚的变化，会导致齿轮轮齿的 $k_{mi}(i=1,\ 2,\ 3)$ 啮合刚度随啮合点的位置的不同而变化。因此，轮齿上的载荷分配，不仅随单齿啮合或双齿啮合而变化，而且由于啮合点位置的不同，齿轮的啮合刚度也会发生变化，这个变化也会影响轮齿上载荷分配。

我们知道，对于单对啮合的齿轮，沿啮合线上产生单位法向线位移所需要施加的法向载荷，即为轮齿啮合刚度：

$$k_m=\frac{F_N}{\delta} \tag{5-1-10}$$

式中，F_N 为沿啮合线作用的法向力，δ 为法向力作用下引起的法向位移(沿啮合线方向)。根据渐开线齿轮的几何特点，法向位移 δ 包括啮合点处的接触变形、轮齿的弯曲变形及剪切变形引起的啮合点法向位移，以及考虑齿轮体弹性变形引起的啮合点位移。

5.1.2 轮齿变形的计算

轮齿的啮合刚度计算问题就是求解在一定的法向载荷作用下，沿轮齿啮合点的法向位移。最早使用的是材料力学方法，该法将轮齿视为变截面悬臂梁，利用材料力学的方法计算其弹性变形，如石川法、Weber-Banaschek 法等。利用该法可以得到轮齿法向位移的解析表达式，方便应用，但计算精度略显不足。日本学者寺内喜男等最早提出应用数学弹性力学法解决轮齿的啮合刚度计算问题，我国学者程乃士等对这种方法进行了专门研究。数学弹性力学法将齿轮的曲线边界用保角映射的方法映射成直线边界，利用复变函数解求出半平面的位移场，从而求得轮齿受载点变形。但这种方法推导过程复杂，需要掌握弹性力学理论才能较好地应用。随着有限元方法和工程软件的发展，20 世纪 70 年代以来，人们开始通过有限元法计算齿轮变形。通过建立轮齿的有限元模型，计算其变形值，并将得到的计算结果进行回归拟合，得到了轮齿变形的近似公式。

Weber-Banaschek 法是轮齿变形计算中常用的计算方法。

轮齿啮合时变形计算是计算轮齿的啮合刚度的前提，是一个十分复杂的力学问题。轮齿受载后在啮合点处的变形可由三部分组成，即啮合点处的接触变形 δ_H，轮齿的弯曲及根部剪切力引起的啮合点位移 δ_T，考虑轮体弹性变形引起的啮合点位移 δ_A。对于直齿轮圆柱齿轮，Weber 采用弹性力学方法，得到的计算公式如下：

$$\begin{cases}\delta_H = 0.5793\dfrac{F_N}{Eb}\left[\ln\left(\dfrac{Ebh_1h_2}{0.5793F_N}\dfrac{\rho_1+\rho_2}{\rho_1\rho_2}\right)-0.4286\right]\\ \delta_T = \dfrac{F_N\cos^2\alpha_x}{Eb}\left[12\displaystyle\int_0^{h_x}\dfrac{(h_x-y)^2}{8x^3}\mathrm{d}y+(3+\tan^2\alpha_x)\displaystyle\int_0^{h_x}\dfrac{1}{2x}\mathrm{d}y\right]\\ \delta_A = \dfrac{F_N\cos^2\alpha_x}{Eb}\left[5.214\left(\dfrac{h_x^2}{S_F}\right)^2+1.04\dfrac{h_x}{S_F}+1.39(1+\tan^2\alpha_x)+0.4485\tan^4\alpha_x\right]\end{cases} \tag{5-1-11}$$

式中：b 为齿宽；ρ_i 为接触点处齿轮 i 齿廓曲线的曲率半径；E 为材料的弹性模量；h_1、h_2 为齿轮 1、齿轮 2 的尺寸，h 的意义如图 5-1-3 所示；α_x、F_N、S_F 为齿轮的几何尺寸，具体意义如图 5-1-3 所示；x、y 为齿轮任意截面处，齿廓曲线上一点的 x、y 坐标。

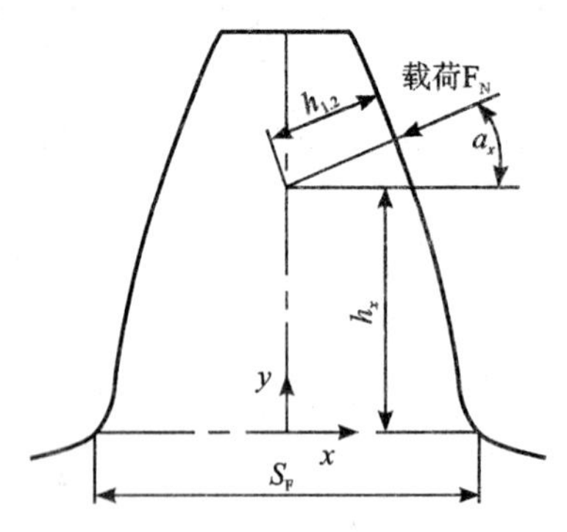

图 5-1-3　轮齿的几何参数

单对齿轮副的啮合刚度为

$$k(t)=\frac{F_N}{\delta_H+\delta_{T1}+\delta_{T2}+\delta_{A1}+\delta_{A2}} \tag{5-1-12}$$

式中，因接触变形 δ_H 已是两轮齿面的接触的变形，故不需再重复计算，其他两种变形 δ_T 和 δ_A 均需分别对啮合的齿轮 1 与齿轮 2 进行计算。把这三种变形相加就是轮齿啮合时法向总变形量。

例 5-1-1　某减速器中的一对齿轮，其参数列于表 5-1-1。

表 5-1-1　齿 轮 参 数

齿轮齿数	$Z_1=41$，$Z_2=161$
齿轮模数	$m=12$
齿顶高系数	$h_{a1}=h_{a2}=1.0$
压力角	$\alpha=20°$
齿宽	$b=250$ mm
材料弹性模量	$E=2.10\times10^{11}$ Pa
材料泊松比	$\nu=0.26$
传递功率	$P_e=370$ kW
转速	$n_1=114.6$ r/min

按照式(5-1-11)、式(5-1-12)，由表 5-1-1 的齿轮参数计算得到的单齿啮合刚度 $k(t)$ 如图 5-1-4 所示。而由式(5-1-4)计算得到的齿轮的综合啮合刚度 $k_m(t)$ 在一个啮合周期内的变化曲线如图 5-1-5 所示。

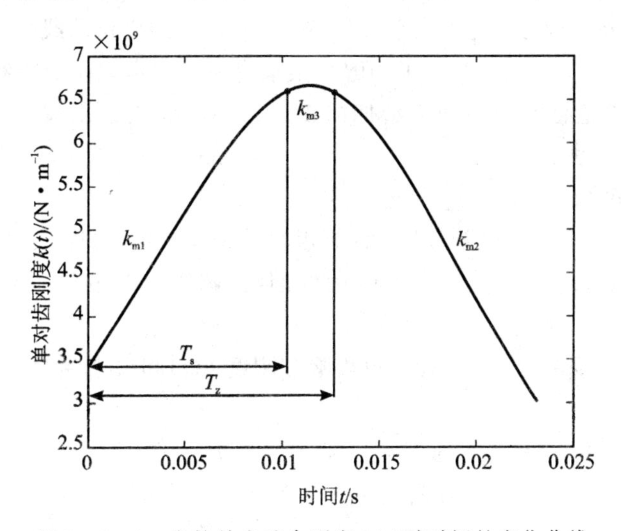

图 5-1-4　齿轮单齿啮合刚度 $k(t)$ 随时间的变化曲线

从图 5-1-4 和图 5-1-5 可以看出：

(1) 啮合的两轮齿啮合高度、齿厚、啮合点处的综合曲率半径是随啮合点的位置的变化而变化的，故一对啮合轮齿的啮合刚度随啮合点的位置作周期性变化。

(2) 齿轮的综合啮合刚度曲线具有明显的阶跃形突变性质。原因在于：直齿圆柱齿轮的重合度 $1<\varepsilon<2$，啮合过程中，单齿啮合区和双齿啮合区是交替进行的。在单齿对啮合区，仅一对轮齿参与啮合，齿轮的综合啮合刚度较小；在双齿对啮合区，由于是两对轮齿同时承受载荷，因此齿轮副的总体啮合弹性变形较小，综合刚度较大。齿轮的综合啮合刚度

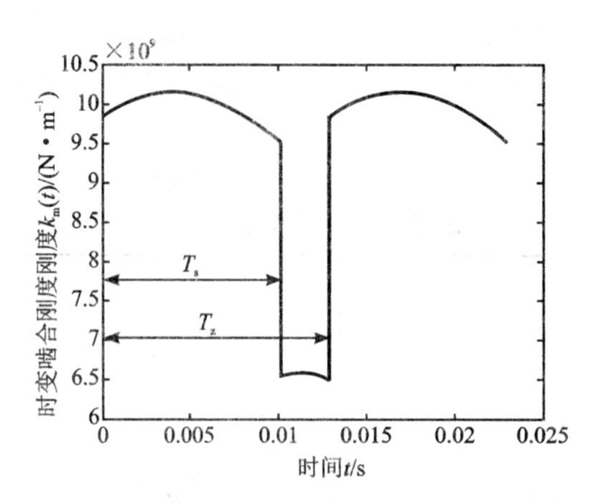

图 5-1-5 齿轮时变综合啮合刚度随时间的变化曲线

曲线跳跃处对应着单、双齿啮合区的交替时刻。

5.1.3 齿轮传动系统运动微分方程求解

1. 求解原理与算法

由式(5-1-3)和式(5-1-4)可知，齿轮的运动微分方程为二阶变系数微分方程。其中综合刚度系数 $k_m(t)$ 为周期性变化的变量。$k_m(t)$ 虽然是随时间变化的一个变量，但只要齿轮副的几何参数(齿数、模数、齿顶高系数等)确定，$k_m(t)$ 的变化曲线也是确定的几何参量，只随啮合点的位置变化。尽管如此，采用解析法求解齿轮的运动微分方程(5-1-2)是十分困难的，一般选择数值法求其近似解。四阶 Runge-Kutta 法是求解齿轮的运动微分方程(5-1-2)最有效的方法。

其求解算法步骤如下：

(1) 根据表 5-1-1 中选取的齿轮，计算齿轮的相关参数，如：法向载荷 F_N、等效质量 m_e、啮合线长度、啮合周期 T_z，齿轮几何参数如任意圆周上的齿顶高 h_x、压力角 α_x、齿厚 S_F 等。

(2) 利用 Weber-Banaschek 法计算单齿啮合刚度 $k(t)$ 和一个啮合周期中时变综合啮合刚度 $k_m(t)$ 的值。

(3) 确定初始位移 x_0 和初始速度 v_0。起点的振动位移 x_0 可取轮齿的静变形，即 $x_0=F_N/k_m(1)$，$k_m(1)$ 为时变综合啮合刚度 $k_m(t)$ 在啮合起点的值；起点的振动速度 v_0 可设为 0。

(4) 选取迭代计算步长 step 和计算精度 ε_1、ε_2(如取 step$=T_z/300$，$\varepsilon_1=0.0001$，$\varepsilon_2=0.1$)，利用 Runge-Kutta 法计算一个啮合周期中沿啮合线方向振动位移 x_0、振动速度 v_0 的离散值。由于齿轮振动的周期性，在一个啮合周期内，起点的运动参数与终点的运动参数应相同，所以终点时刻的相对位移 x_n 和相对速度 $v_n=\dot{x}_n$ 的计算值与初始时刻的相对位移 x_0 和相对速度 $v_0=\dot{x}_0$ 作比较，若不能满足精度要求，则将 x_n 与 v_n 作为下一周期的计算初值进行新一轮计算，直到 x_n 与 x_0 及 v_n 与 v_0 的差值满足计算精度时，停止迭代。

(5) 利用得到的相对位移 x 的离散值和单齿啮合刚度 $k(t)$，按照式(5-1-8)、式(5-1-9)

载荷分配的关系式计算齿面法向动载荷沿啮合线的变化规律。

其计算流程图如图 5-1-6 所示。Matlab 计算程序见附录。

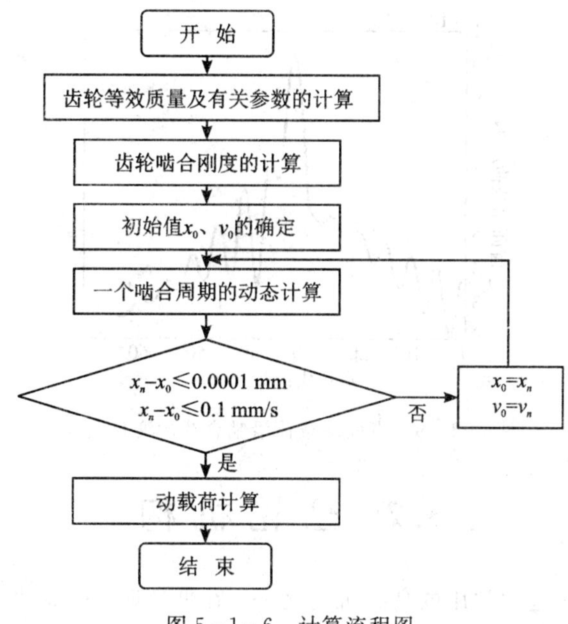

图 5-1-6　计算流程图

2. 计算结果与讨论

图 5-1-7 为两齿轮啮合线方向上的相对位移从开始啮合到退出啮合过程中的变化规律。由于考虑了齿轮的弹性和动力学效应，相对位移在整个啮合周期中含有高频振动分量，双齿啮合开始后，由于阻尼的存在，振动幅度是衰减的。在双、单齿交替时，齿轮综合啮合刚度的突变处，相对位移发生了较大变化。

图 5-1-8 为两齿轮啮合线方向上相对速度沿啮合线的变化规律。变化规律和特点与相对位移类似。

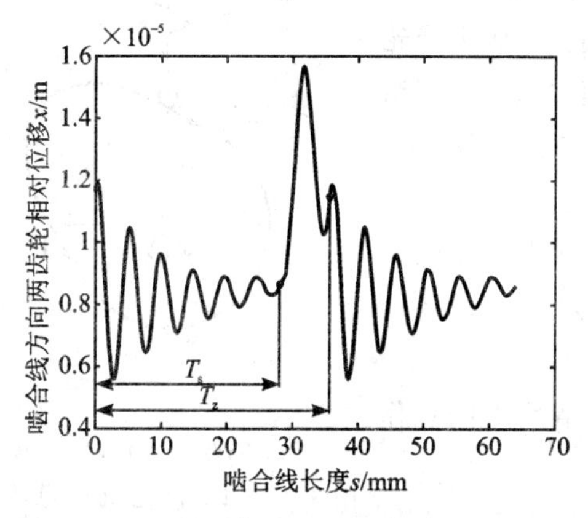

图 5-1-7　相对位移 x 沿啮合线的变化曲线

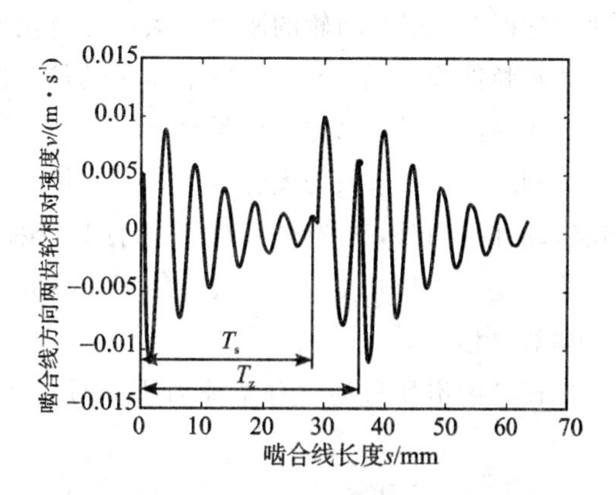

图 5-1-8　相对速度 v 沿啮合线的变化曲线

图 5-1-9 为齿轮齿面法向载荷沿啮合线的变化规律。法向载荷在整个啮合周期中含有高频振动分量，与法向位移变化规律相对应，在双、单齿交替处动载峰值大幅增加。

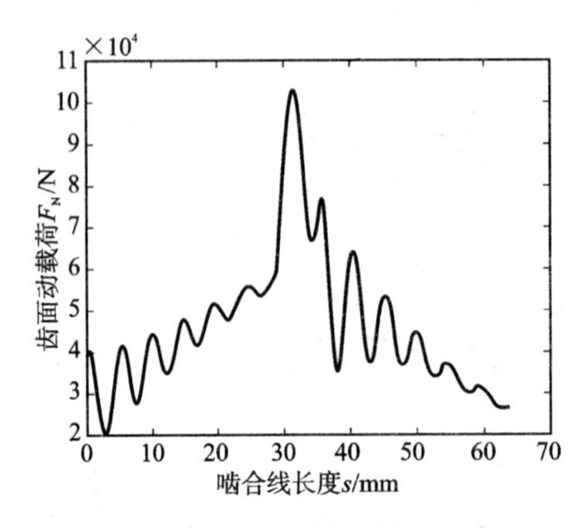

图 5-1-9　齿面动载荷沿啮合线的变化曲线

5.2　凸轮机构

凸轮机构是机械工程中常用的高副机构之一。在低速时，凸轮机构中构件可以认为是刚性的，但是在高速时，构件的惯性力增大，就不能忽略构件弹性变形的影响。一方面，高速时凸轮机构的封闭弹簧刚度需要增大，导致凸轮机构的封闭力增加；另一方面，其弹性振动不仅直接影响从动件运动规律的精度，而且会产生较大的动载荷。这些都会增大凸轮机构的磨损甚至可造成构件的损坏。因此，研究高速凸轮机构动力学问题十分必要。下面讨论凸轮机构动力学的一些基本问题。

1. 凸轮机构从动件的运动微分方程

如图 5-2-1 所示，是一个直动从动件盘形凸轮机构的弹性动力学模型。因为凸轮的刚性较大，为简化问题，认为凸轮是不产生弹性变形的刚体。凸轮推动从动件 2 使滑块 3 按照给定的规律移动。因从动件 2 质量轻、刚度小，可忽略其质量而仅考虑刚度，刚度系数为 k_r。滑块 3 的质量是 m，其上的作用力除从动件推力外，还有外载荷 F、封闭弹簧的弹力 F_s，弹簧刚度系数是 k_s。图中，s 表示从动件下端的位移，y 表示从动件上端的位移。

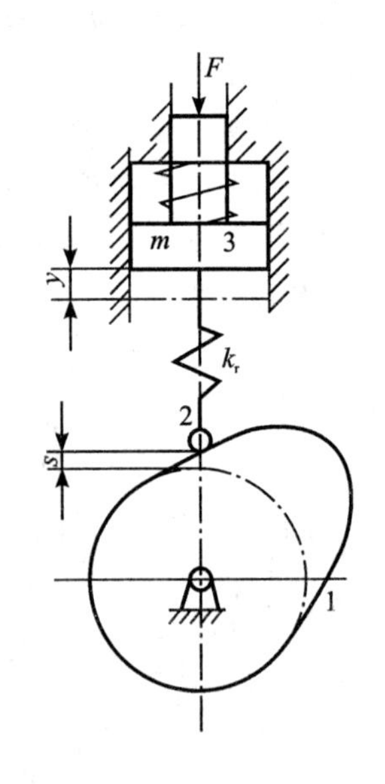

1—凸轮；2—从动件；3—滑块

图 5-2-1　凸轮机构弹性动力学模型

如再考虑滑块移动时有摩擦力 F_f 作用，则滑块上的总作用力为

$$F_c = -F - F_s - F_f + F_r \qquad (5-2-1)$$

式中：F_r 为从动件传递给滑块的推力，或凸轮与从动件之间的作用力，$F_r = k_r(s-y)$；F_s 为封闭弹簧弹力：

$$F_s = F_0 + k_s y \tag{5-2-2}$$

其中，F_0 为弹簧预紧力。

根据达朗贝尔原理，滑块的平衡方程式为

$$F_c - m\ddot{y} = (-F - F_s - F_f + F_r) - m\ddot{y} = 0$$

整理得

$$\ddot{y} + \frac{k_r + k_s}{m} y = -\frac{F + F_0 + F_f - k_r s}{m} \tag{5-2-3}$$

式(5-2-3)称为凸轮机构从动件运动微分方程。当轮廓线已选定时，其中的位移 s 为已知数值。考虑从动件的弹性后，其上端的位移 y 即可由式(5-2-3)求解。

因为外载荷 F 及弹簧预紧力 F_0 只能引起从动件的静变形，常为一常量，在分析从动件动态响应中可不考虑，并忽略摩擦力 F_f 的影响，式(5-2-3)可写为

$$\ddot{y} + \frac{k_r + k_s}{m} y = \frac{k_r}{m} s \tag{5-2-4}$$

又因凸轮廓线常以凸轮转角 θ 为自变量，故在式(5-2-4)中可把加速度 $\ddot{y}$ 改成以 θ 为自变量，即

$$\ddot{y} = \frac{d^2 y}{dt^2} = \frac{d^2 y}{d^2\theta}\left(\frac{d\theta}{dt}\right)^2 = \omega^2 y'' \tag{5-2-5}$$

式中，$y''=\frac{d^2 y}{d\theta^2}$，$\omega$ 是凸轮角速度，$\omega=\frac{d\theta}{dy}$。

由式(5-2-4)可看出，从动件自由振动的频率 ω_n 可由下式计算：

$$\omega_n = \sqrt{\frac{k_r + k_s}{m}} \approx \sqrt{\frac{k_r}{m}} \quad (\text{因 } k_r \gg k_s)$$

引入频率比 $\tau=\frac{\omega_n}{\omega}$，与式(5-2-5)一同代入式(5-2-4)，从动件运动方程可写为

$$y'' + \tau^2 y = \tau^2 s \tag{5-2-6}$$

式(5-2-6)即为以凸轮转角 θ 为自变量的从动件运动方程。

由上述可知，考虑凸轮机构构件弹性时，从动件上端 y 与下端位移 s 不同，当要求出输出端的位移 y 所满足的运动规律时，应先求出相应下端位移 s 的运动规律，然后求出相应的凸轮轮廓曲线。反之，若已知从动件的运动规律 s，则可由式(5-2-6)求出输出端的实际位移 y。

2. 凸轮机构从动件运动微分方程的求解

对于凸轮机构，从动件运动微分方程(5-2-6)与无阻尼强迫振动类似，故求解并不困难。若从动件运动规律的解析表达式简单，可采用解析法求解。若从动件运动规律复杂，可采用数值法求解。

若从动件在推程服从简谐运动规律，即

$$s = \frac{h}{2}\left(1 - \cos\frac{\pi}{\theta_0}\theta\right) \tag{5-2-7}$$

其中，θ_0 为推程角。此时在式(5-2-6)中代入简谐运动的位移方程得

$$y'' + \tau^2 y = \frac{h}{2}\tau^2\left(1 - \cos\frac{\pi}{\theta_0}\theta\right) \tag{5-2-8}$$

其解为

$$y = A\sin\tau\theta + B\cos\tau\theta + \frac{h}{2}\left[1 - \frac{1}{1-\left(\frac{\pi}{\tau\theta_0}\right)^2}\cos\frac{\pi}{\theta_0}\theta\right]$$

由从动件初始运动条件 $\theta=0$，$y=y'=0$ 得

$$A = 0$$

$$B = \frac{h}{2}\left[\frac{1}{1-\left(\frac{\pi}{\tau\theta_0}\right)^2} - 1\right]$$

故得

$$y = \frac{h}{2}(1-\cos\tau\theta) + \frac{h}{2}\frac{1}{1-\left(\frac{\pi}{\tau\theta_0}\right)^2}\left(\cos\tau\theta - \cos\frac{\pi}{\theta_0}\theta\right) \tag{5-2-9}$$

由式(5-2-9)，对时间求导两次，并整理得

$$\ddot{y} = \omega_n^2\frac{h}{2}\frac{1}{\left(\frac{\tau\theta_0}{\pi}\right)^2 - 1}\left(\cos\frac{\pi}{\theta_0}\theta - \cos\tau\theta\right) \tag{5-2-10}$$

式(5-2-10)中的两个三角函数之差的最大值为2，故从动件实际最大加速度为

$$\ddot{y}_{\max} = \omega_n^2\frac{h}{2}\frac{2}{\left(\frac{\tau\theta_0}{\pi}\right)^2 - 1} \tag{5-2-11}$$

若引入动载系数 k_g：

$$k_g = \frac{|\ddot{y}_{\max}|}{|\ddot{s}_{\max}|} \tag{5-2-12}$$

式中，$|\ddot{y}_{\max}|$ 是考虑构件的弹性后，从动件最大加速度的绝对值；$|\ddot{s}_{\max}|$ 是不考虑构件的弹性后，从动件最大加速度的绝对值。动载系数是衡量凸轮机构从动件各种运动规律动力性能好坏的一个重要指标。

由式(5-2-7)对时间求二阶导数，得简谐运动的加速度为

$$\ddot{s} = \omega_n^2\frac{h}{2}\left(\frac{\pi}{\tau\theta_0}\right)^2\cos\frac{\pi}{\theta_0}\theta$$

故最大加速度为

$$\ddot{s}_{\max} = \omega_n^2\frac{h}{2}\left(\frac{\pi}{\tau\theta_0}\right)^2 \tag{5-2-13}$$

因而动载系数 k_g 为

$$k_g = \frac{2}{1-\left(\frac{\pi}{\tau\theta_0}\right)^2} \tag{5-2-14}$$

由于 $\tau \gg 1$，则有

$$k_g = 2 \tag{5-2-15}$$

即对简谐运动，其动载系数等于2。

采用同样方法可求得，对于等加速、等减速运动，其动载系数 $k_g \approx 3$。而对于正弦加速度运动，其动载系数 $k_g \approx 1$。

若采用数值法求解凸轮机构从动件运动微分方程(5-2-6)，可将方程改写成

$$\begin{cases} \dfrac{\mathrm{d}y}{\mathrm{d}\theta} = p \\ \dfrac{\mathrm{d}p}{\mathrm{d}\theta} = \tau^2(s-y) \end{cases} \tag{5-2-16}$$

用 Runge-Kutta 法求解，其迭代公式见公式(3-2-15)，计算机程序见附录。

计算原始数据：

从动件运动规律：推程简谐运动规律为

$$s=\frac{h}{2}\left(1-\cos\frac{\pi}{\theta_0}\theta\right)$$

推程角 $\theta_0=150°$，远休止角 $\theta_1=30°$；

回程：摆线运动规律为

$$s=\left(1-\frac{\theta}{\theta_3}+\sin\frac{2\pi}{\theta_3}\theta\right)$$

回程角 $\theta_3=120°$，近休止角 $\theta_4=60°$，从动件行程 $h=20$ mm。计算结果如图5-2-2～图5-2-4所示。图5-2-2给出了考虑从动件弹性效应和不考虑从动件弹性效应的位移响应曲线，两者略有区别，但从图5-2-3和图5-2-4的从动件速度和加速度响应曲线可以看出，两者存在明显的不同。考虑从动件弹性效应的从动件速度和加速度是在不考虑从动件弹性效应的从动件速度和加速度曲线的基础上叠加了高频振动响应。

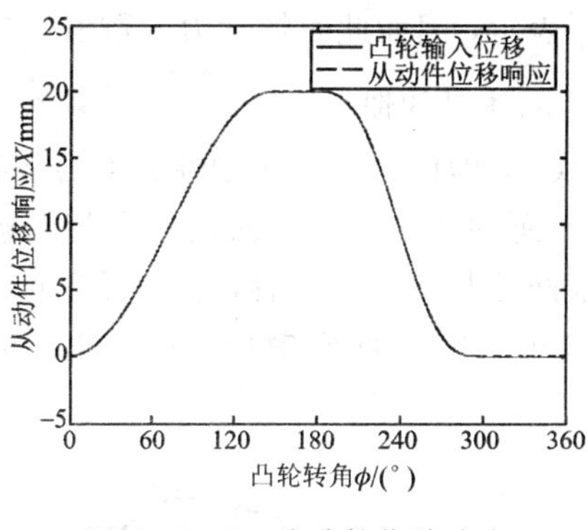

图5-2-2　从动件位移响应

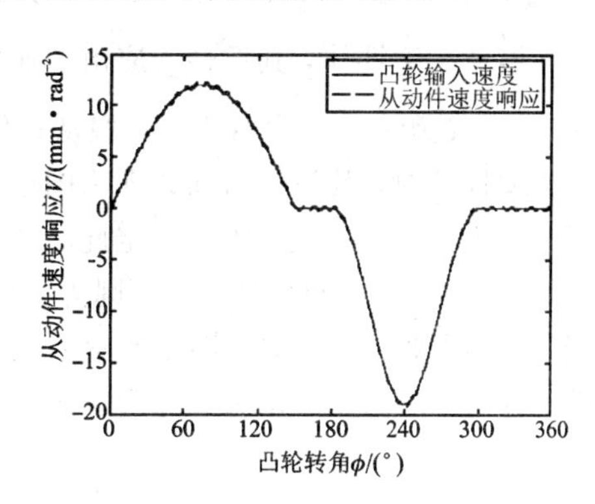

图5-2-3　从动件速度响应

许多凸轮机构采用弹簧力封闭，即依靠弹簧的作用保证凸轮与推杆始终接触。这就要求凸轮机构在运动过程中，凸轮与从动件之间的作用力始终大于0，即凸轮机构不发生跳跃现象的条件为

$$F_r \geqslant 0 \tag{5-2-17}$$

根据凸轮机构从动件运动微分方程可知

$$F_r = F + F_s + F_f + m\ddot{y} = F + F_0 + k_s y + F_f + m\ddot{y} \tag{5-2-18}$$

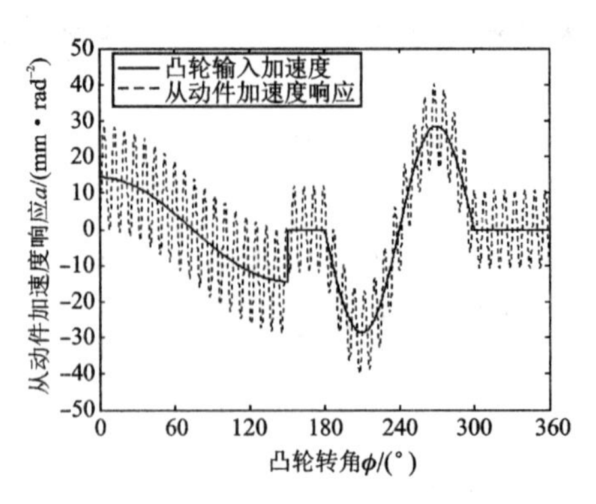

图 5-2-4　从动件加速度响应

因此，不发生跳跃现象的弹簧预紧力为

$$F_0 > m\ddot{y} - F - F_f - k_s y \tag{5-2-19}$$

若忽略摩擦力 F_f 和工作阻力 F，不发生跳跃现象的弹簧预紧力为

$$F_0 > m\ddot{y} - k_s y \tag{5-2-20}$$

从式(5-2-16)可以看出，若忽略摩擦力 F_f 和工作阻力 F，不发生跳跃现象的条件是：从动件运动时的惯性力小于弹簧力。如图 5-2-5 所示，图中虚线 a 表示从动件加速度与位移 s 的关系曲线，则不同位移处的惯性力 $F_i = -m\ddot{s}$ 如图中实线所示，应保证在任何位置弹簧力均大于惯性力，以保证凸轮与从动件不脱离接触。即在极限情况下，线性变化的弹簧力随位移 s 变化的直线应与惯性力曲线相切。图中 s_0 为弹簧预压长度，h 为从动件工作行程。图 5-2-5 未考虑从动件的弹性，只考虑了将从动件看做刚体时产生的惯性力。如果把从动件看做一个弹性体，其惯性力应由加速度 $\ddot{y}$ 表示，因而此时惯性力的数值也要发生改变。如图 5-2-6 所示，图中曲线 1 即视从动件为刚体时的惯性力 $F_i = -m\ddot{y}$ 曲线，而当把从动件视为弹性体时，其惯性力曲线即为图中曲线 2，即此时在原来刚性运动的基础上，又增加了一个高频的弹性振动。为了确定此时所需的弹簧力，可先作曲线 2 中各振幅最高值处的包络曲线 3，如图中点画线所示，则为了保证凸轮与从动件接触，表示所需的最小弹簧力的直线 4 也应与曲线 3 相切，图中所示的直线 4 即为所需的弹簧特性线。可以看出，当考虑从动件的弹性时，所要求的弹簧力显著增大。

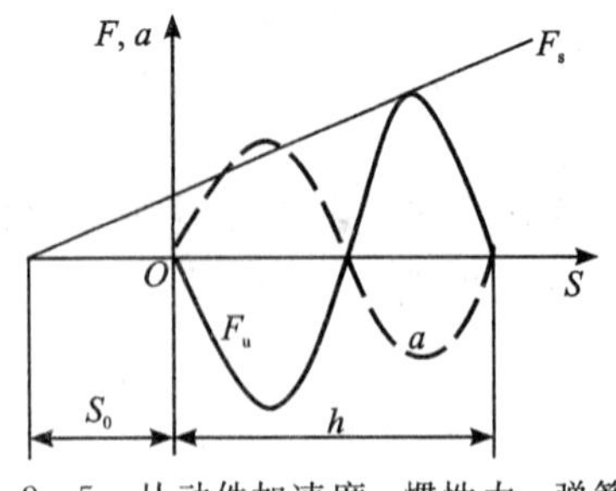

图 5-2-5　从动件加速度、惯性力、弹簧力与位移关系

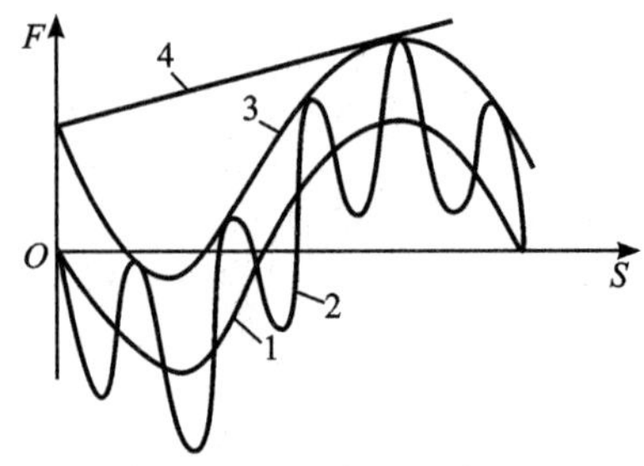

图 5-2-6　从动件惯性力、弹簧力与位移关系

5.3　平面连杆机构的动力学分析

5.3.1　引言

对于高速平面连杆机构或一些精密机械的连杆机构，要求重量最小，以降低构件刚度。在这种情况下，构件的弹性变形以及由于弹性而引起的振动，都是不可忽略的，此时需进行连杆机构的弹性动力学分析方能满足工程需求。考虑构件弹性变形的连杆机构动力学问题属微分方程的混合问题，可采用有限单元法求解。用有限单元法求解平面连杆机构动力学问题的基本步骤如下：

(1) 对系统进行单元划分，得到单元和节点，并进行编号。

(2) 单元分析：先建立单元局部坐标系内单元运动方程，再转换成整体坐标系下的单元运动方程。

(3) 系统集成，组成机构运动方程。

(4) 利用边界条件和初始条件求解机构运动方程。

考虑构件的弹性变形时连杆机构，其运动的特点是在大范围刚性运动的基础上叠加上弹性振动，与刚性运动相比，弹性运动是很小的。为了提高求解精度，求解时根据机构刚性运动分析位置将机构“瞬时固定”，形成一系列的“瞬时结构”，对“瞬时结构”进行弹性振动分析，得到各构件弹性运动结果，再与刚性运动的结果进行叠加，便得到弹性连杆机构的运动结果。

下面以图 5-3-1 所示的曲柄摇杆机构为例，讨论其求解过程。

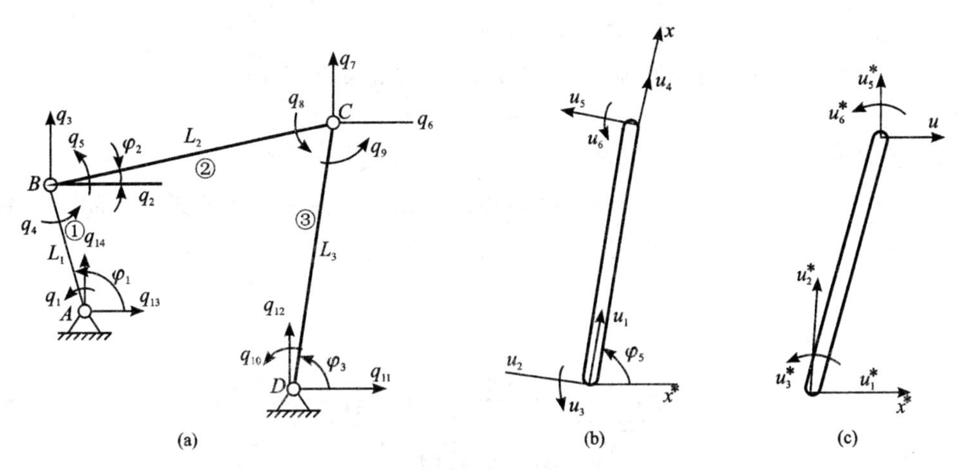

图 5-3-1　曲柄摇杆机构及其单元划分

5.3.2　单元划分

如图 5-3-1(a) 所示为一曲柄摇杆机构，用有限元法对其进行弹性动力学分析，显然划分单元时应把每一构件划分成一个单元，即 L_1、L_2、L_3 分别为 3 个单元，并编为①、②、③。两个单元之间的回转副形成节点 A、B、C、D。每个单元均含有 2 个节点，由于考虑构件的弹性变形，单元在节点处需要 3 个广义坐标(2 个节点位移和一个杆端转角)来描述，如图 5-3-1(a)所示。

在连杆机构动力学分析中，对杆状构件的弹性变形，主要考虑横向与轴向变形，故每个节点处有横向、轴向线变形及一个角变形，因而有 3 个自由度。图 5-3-1(a)中 q_i(i=1，2，3，…，14)就表示机构整体坐标系中的广义坐标。其中 B、C 为回转副，相邻两构件在 B、C 点的线位移相同而角位移不同；在 A、D 点则只有角位移而无线位移，故应有 $q_{11}=q_{12}=q_{13}=q_{14}=0$。又可看出，整体坐标对整体机构来说是统一的，但对一个构件而言，整体坐标与单元的局部坐标的方向是不同的。为了便于找寻整体坐标与局部坐标的关系，图中给出了角度 φ_1、φ_2、φ_3。下面就分别对单元运动方程与机构运动方程进行研究。

5.3.3 单元运动方程

1. 局部坐标系下的单元运动方程

在图 5-3-1(a) 中，杆件 AB、BC、CD 分别为单元①、②、③。任意取出一个单元进行分析，建立局部坐标系，如图 5-3-1(b)所示，为便于建立单元运动方程时利用已经获得的结果，局部坐标系中，一个位移选择与杆轴线一致，另一个位移坐标与杆轴线垂直。利用弹性杆件动力学分析的结果，图中各单元的运动方程可统一表示为

$$\boldsymbol{M}_s\ddot{\boldsymbol{U}}_s+\boldsymbol{K}_s\boldsymbol{U}_s=\boldsymbol{F}_s \quad (s=1,2,3) \tag{5-3-1}$$

式中，$\boldsymbol{U}_s$ 为每个单元节点位移向量；$\boldsymbol{F}_s$ 为节点力。

$$\boldsymbol{U}_s=[u_1,u_2,u_3,u_4,u_5,u_6]^{\mathrm{T}}$$

$$\boldsymbol{F}_s=[f_1,f_2,f_3,f_4,f_5,f_6]^{\mathrm{T}} \tag{5-3-2}$$

式中，f_1，f_4 为两端节点所受的轴向力；f_2，f_5 为两端节点所受的横向力；f_3，f_6 为两端节点所受弯矩。

如果单元上无任何外力，则式(5-3-2)中，$f_i=0$ (i=1，2，…，6)。

因为线性系统满足叠加原理，所以兼做横向振动及轴向振动的单元的质量矩阵 $\boldsymbol{M}_s$ 和刚度矩阵 $\boldsymbol{K}_s$，等于横向振动梁单元的质量矩阵、刚度矩阵与轴向振动梁单元的质量矩阵和刚度矩阵的组合。

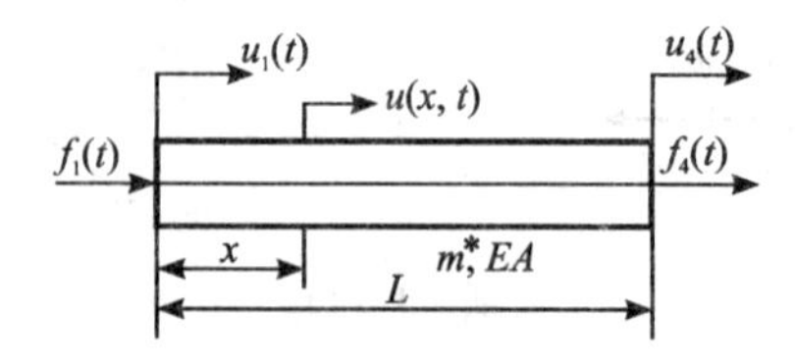

图 5-3-2 杆件的纵向振动单元

如图 5-3-2 所示的杆件的纵向振动单元，杆端的轴向位移为 $u_1(t)$，$u_4(t)$，轴向力为 $f_1(t)$，$f_4(t)$。取 dx 微段为研究对象，易得杆件的纵向振动单元的运动微分方程为

$$\frac{\partial^2 u}{\partial x^2}=\frac{m^*}{EA}\frac{\partial^2 u}{\partial t^2}=c^2\frac{\partial^2 u}{\partial t^2} \tag{5-3-3}$$

因为单元刚度矩阵与时间无关，仅与杆件的几何形状和材料有关。为了得到单元刚度矩阵，根据$\frac{\partial^2 u}{\partial x^2}=0$，可以得到

$$u(x)=C_1x+C_2\quad(0\leqslant x\leqslant L) \tag{5-3-4}$$

C_1，C_2 为待定积分常数。根据单元边界条件 $u(0)=u_1$，$u(L)=u_4$ 可得 $C_1=\frac{u_4-u_1}{L}$，$C_2=u_1$，代入上式得

$$u(x)=\frac{u_4-u_1}{L}x+u_1=\frac{L-x}{L}u_1+\frac{x}{L}u_4 \tag{5-3-5}$$

引入形函数 $\phi_1(x)=\frac{L-x}{L}$，$\phi_4(x)=\frac{x}{L}$，则式(5-3-5)可以表示为

$$\begin{aligned}u(x)&=\phi_1(x)u_1+\phi_4(x)u_4\\&=\begin{bmatrix}\phi_1(x) & \phi_4(x)\end{bmatrix}\begin{bmatrix}u_1\\u_4\end{bmatrix}=\boldsymbol{\phi}(x)^{\mathrm{T}}\boldsymbol{u}\end{aligned} \tag{5-3-6}$$

杆件作纵向振动的动能为

$$T=\frac{1}{2}\int_0^L m^*\left(\frac{\partial u}{\partial t}\right)^2\mathrm{d}x \tag{5-3-7}$$

代入式(5-3-7)有

$$T=\frac{1}{2}\int_0^L m^*\left(\frac{\partial u}{\partial t}\right)^2\mathrm{d}x=\frac{1}{2}\int_0^L m^*\ \dot{\boldsymbol{u}}^{\mathrm{T}}\boldsymbol{\phi}(x)\boldsymbol{\phi}(x)^{\mathrm{T}}\dot{\boldsymbol{u}}\mathrm{d}x$$

根据第二类拉格朗日方程，有

$$\frac{\mathrm{d}}{\mathrm{d}t}\left(\frac{\partial T}{\partial \dot{q}_k}\right)-\left(\frac{\partial T}{\partial q_k}\right)=Q_k\quad(k=1,2,\cdots,n) \tag{5-3-8}$$

式中，q_k，$\dot{q}_k$ 为系统的广义坐标和广义速度；Q_k 为广义力；n 为系统的自由度。

$$\begin{aligned}\frac{\mathrm{d}}{\mathrm{d}t}\left(\frac{\partial T}{\partial \dot{u}_1}\right)-\left(\frac{\partial T}{\partial u_1}\right)&=\frac{\mathrm{d}}{\mathrm{d}t}\left(\int_0^L m^*\ \boldsymbol{\phi}(x)^{\mathrm{T}}\dot{\boldsymbol{u}}\phi_1(x)\mathrm{d}x\right)-0\\&=\int_0^L m^*\boldsymbol{\phi}(x)^{\mathrm{T}}\ddot{\boldsymbol{u}}\phi_1(x)\mathrm{d}x\\&=\int_0^L m^*\ \begin{bmatrix}\phi_1(x) & \phi_4(x)\end{bmatrix}^{\mathrm{T}}\phi_1(x)\mathrm{d}x\ddot{\boldsymbol{u}}\end{aligned}$$

$$\begin{aligned}\frac{\mathrm{d}}{\mathrm{d}t}\left(\frac{\partial T}{\partial \dot{u}_4}\right)-\left(\frac{\partial T}{\partial u_4}\right)&=\frac{\mathrm{d}}{\mathrm{d}t}\left(\int_0^L m^*\ \boldsymbol{\phi}(x)^{\mathrm{T}}\dot{\boldsymbol{u}}\phi_4(x)\mathrm{d}x\right)-0\\&=\int_0^L m^*\ \boldsymbol{\phi}(x)^{\mathrm{T}}\ddot{\boldsymbol{u}}\phi_4(x)\mathrm{d}x\\&=\int_0^L m^*\ \begin{bmatrix}\phi_1(x) & \phi_4(x)\end{bmatrix}^{\mathrm{T}}\phi_4(x)\mathrm{d}x\ddot{\boldsymbol{u}}\end{aligned}$$

写成矩阵形式：

$$\begin{Bmatrix} \dfrac{\mathrm{d}}{\mathrm{d}t}\left(\dfrac{\partial T}{\partial \dot{u}_1}\right)-\left(\dfrac{\partial T}{\partial u_1}\right) \\ \dfrac{\mathrm{d}}{\mathrm{d}t}\left(\dfrac{\partial T}{\partial \dot{u}_4}\right)-\left(\dfrac{\partial T}{\partial u_4}\right) \end{Bmatrix}=\begin{bmatrix} \int_0^L m^* \phi_1(x)\phi_1(x)\mathrm{d}x & \int_0^L m^* \phi_1(x)\phi_4(x)\mathrm{d}x \\ \int_0^L m^* \phi_1(x)\phi_4(x)\mathrm{d}x & \int_0^L m^* \phi_4(x)\phi_4(x)\mathrm{d}x \end{bmatrix}\begin{bmatrix} \ddot{u}_1 \\ \ddot{u}_2 \end{bmatrix}$$

$$=\boldsymbol{M}\begin{bmatrix} \ddot{u}_1 \\ \ddot{u}_2 \end{bmatrix} \tag{5-3-9}$$

其中质量矩阵为

$$\boldsymbol{M}=\begin{bmatrix} \int_0^L m^* \phi_1(x)\phi_1(x)\mathrm{d}x & \int_0^L m^* \phi_1(x)\phi_4(x)\mathrm{d}x \\ \int_0^L m^* \phi_1(x)\phi_4(x)\mathrm{d}x & \int_0^L m^* \phi_4(x)\phi_4(x)\mathrm{d}x \end{bmatrix} \tag{5-3-10}$$

$$=\frac{m^* L}{6}\begin{bmatrix} 2 & 1 \\ 1 & 2 \end{bmatrix}$$

杆件的势能为

$$V=\frac{1}{2}\int_0^L EA\left(\frac{\partial u}{\partial x}\right)^2\mathrm{d}x \tag{5-3-11}$$

$$\frac{\partial u}{\partial x}=\frac{\partial}{\partial x}(\phi_1(x)u_1+\phi_4(x)u_4)=\frac{\mathrm{d}\phi_1(x)}{\mathrm{d}x}u_1+\frac{\mathrm{d}\phi_4(x)}{\mathrm{d}x}u_4$$

故

$$V=\frac{1}{2}\int_0^L EA\left(\frac{\partial u}{\partial x}\right)^2\mathrm{d}x$$

$$=\frac{1}{2}\int_0^L EA\left(\frac{\mathrm{d}\phi_1(x)}{\mathrm{d}x}u_1+\frac{\mathrm{d}\phi_4(x)}{\mathrm{d}x}u_4\right)^2\mathrm{d}x \tag{5-3-12}$$

广义力为

$$Q_1=-\frac{\partial V}{\partial u_1}+f_1=-\int_0^L EA\left(\frac{\mathrm{d}\phi_1(x)}{\mathrm{d}x}u_1+\frac{\mathrm{d}\phi_4(x)}{\mathrm{d}x}u_4\right)\frac{\mathrm{d}\phi_1(x)}{\mathrm{d}x}\mathrm{d}x+f_1$$

$$=-\int_0^L EA\begin{bmatrix} \frac{\mathrm{d}\phi_1(x)}{\mathrm{d}x}\frac{\mathrm{d}\phi_1(x)}{\mathrm{d}x} & \frac{\mathrm{d}\phi_4(x)}{\mathrm{d}x}\frac{\mathrm{d}\phi_1(x)}{\mathrm{d}x} \end{bmatrix}\begin{bmatrix} u_1 \\ u_4 \end{bmatrix}\mathrm{d}x+f_1$$

$$=-\boldsymbol{EA}\begin{bmatrix} \frac{1}{L} & -\frac{1}{L} \end{bmatrix}\begin{bmatrix} u_1 \\ u_4 \end{bmatrix}+f_1$$

$$Q_4=-\frac{\partial V}{\partial u_4}+f_4$$

$$=-\int_0^L EA\left(\frac{\mathrm{d}\phi_1(x)}{\mathrm{d}x}u_1+\frac{\mathrm{d}\phi_4(x)}{\mathrm{d}x}u_4\right)\frac{\mathrm{d}\phi_4(x)}{\mathrm{d}x}\mathrm{d}x+f_4$$

$$=-\int_0^L EA\begin{bmatrix} \frac{\mathrm{d}\phi_1(x)}{\mathrm{d}x}\frac{\mathrm{d}\phi_4(x)}{\mathrm{d}x} & \frac{\mathrm{d}\phi_4(x)}{\mathrm{d}x}\frac{\mathrm{d}\phi_4(x)}{\mathrm{d}x} \end{bmatrix}\begin{bmatrix} u_1 \\ u_4 \end{bmatrix}\mathrm{d}x+f_4$$

$$=-EA\begin{bmatrix} -\frac{1}{L} & \frac{1}{L} \end{bmatrix}\begin{bmatrix} u_1 \\ u_4 \end{bmatrix}+f_1$$

写成矩阵形式：

$$\begin{bmatrix}Q_1\\Q_4\end{bmatrix}=-\frac{EA}{L}\begin{bmatrix}1&-1\\-1&1\end{bmatrix}\begin{bmatrix}u_1\\u_4\end{bmatrix}+\begin{bmatrix}f_1\\f_4\end{bmatrix} \tag{5-3-13}$$

杆件作杆件的纵向振动时，单元的刚度矩阵定义为

$$\boldsymbol{K}=\frac{EA}{L}\begin{bmatrix}1&-1\\-1&1\end{bmatrix} \tag{5-3-14}$$

将式(5-3-9)和式(5-3-13)代入第二类拉格朗日方程式(5-3-8)，并整理得到杆件作纵向振动的运动微分方程为

$$\frac{m^* L}{6}\begin{bmatrix}2&1\\1&2\end{bmatrix}\begin{bmatrix}\ddot{u}_1\\\ddot{u}_4\end{bmatrix}+\frac{EA}{L}\begin{bmatrix}1&-1\\-1&1\end{bmatrix}\begin{bmatrix}u_1\\u_4\end{bmatrix}=\begin{bmatrix}f_1\\f_4\end{bmatrix} \tag{5-3-15}$$

类似的过程，对于杆件的横向振动单元，如图 5-3-3 所示。

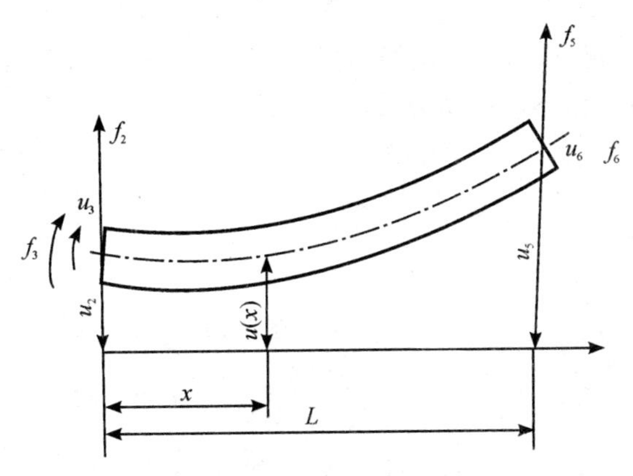

图 5-3-3　杆件的横向振动单元

取广义坐标 u_2，u_3，u_5，u_6，分别为杆端的横向位移和截面转角，对应的杆端作用力为 f_2，f_3，f_5，f_6。其位移表示为

$$u(x)=\phi_2(x)u_2+\phi_3(x)u_3+\phi_5(x)u_5+\phi_6(x)u_6 \tag{5-3-16}$$

其插值形函数为

$$\begin{cases}\phi_2(x)=1-3\left(\dfrac{x}{L}\right)^2+\left(\dfrac{x}{L}\right)^3\\[2ex]\phi_3(x)=x-2\dfrac{x^2}{L}+\dfrac{x^3}{L^2}\\[2ex]\phi_5(x)=3\left(\dfrac{x}{L}\right)^2-2\left(\dfrac{x}{L}\right)^3\\[2ex]\phi_6(x)=-\dfrac{x^2}{L}+\dfrac{x^3}{L^2}\end{cases} \tag{5-3-17}$$

刚度矩阵为

$$\boldsymbol{K}=\frac{EI}{L^3}\begin{bmatrix}12&6L&-12&6L\\6L&4L^2&-6L&2L^2\\-12&-6L&12&-6L\\6L&2L^2&-6L&4L\end{bmatrix} \tag{5-3-18}$$

质量矩阵：

$$M=\frac{m^{*}L}{420}\begin{bmatrix}156 & 22L & 54 & -13L\\ 22L & 4L^{2} & 13L & -3L^{2}\\ 54 & 13L & 156 & -22L\\ -13L & -3L^{2} & -22L & 4L^{2}\end{bmatrix} \tag{5-3-19}$$

用节点位移表示的杆件横向振动单元运动微分方程为

$$\frac{m^{*}L}{420}\begin{bmatrix}156 & 22L & 54 & -13L\\ 22L & 4L^{2} & 13L & -3L^{2}\\ 54 & 13L & 156 & -22L\\ -13L & -3L^{2} & -22L & 4L^{2}\end{bmatrix}\begin{bmatrix}\ddot{u}_2\\ \ddot{u}_3\\ \ddot{u}_5\\ \ddot{u}_6\end{bmatrix}+\frac{EI}{L^{3}}\begin{bmatrix}12 & 6L & -12 & 6L\\ 6L & 4L^{2} & -6L & 2L^{2}\\ -12 & -6L & 12 & -6L\\ 6L & 2L^{2} & -6L & 4L\end{bmatrix}\begin{bmatrix}u_2\\ u_3\\ u_5\\ u_6\end{bmatrix}=\begin{bmatrix}f_2\\ f_3\\ f_5\\ f_6\end{bmatrix} \tag{5-3-20}$$

根据叠加原理，同时作横向和纵向振动杆件的单元质量矩阵为杆件作横向振动的质量矩阵式(5－3－20)和杆件作纵向振动的质量矩阵式(5－3－10)的组合。即

$$M_s=\frac{m_s^{*}L_s}{420}\begin{pmatrix}140 & 0 & 0 & 70 & 0 & 0\\ & 156 & 22L_s & 0 & 54 & -13L_s\\ & & 4L_s^{2} & 0 & 13L_s & -3L_s\\ & & & 140 & 0 & 0\\ \text{对称} & & & & 156 & -22L_s\\ & & & & & 4L_s^{2}\end{pmatrix}\quad(s=1,2,3) \tag{5-3-21}$$

同理，单元刚度阵可由式(5－3－18)的横向振动梁单元的刚度矩阵及式(5－3－14)表示的纵向振动梁单元的刚度矩阵组合而成。

$$K_s=\frac{EI_s}{L_s^{3}}\begin{pmatrix}\frac{A_sL_s^{2}}{I_s} & 0 & 0 & \frac{-A_sL_s^{2}}{I_s} & 0 & 0\\ & 12 & 6L_s & 0 & -12 & 6L_s\\ & & 4L_s^{2} & 0 & -6L_s & 2L_s^{2}\\ \text{对称} & & & \frac{A_sL_s^{2}}{I_s} & 0 & 0\\ & & & & 12 & -6L_s\\ & & & & & 4L_s^{2}\end{pmatrix}\quad(s=1,2,3) \tag{5-3-22}$$

式中，L_s、I_s 为 s 单元的长度、轴惯性矩；m_s^{*}、A_s 为 s 单元的单位长度质量、横截面积。

2. 单元局部坐标系到整体坐标系的变换

单元运动方程式(5－3－1)，是在单元局部坐标系内建立起来的。如图 5－3－1(b)所示，以轴线方向即 u_1，u_2，…，u_6，都是采用单元局部坐标。而图 5－3－1(c)中则已变换为整体坐标，此时节点位移用 u_1^{*}，u_2^{*}，…，u_6^{*}，表示。可看出，当已知参考轴 x^{*} 与 x 之间夹角 φ_s 时，有

$$\begin{cases} u_1 = u_1^* \cos\varphi_s + u_2^* \sin\varphi_s \\ u_2 = -u_1^* \cos\varphi_s + u_3^* \sin\varphi_s \\ u_3 = u_3^* \\ u_4 = u_4^* \cos\varphi_s + u_5^* \sin\varphi_s \\ u_5 = -u_4^* \cos\varphi_s + u_5^* \sin\varphi_s \\ u_6 = u_6^* \end{cases} \tag{5-3-23}$$

写成如下矩阵形式：

$$\begin{gathered} \boldsymbol{U}_s = \boldsymbol{L}_s \boldsymbol{U}_s^* \\ \boldsymbol{L}_s = \begin{bmatrix} \boldsymbol{l}_s & \boldsymbol{O} \\ \boldsymbol{O} & \boldsymbol{l}_s \end{bmatrix} \\ \boldsymbol{l}_S = \begin{bmatrix} \cos\varphi_s & \sin\varphi_s & 0 \\ -\sin\varphi_s & \cos\varphi_s & 0 \\ 0 & 0 & 1 \end{bmatrix} \end{gathered} \tag{5-3-24}$$

式中，$\boldsymbol{L}_s$ 为坐标变换矩阵；$\boldsymbol{l}_s$为坐标变换矩阵中的子矩阵；$\boldsymbol{U}_s$ 为单元局部坐标下的位移向量；$\boldsymbol{U}_s^*$ 为整体坐标系下的位移向量。

$$\boldsymbol{U}_s^* = [u_1^* \quad u_2^* \quad u_3^* \quad u_4^* \quad u_5^* \quad u_6^*]^{\mathrm{T}} \tag{5-3-25}$$

以$\boldsymbol{U}_s = \boldsymbol{L}_s \boldsymbol{U}_s^*$，$\ddot{\boldsymbol{U}}_s = \boldsymbol{L}_s \ddot{\boldsymbol{U}}_s^*$ 代入局部单元运动方程式(5－3－1)，并左乘 $\boldsymbol{L}_s^{\mathrm{T}}$，则可得到以整体坐标表示的单元运动方程：

$$\begin{aligned} \boldsymbol{M}_s^* \ddot{\boldsymbol{U}}_s^* + \boldsymbol{K}_s^* \boldsymbol{U}_s^* &= \boldsymbol{F}_s^* \\ \boldsymbol{M}_s^* &= \boldsymbol{L}_s^{\mathrm{T}} \boldsymbol{M}_s \boldsymbol{L}_s \qquad (s = 1,\ 2,\ 3) \\ \boldsymbol{K}_s^* &= \boldsymbol{L}_s^{\mathrm{T}} \boldsymbol{K}_s \boldsymbol{L}_s \\ \boldsymbol{F}_s^* &= \boldsymbol{L}_s^{\mathrm{T}} \boldsymbol{F}_s \end{aligned} \tag{5-3-26}$$

5.3.4　机构运动方程的组成

由单元运动方程形成整个机构运动方程，是系统组合的过程，目的是建立在整体坐标系下，用广义坐标表示的整个机构的多自由度运动微分方程。例如，在图 5－3－1(a) 所示的具有三个单元的曲柄摇杆机构，因每个单元有 6 个节点位移，总共有 18 个位移。当然由于在 B、C 两点两相邻构件的线位移重合，减少了 4 个位移，故只有 14 个位移，可用广义坐标 q_1，q_2，…，q_{14}表示。由于 q_1，q_2，…，q_{14}排列的次序与单元中位移的顺序不同，故必须先确定单元中各位移在总体广义坐标中的位置，然后才能进行组合。为此，给出单元位移 $\boldsymbol{U}_s^*$ 与机构广义坐标向量$\boldsymbol{q}=[q_1, q_2, \cdots, q_{14}]^{\mathrm{T}}$ 之间的变换关系为

$$\boldsymbol{U}_s^* = \boldsymbol{A}_s \boldsymbol{q} \tag{5-3-27}$$

式中，$\boldsymbol{U}_s^* = [u_{s1}^* \ u_{s2}^* \ u_{s3}^* \ u_{s4}^* \ u_{s5}^* \ u_{s6}^*]^{\mathrm{T}}$；$\boldsymbol{q} = [q_{11} \ q_{12} \ q_{13} \ q_{14} \ q_1 \ q_2 \cdots q_{10}]^{\mathrm{T}}$；$\boldsymbol{A}_s$ 为变换矩阵，其行数应与单元位移向量$\boldsymbol{U}_s^*$ 的行数相同，其列数则应与机构广义坐标向量$\boldsymbol{q}$的行数相同。将图 5－3－1(a)与图 5－3－1(c)相比较可知，对于单元 1(即 AB 杆)而言，u_1^* 与 q_{13}相对应，u_2^*、u_3^*、u_4^*、u_5^*、u_6^* 则分别与 q_{14}、q_1、q_2、q_3、q_4相对应，故有变换矩阵：

$$
\boldsymbol{A}_1=\begin{pmatrix}
0&0&1&0&0&0&0&0&0&0&0&0&0&0\\
0&0&0&1&0&0&0&0&0&0&0&0&0&0\\
0&0&0&0&1&0&0&0&0&0&0&0&0&0\\
0&0&0&0&0&1&0&0&0&0&0&0&0&0\\
0&0&0&0&0&0&1&0&0&0&0&0&0&0\\
0&0&0&0&0&0&0&1&0&0&0&0&0&0
\end{pmatrix}
$$

同理，对 2、3 单元亦可求出：

$$
\boldsymbol{A}_2=\begin{pmatrix}
0&0&0&0&0&1&0&0&0&0&0&0&0&0\\
0&0&0&0&0&0&1&0&0&0&0&0&0&0\\
0&0&0&0&0&0&0&0&1&0&0&0&0&0\\
0&0&0&0&0&0&0&0&0&1&0&0&0&0\\
0&0&0&0&0&0&0&0&0&0&1&0&0&0\\
0&0&0&0&0&0&0&0&0&0&0&1&0&0
\end{pmatrix}
$$

$$
\boldsymbol{A}_3=\begin{pmatrix}
0&0&0&0&0&0&0&0&0&0&0&0&0&1\\
1&0&0&0&0&0&0&0&0&0&0&0&0&0\\
0&1&0&0&0&0&0&0&0&0&0&0&0&0\\
0&0&0&0&0&0&0&0&0&1&0&0&0&0\\
0&0&0&0&0&0&0&0&0&0&1&0&0&0\\
0&0&0&0&0&0&0&0&0&0&0&0&1&0
\end{pmatrix}
$$

用变换阵对式(5-3-26)进行变换，即以$\boldsymbol{U}_s^*=\boldsymbol{A}_s\boldsymbol{q}$ 及$\ddot{\boldsymbol{U}}_s^*=\boldsymbol{A}_s\ddot{\boldsymbol{q}}$代入式(5-3-26)，并左乘以$\boldsymbol{A}_s^{\mathrm{T}}$，则得到扩展后的单元运动方程：

$$
\boldsymbol{M}_{qs}\ddot{\boldsymbol{q}}+\boldsymbol{K}_{qs}\boldsymbol{q}=\boldsymbol{F}_{qs}\quad (s=1,\ 2,\ 3) \tag{5-3-28}
$$

式中

$$
\begin{aligned}
\boldsymbol{M}_{qs}&=\boldsymbol{A}_s^{\mathrm{T}}\boldsymbol{M}_s^*\boldsymbol{A}_s\\
\boldsymbol{K}_{qs}&=\boldsymbol{A}_s^{\mathrm{T}}\boldsymbol{K}_s^*\boldsymbol{A}_s\\
\boldsymbol{F}_{qs}&=\boldsymbol{A}_s^{\mathrm{T}}\boldsymbol{F}_s
\end{aligned} \tag{5-3-29}
$$

式中的$\boldsymbol{M}_{qs}$、$\boldsymbol{K}_{qs}$为扩展以后的单元质量矩阵与单元刚度矩阵，其阶数为 14×14，反映了单元质量矩阵与刚度矩阵在总的机构质量矩阵与刚度矩阵中的位置。

有了扩展的单元运动方程式，就可采用叠加方法求得总的机构运动方程式，即

$$
\boldsymbol{M}_\Sigma\ddot{\boldsymbol{q}}+\boldsymbol{K}_\Sigma\boldsymbol{q}=\boldsymbol{F}_\Sigma \tag{5-3-30}
$$

式中

$$
\left\{\begin{aligned}
\boldsymbol{M}_\Sigma&=\sum_{s=1}^{3}\boldsymbol{M}_{qs}=\sum_{s=1}^{3}\boldsymbol{A}_s^{\mathrm{T}}\boldsymbol{M}_s^*\boldsymbol{A}_s=\sum_{s=1}^{3}\boldsymbol{A}_s^{\mathrm{T}}\boldsymbol{L}_s^{\mathrm{T}}\boldsymbol{M}_s\boldsymbol{L}_s\boldsymbol{A}_s\\
\boldsymbol{K}_\Sigma&=\sum_{s=1}^{3}\boldsymbol{K}_{qs}=\sum_{s=1}^{3}\boldsymbol{A}_s^{\mathrm{T}}\boldsymbol{K}_s^*\boldsymbol{A}_s=\sum_{s=1}^{3}\boldsymbol{A}_s^{\mathrm{T}}\boldsymbol{L}_s^{\mathrm{T}}\boldsymbol{K}_s\boldsymbol{L}_s\boldsymbol{A}_s\\
\boldsymbol{F}_\Sigma&=\sum_{s=1}^{3}\boldsymbol{F}_{qs}=\sum_{s=1}^{3}\boldsymbol{A}_s^{\mathrm{T}}\boldsymbol{F}_s^*=\sum_{s=1}^{3}\boldsymbol{A}_s^{\mathrm{T}}\boldsymbol{L}_s^{\mathrm{T}}\boldsymbol{F}_s
\end{aligned}\right. \tag{5-3-31}
$$

因各节点处的内力在相加时互相抵消，故计算 $\boldsymbol{F}_{\Sigma}$ 时，只考虑外力。

5.3.5　机构运动方程的求解

对运动方程的求解，可按下述步骤进行。

(1) 边界条件及刚体运动的消除。

对于图5-3-1(a)所示机构，由于 A、D 两点与机架铰接，故有 $q_{11}=q_{12}=q_{13}=q_{14}=0$，此即边界条件，否则机构运动将不确定。此外，连杆机构中构件的运动特点是在大范围刚性运动的基础上叠加上杆件的弹性振动，弹性振动的位移量为高阶小量。在求解时可采取“瞬态固定法”消除机构的刚体运动，以保证构件弹性所引起的变形及振动的计算精度。所谓“瞬态固定法”就是在曲柄转到某一瞬时，把曲柄看成瞬时固定，亦即取 $q_1=0$。这样一来，在式(5-3-30)中，应除去对应于 q_{11}、q_{12}、q_{13}、q_{14}、q_1 5个元素相应的行与列，使运动方程式缩减为9个，即

$$\boldsymbol{M}_{\Sigma}^{*}\ddot{\boldsymbol{q}}^{*}+\boldsymbol{K}_{\Sigma}^{*}\boldsymbol{q}^{*}=\boldsymbol{F}_{\Sigma}^{*} \tag{5-3-32}$$

式中，$\boldsymbol{M}_{\Sigma}^{*}$、$\boldsymbol{K}_{\Sigma}^{*}$ 均为9×9的矩阵，即在式(5-3-30中的 $\boldsymbol{M}_{\Sigma}$、$\boldsymbol{K}_{\Sigma}$ 中，去掉了相应于 q_{11}、q_{12}、q_{13}、q_{14}、q_1 的行与列。此时的质量矩阵 $\boldsymbol{M}_{\Sigma}^{*}$ 与刚度阵 $\boldsymbol{K}_{\Sigma}^{*}$ 均对称且正定，可以求解其固有频率、振型及响应。

(2) 运动方程式的求解。

平面连杆机构运动微分方程(5-3-31)一般采用数值法求解。我们知道，进行动力响应计算时，必须知道运动的初始条件，即初始位移 $\boldsymbol{q}_0$ 及初始速度 $\dot{\boldsymbol{q}}_0$，而这些初始条件在一般情况下又是未知的。根据机构在稳定运动阶段，其弹性运动也随机构运动作周期性变化。故计算时可作如下处理，即把图5-3-1(a)所示的曲柄摇杆机构中曲柄回转一周作为一个运动周期，并把这个周期分成若干等份，如按曲柄转角每次增加2°计算一次。计算第一个位置时的初始条件可以先作初步假定，求解出第一个时间间隔末的位移及速度后，就作为第二个位置的初始条件进行计算。如此反复进行，完成一个运动周期后所得到的位移 $\boldsymbol{q}_N$ 及速度 $\dot{\boldsymbol{q}}_N$，应与开始假定的 $\boldsymbol{q}_0$、$\dot{\boldsymbol{q}}_0$ 基本相同。如果不相同，则应以 $\boldsymbol{q}_N$、$\dot{\boldsymbol{q}}_N$ 作为 $\boldsymbol{q}_0$、$\dot{\boldsymbol{q}}_0$ 重新进行计算，直至 $\boldsymbol{q}_0$、$\dot{\boldsymbol{q}}_0$ 与 $\boldsymbol{q}_N$、$\dot{\boldsymbol{q}}_N$ 相差很小，小于给定的精度 δ_1、δ_0 时为止。

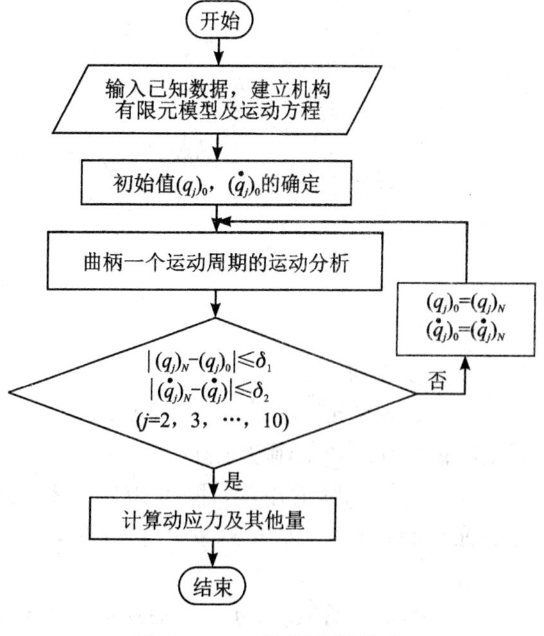

图5-3-4　计算流程图

平面连杆机构动力学分析流程如图5-3-4所示。求出动态响应后，就不难求出机构构件的动应力。若同时存在横向弯曲变形与纵向轴向变形，则最大动应力系

指其最大的合成应力。

例 5-3-1　如图 5-3-5 所示的铰链四杆机构，已知构件长度 $l_{AB}=305$ mm，$l_{BC}=915$ mm，$l_{CD}=76.25$ mm，$l_{AD}=915$ mm；各构件用铝材制成，圆形横截直径 $d=50$ m^2，曲柄 AB 的转速为 300 r/min，试对此机构进行动力分析，并计算摇杆转角的动力响应。

解：为简化计算，只考虑各构件的弯曲变形。其横向振动的模态函数采用三次多项式，机构的广义坐标(q_1，q_2，…，q_9) 如图 5-3-6 所示。

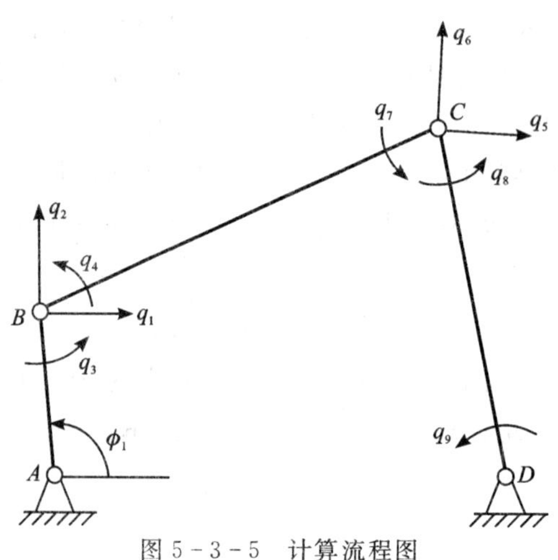

图 5-3-5　计算流程图

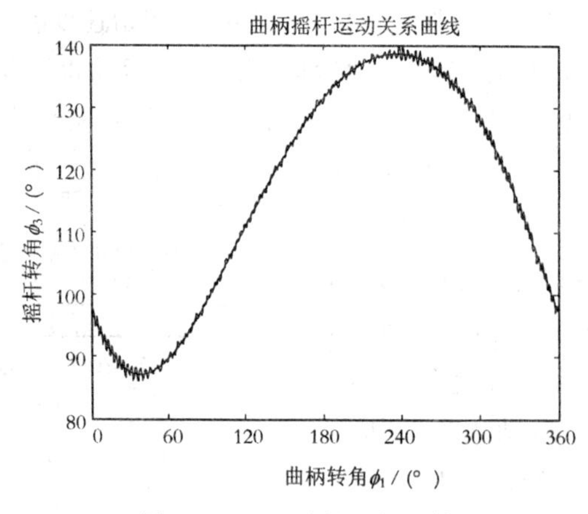

图 5-3-6　铰链四杆机构

计算步骤如下：

(1) 划分单元，取构件 AB、BC、CD 分别为单元 1、单元 2、单元 3，并建立各单元横向振动时的质量矩阵、刚度矩阵。

(2) 对单元质量矩阵、刚度矩阵进行变换，使其变换为整体坐标系下的表现形式，并扩充至与机构广义坐标 $\boldsymbol{q}=[q_1，q_2，\cdots，q_9]^{\mathrm{T}}$ 相适应后，组合成总质量矩阵与刚度矩阵。

(3) 确定初始值 $\boldsymbol{q}_0$、$\dot{\boldsymbol{q}}_0$，将曲柄的一个运动周期$[0，2\pi]$若干等份，按照各个位置进行动态分析。

(4) 检查$|\boldsymbol{q}_N-\boldsymbol{q}_0|$与$|\dot{\boldsymbol{q}}_N-\dot{\boldsymbol{q}}_0|$是否满足精度要求，否则重新计算，直至满足要求为止。计算程序见附录。

5.4 轴-滚动轴承系统动力学

轴-滚动轴承系统是机械系统中常见的子系统之一，虽然结构并不复杂，但研究其动力学行为却涉及众多学科。大功率、高速度是现代机械发展的方向之一，对机械系统的动力学性能要求也更加苛刻。实际机器在运转一段时间后，由于轴承磨损必然会导致轴承间隙增大，轴-滚动轴承系统动力学性能恶化，机器精度下降，直至失效。在机械产品设计阶段解决好动力学问题，是提高机械产品质量和竞争力的重要途径之一。对于轴-滚动轴承系统动力学问题，轴承的处理是一个关键问题，许多学者以轴为研究对象，把滚动轴承视为具有定刚度系数或变刚度系数的弹簧。考虑到计入轴承磨损间隙时轴承受力和变形之间的关系的非线性特性增强，从轴-滚动轴承系统整体观点出发，以ADAMS动力学仿真软件为工具，建立轴承受力和轴承运动参数之间的关系，与动力学控制方程联立求解。把滚动轴承的受力和变形的问题求取视为多次静定问题，利用Hertz理论求单个滚动体的受力和变形问题，利用力法解此多次静定问题，得到滚动轴承受力和变形的关系；在ADAMS中建立轴-滚动轴承系统的动力学仿真模型，研究刚性轴-滚动轴承系统、弹性轴-滚动轴承系统的动力学行为，着重讨论轴承间隙对轴-滚动轴承系统动力学行为的影响。

5.4.1 系统模型

图5-4-1所示为所研究的轴-滚动轴承系统的ADAMS动力学仿真模型。轴上承受径向变载荷F_x、F_y作用，轴上安装轴承处去掉轴承，用轴承反力F_{bx}、F_{by}替代，轴承反力F_{bx}、F_{by}可用轴的运动学参数通过滚动轴承受力与变形关系方程得到。

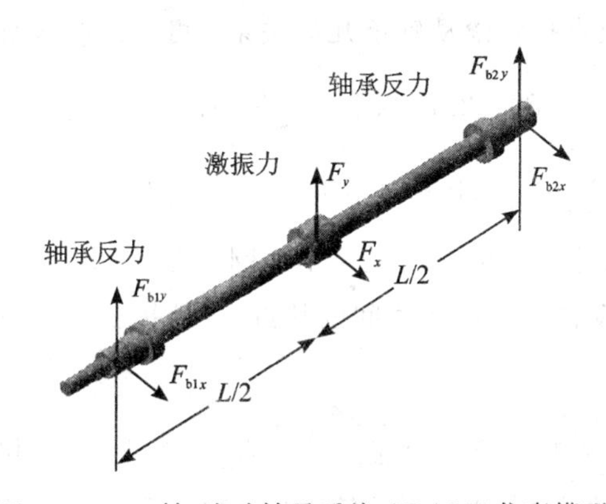

图5-4-1 轴-滚动轴承系统ADAMS仿真模型

1. 滚动轴承受力与变形关系方程

对于滚动轴承反力与轴颈轴心运动学参数的关系，由于滚动轴承阻尼引起的轴承反力相对较小，为简化问题忽略不计，本文只讨论滚动轴承反力与轴颈轴心径向位移之间的关系，即滚动轴承受力与变形之间的关系。

图 5-4-2 为单列向心球轴承180°范围内受载时滚动轴承的载荷分布图，可以看出，该问题是一个典型的多次静不定问题，可以采用力法来求解。平衡方程可表示为

$$F_r = Q_{max} + 2Q_1\cos\psi_1 + 2Q_2\cos\psi_2 + \cdots \tag{5-4-1}$$

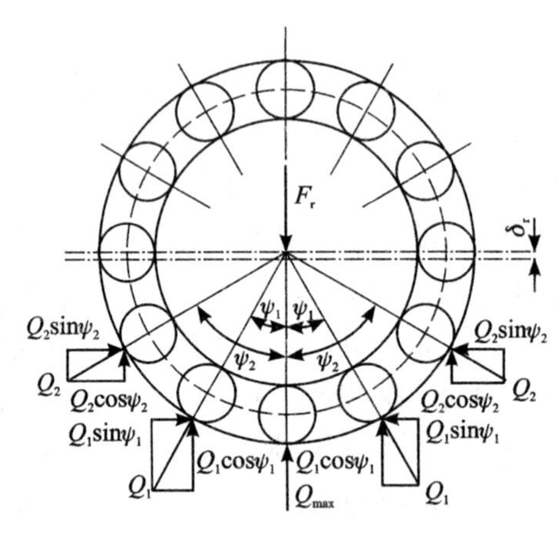

图 5-4-2　滚动轴承的载荷分布图

由于轴承外圈的轴承座或机架，以及轴承内圈的轴颈的约束，为简化计算，假设变形仅是由于滚动体与内、外圈滚道间的接触变形而产生的，而内、外圈整体仍保持原有的尺寸和形状。在径向力 F_r 作用线上的滚动体承受最大载荷，其接触变形量为最大变形量 δ_{max}，考虑轴承间隙 U_r 时滚动体与内、外圈滚道的接触变形量 δ_ψ 为

$$\delta_\psi = \delta_r\cos\psi - \frac{U_r}{2} = \left(\delta_{max} + \frac{U_r}{2}\right)\cos\psi - \frac{U_r}{2} \tag{5-4-2}$$

式中，ψ 为该滚动体与最大载荷滚动体之间的夹角。式(5-4-2)为滚动轴承变形的几何方程，为求解各滚动体载荷分配的重要依据。

由 Hertz 弹性理论及点接触滚动轴承几何关系，可得出两接触体的弹性趋近量为

$$\delta = 2.79\times10^{-4}\ \frac{2K}{\pi m_a}(Q^2\sum\rho)^{1/3} \tag{5-4-3}$$

式中，Q 为滚动体载荷；$\sum\rho$ 为两接触体在接触点处的主曲率总和；m_a 为接触椭圆的短半轴系数；K 为与椭圆偏心率有关的第一类完全椭圆积分。

总趋近量 δ_r 应是滚动体与内圈滚道间的趋近量(即接触变形量)δ_i 和滚动体与外圈滚道间的趋近量 δ_e 之和，即

$$\delta_r = \delta_i + \delta_e = k\left[\left(\sum\rho_i\right)^{1/3}Q_i^{2/3} + \left(\sum\rho_e\right)^{1/3}Q_e^{\ 2/3}\right] \tag{5-4-4}$$

式中，k 为与滚动轴承几何尺寸和材料等有关的系数。式(5-4-4)就是单个滚动体受力与变形的物理方程。

联立方程式(5-4-1)、式(5-4-2)、式(5-4-4)，并根据滚动体受载的对称性，可得到滚动轴承的所受径向力 F_r 和径向变形 δ_r 的解析表达式为

$$\delta_r = \left(\frac{F_r}{zJ_r}\right)^{2/3}\left[k_i\left(\frac{4}{D_g}+\frac{2}{D_i}-\frac{1}{r_i}\right)^{1/3}+k_e\left(\frac{4}{D_g}+\frac{2}{D_e}-\frac{1}{r_e}\right)^{1/3}\right] \tag{5-4-5}$$

式中，k_i、k_e 为与滚动轴承几何尺寸和材料等有关的系数；D_g 为滚动体直径；D_i、D_e 为轴承内、外圈与滚动体接触处的直径；r_i、r_e 为滚动体与内圈、外圈接触的曲率半径；z 为受载滚动体的数目；

$$J_r = \frac{\sum\left[1-\frac{1}{2T}(1-\cos\psi)\right]^{\frac{3}{2}}}{z}\cos\psi$$

载荷分布系数为

$$T=\frac{1}{2}\left(1-\frac{U_r}{2\delta_{max}+U_r}\right)$$

有间隙($U_r>0$)时，$T<0$。

由 6310 滚动轴承的几何尺寸，经过数值计算得到径向载荷与径向总变形之间的关系，如图 5-4-3 所示。易见滚动轴承的受载与径向总变形之间的关系为非线性关系，滚动轴承可以视为具有变刚度系数的硬弹簧，轴承间隙使得轴承刚度下降。

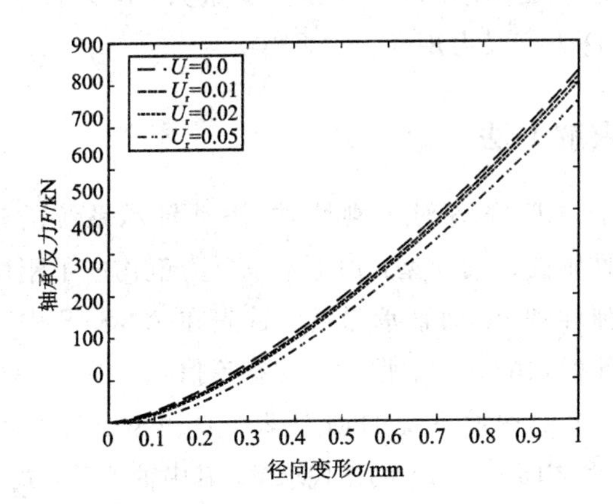

图 5-4-3　6310 轴承径向载荷与径向总变形关系曲线

2. 轴承反力

如图 5-4-1 所示，轴承反力 F_r 在 x 和 y 坐标轴方向上的分量 F_{bx}、F_{by} 为

$$\begin{cases} F_{bx} = -F_r\cos\varphi = -F_r\dfrac{\Delta x}{r} \\ F_{by} = -F_r\sin\varphi = -F_r\dfrac{\Delta y}{r} \end{cases} \tag{5-4-6}$$

其中，$r=\delta_r=\sqrt{\Delta x^2+\Delta y^2}$，$\Delta x$，$\Delta y$ 为轴心在 x 和 y 坐标轴方向上的位移。

3. 弹性轴的多柔体动力学方程

如图 5-4-1 所示，弹性体上某一点(有限单元节点)的位置可表达为

$$\boldsymbol{r}_i = \boldsymbol{x}+\boldsymbol{A}(\boldsymbol{s}_i+\boldsymbol{u}_i) \tag{5-4-7}$$

式中，$\boldsymbol{x}$ 为局部坐标系的坐标原点在总体坐标系内的位置向量，$\boldsymbol{A}$ 为局部坐标系到总体坐标系的转换矩阵，$\boldsymbol{s}_i$ 为弹性轴未变形时轴上某一节点在局部坐标系内的位置向量，$\boldsymbol{u}_i$ 为轴

上某点在局部坐标系内相对其未变形位置时的弹性变形向量。根据振型叠加法，变形向量可以表示为

$$\boldsymbol{u}_i = \boldsymbol{\Phi}_i \boldsymbol{q} \tag{5-4-8}$$

$\boldsymbol{\Phi}_i$ 为振型在第 i 节点的分量，$\boldsymbol{q}$ 为振型坐标向量。这样，弹性轴上任一节点的广义坐标可以表示为

$$\boldsymbol{\xi} = \{x, y, z, \psi, \theta, \phi, q_j\}^{\mathrm{T}} \tag{5-4-9}$$

式中，x、y、z 是局部坐标系在全局坐标系中的位置；ψ、θ、ϕ 是局部坐标系在全局坐标系中的欧拉角；q_j 是振型分量，$j=1, 2, \cdots, m$，m 为所选择的模态阶数。

根据拉格朗日动力学方程，用广义坐标表示的弹性轴的多柔体动力学控制方程的最终形式为

$$\boldsymbol{M}\ddot{\boldsymbol{\xi}} + \dot{\boldsymbol{M}}\dot{\boldsymbol{\xi}} - \frac{1}{2}\left[\frac{\partial \boldsymbol{M}}{\partial \boldsymbol{\xi}}\dot{\boldsymbol{\xi}}\right]^{\mathrm{T}}\dot{\boldsymbol{\xi}} + \boldsymbol{K}\boldsymbol{\xi} + \boldsymbol{f}_{\mathrm{g}} + \boldsymbol{D}\dot{\boldsymbol{\xi}} + \left[\frac{\partial \boldsymbol{\Psi}}{\partial \boldsymbol{\xi}}\right]^{\mathrm{T}}\lambda = \boldsymbol{Q} \tag{5-4-10}$$

式中，$\boldsymbol{\xi}$，$\dot{\boldsymbol{\xi}}$，$\ddot{\boldsymbol{\xi}}$ 是弹性轴的广义坐标及其对时间的导数。$\boldsymbol{M}$，$\dot{\boldsymbol{M}}$ 为弹性轴的质量矩阵及其对时间的一阶偏导数。$\boldsymbol{K}$ 是广义刚度矩阵，$\boldsymbol{f}_{\mathrm{g}}$ 是广义重力，$\boldsymbol{D}$ 为阻尼矩阵，$\boldsymbol{\Psi}$ 为系统约束方程，λ 为拉格朗日乘子，$\boldsymbol{Q}$ 为广义力矩阵。

5.4.2 系统建模和求解方法

利用动力学仿真软件 ADAMS 对于刚性轴-滚动轴承系统的建模比较简单，可以在 ADAMS 中直接建立刚性轴的几何模型，加上轴承反力就构成了刚性轴-滚动轴承系统的动力学仿真模型。而对于弹性轴-滚动轴承系统，首先在 ANSYS 中建立弹性轴的有限元模型，再通过模态中性文件把轴的几何、惯性、模态等信息传递到 ADAMS 中，最后加上轴承反力就构成了弹性轴-滚动轴承系统的动力学仿真模型。其求解方法的实质是联立式(5-4-5)、式(5-4-6)和式(5-4-10)的迭代求解，其中轴承反力式(5-4-5)和式(5-4-6)利用 Fortran 语言自编程序实现，并做成动态连接库(bearing. dll)在 ADAMS 中计算时调用，而非线性微分方程组式(5-4-10)采用 Runge-Kutta 法求解。计算所采用的轴承为 6310 球轴承，轴为某试验机的阶梯轴，轴径为 40 mm，安装轴承处轴径为 50 mm，跨距 $L=1000$ mm，轴的材料为 45# 钢，弹性模量 $E=207$ GPa。

5.4.3 刚性轴-滚动轴承系统的动力学行为

对于刚性轴-滚动轴承系统，采用扫频法确定系统在正弦载荷激励下的幅频特性，如图 5-4-4 所示。可见，在 10 000 Hz 以内只有一个峰值，即系统的一阶固有频率。图 5-4-5 为不同间隙下的刚性轴-滚动轴承系统一阶共振频率，可以看出，轴承间隙对刚性轴-滚动轴承系统的一阶共振频率影响显著，随着间隙的增大，轴-滚动轴承系统的一阶共振频率显著下降。

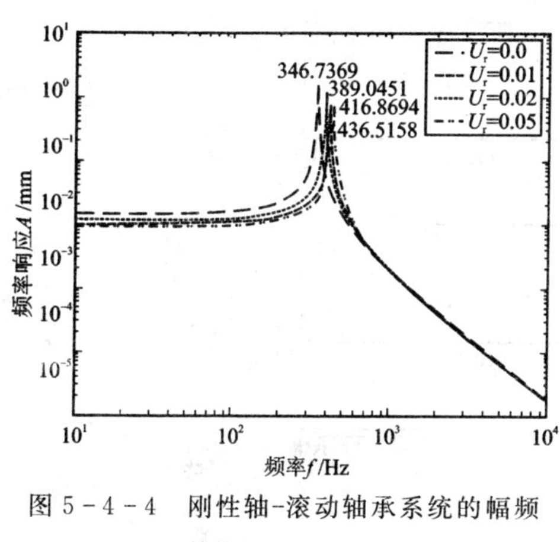

图 5-4-4 刚性轴-滚动轴承系统的幅频特性

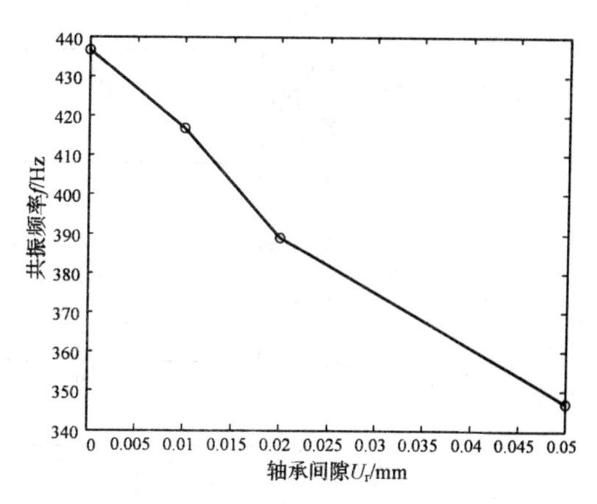

图 5-4-5 不同间隙下的刚性轴-滚动轴承系统一阶共振频率

在正弦载荷

$$\begin{cases} F_x = 0 \\ F_y = 1000\sin(2\pi f_1 t) \end{cases}$$

作用下，虽然轴的转速为 1500 r/min，但 x 方向的位移几乎为 0，而 y 方向的响应却不是稳定的正弦波，最大振幅随间隙的增大而增加(见图5-4-6)。频谱分析表明，一个共振的频率响应由一个主峰和若干个次峰组成。易见，随着间隙的增加，次峰分量所占的比例增加。这说明刚性轴-滚动轴承系统为非线性系统，刚性轴-滚动轴承系统的非线性特性增强，如图 5-4-7 所示。

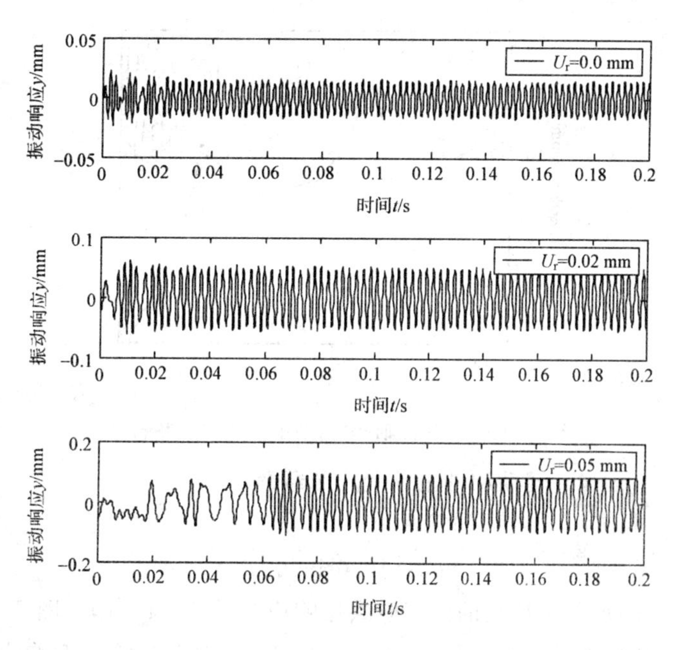

图 5-4-6 刚性轴-轴承系统一阶共振响应

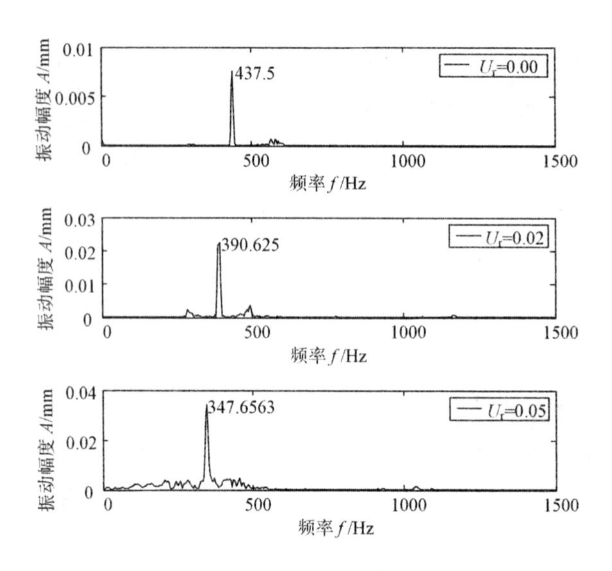

图 5-4-7 刚性轴-滚动轴承系统动力响应的频域分析

5.4.4 弹性轴-滚动轴承系统的动力学行为

对于弹性轴-滚动轴承系统，采用扫频法确定系统在正弦载荷激励下的幅频特性，如图 5-4-8 所示。可见，在 10 000 Hz 以内有 3 个峰值，即有 3 个共振频率，如图 5-4-9 所示。其中一阶共振频率与轴承间隙无关，二、三阶共振频率随轴承间隙的增大而减小。这说明一阶共振频率主要决定于轴的刚度，而二、三阶共振频率主要决定于轴承的刚度。

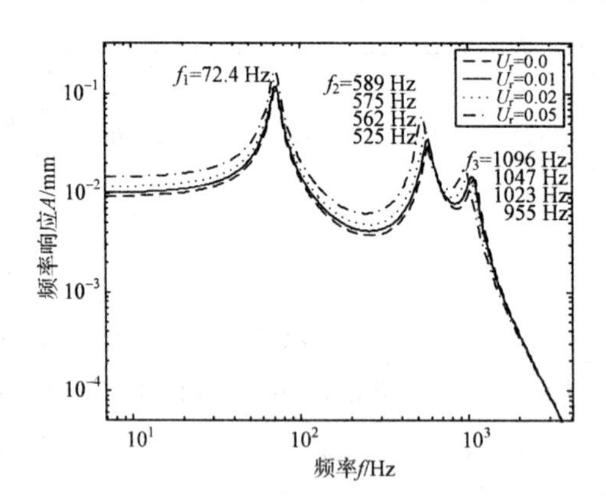

图 5-4-8 弹性轴-滚动轴承系统的幅频特性

在轴以 $n=1500$ r/min 转动和轴上承受正弦载荷

$$\begin{cases} F_x = 0 \\ F_y = 1000\sin(2\pi f_i t) \end{cases}$$

作用下，弹性轴-滚动轴承系统动的前三阶共振响应如图 5-4-10～图 5-4-12 所示。易见，随着轴承间隙的增加轴心轨迹的运动范围也相应增加。一阶共振响应，轴颈中心的轴心轨迹为封闭的椭圆，但在二、三阶共振条件下，随着轴承间隙的增加，轴心轨迹不封闭。

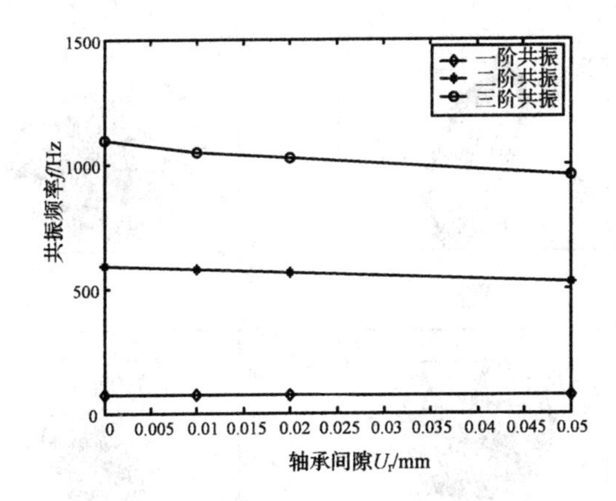

图 5-4-9　轴承间隙下弹性轴-滚动轴承系统的共振频率

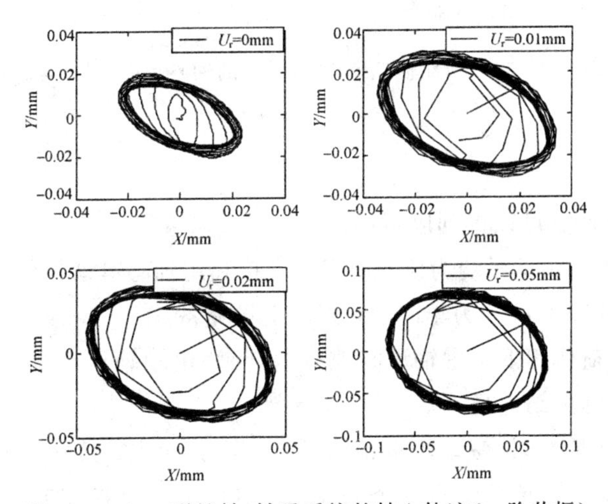

图 5-4-10　弹性轴-轴承系统的轴心轨迹(一阶共振)

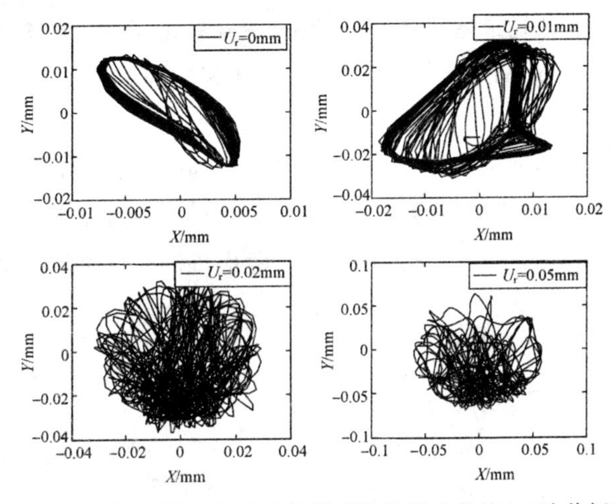

图 5-4-11　弹性轴-滚动轴承系统的轴心轨迹(二阶共振)

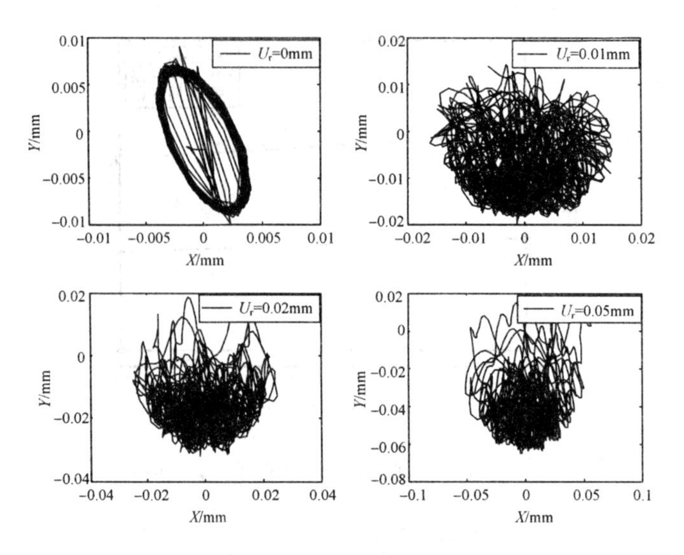

图 5-4-12　弹性轴-滚动轴承系统的轴心轨迹(三阶共振)

5.4.5　结论

通过以上的分析计算可以得到以下结论：

(1) 以整个轴-滚动轴承系统为研究对象，直接利用轴心运动参数与滚动轴承反力之间的关系解决轴-滚动轴承系统动力学问题，理论上更完备。

(2) 研究了变载荷作用下考虑轴承间隙时刚性轴-滚动轴承系统、弹性轴-滚动轴承系统的动力学行为，得到的结论是：

① 在10^4 Hz以内刚性轴-滚动轴承系统只有一个共振点，共振频率随轴承间隙的增加而下降。而弹性轴-滚动轴承系统有三个共振点，其中一阶共振频率与轴承间隙无关，二、三阶共振频率随轴承间隙的增加而下降。

② 无论是刚性轴-滚动轴承系统还是弹性轴-滚动轴承系统，一阶共振响应的轴心轨迹为封闭椭圆，而弹性轴-滚动轴承系统二阶以上的共振响应的轴心轨迹随间隙的增加逐渐变为不封闭。

③ 不论是刚性轴-滚动轴承系统，还是弹性轴-滚动轴承系统，其动态响应都表现出非线性特性，轴-滚动轴承系统为非线性动力学系统，非线性特性随着间隙的增加而增强。

(3) 研究轴-滚动轴承系统动力学问题，同时考虑轴的弹性和轴承间隙的影响是十分必要的。

第 6 章　动力学专题Ⅰ：轧钢机动力学

作为机械系统动力学理论的专题应用实例，本章以 1150 型初轧机为研究对象，讨论 1150 型初轧机自激振动问题。

6.1　动力学模型的建立

图 6-1-1 为 1150 初轧机主传动系统示意图，通过 2 个轧辊以相反的方向转动并沿其作用径向压力达到轧制钢材的目的。生产实践和理论研究均发现，在轧制过程中，钢板相对于轧辊打滑时，会产生危险的大振幅振动。由于初轧机主传动系统由 2 个电机-万向节轴-轧辊子系统组成，故只需取一个电机-传动轴-轧辊子系统进行研究。忽略转动轴和联轴器的质量，很显然，为 2 个自由度扭转振动问题，如图 6-1-1(a)所示。高速转动电机是通过减速器减速后将动力通过万向节轴传递给轧辊的，图 6-1-1 中减速器没有画出。由于电机转子的等效转动惯量 I_2 远大于轧辊的转动惯量 I_1，即 $I_2 \gg I_1$，如电机输出特性为影特性，在振动过程中转速变化很小，可以近似认为作等速转动。为简便起见，将 I_2 当作固定端是可以的。因此将图 6-1-2(a)所示的 2 个自由度模型转化为图 6-1-2(b)所示的单自由度模型。

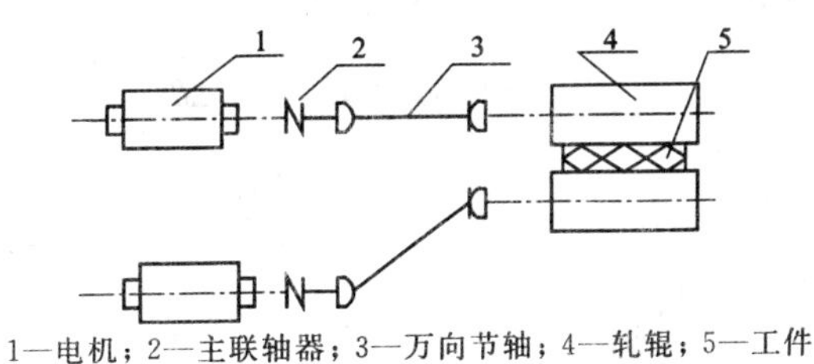

1—电机；2—主联轴器；3—万向节轴；4—轧辊；5—工件

图 6-1-1　1150 初轧机主传动系统示意图

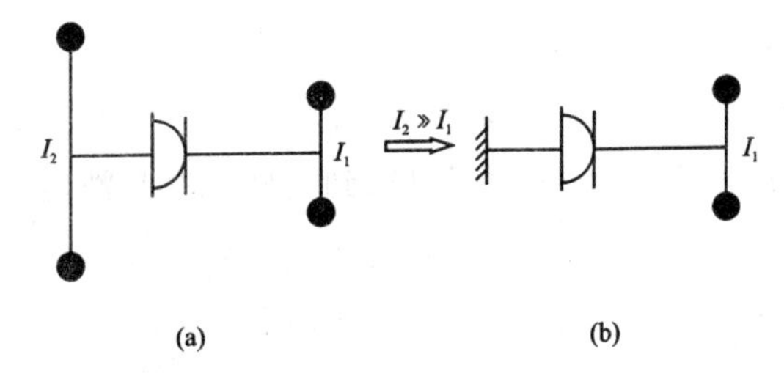

图 6-1-2　1150 初轧机动力学模型

取广义坐标 φ 为轧辊相对于电机的转角，以轧辊为研究对象，进行受力分析，轧辊上主要受到电动机的驱动力矩 M_0，轧制的钢材的径向压力 F_N 和摩擦力 F_f 以及万向节轴的弹性恢复力 $g(\varphi)$。根据动量矩定理，有

$$I_2\ddot{\varphi} = M_0 - g(\varphi) - M_f(\dot{\varphi}) \tag{6-1-1}$$

式中，I_2 为轧辊的转动惯量；$g(\varphi)$为恢复力矩；M_0 为电机的驱动外力矩；$M_f(\dot{\varphi})$为作用于轧辊上的摩擦阻力矩：

$$M_f(\dot{\varphi}) \approx RF_f = R\mu F_N \tag{6-1-2}$$

其中，R 为轧辊半径，μ 为滑动摩擦系数。试验结果表明，参见图 6-1-3，轧钢过程中的滑动摩擦系数服从下列关系：

$$\mu = \mu_0 - cv_r + dv_r^3 \tag{6-1-3}$$

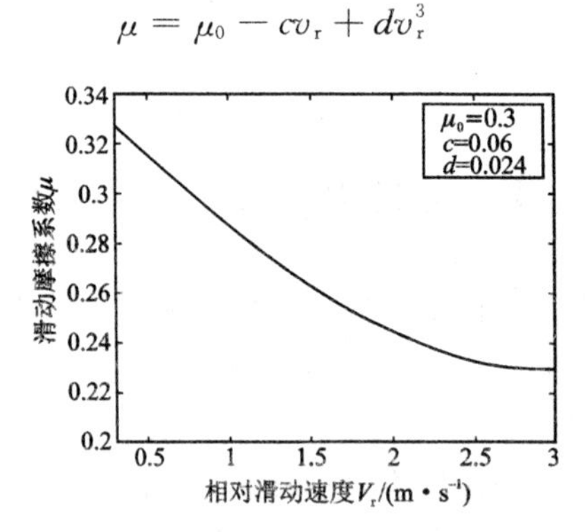

图 6-1-3　滑动摩擦系数与相对滑动速度的关系

μ_0 为 $v_r=0.3$ m/s 时的摩擦系数，c、d 为与轧件几何形状、材质以及加热温度有关的系数，其取值范围为 $\mu_0=0.2\sim0.49$，$c=0.03\sim0.09$，$d=0.0015\sim0.0033$。

$$\begin{aligned} M_f(\dot{\varphi}) &= R(\mu_0 - cv_r + dv_r^3)F_N \\ &= R(\mu_0 - cR\dot{\varphi} + dR^3\dot{\varphi}^3)F_N \end{aligned} \tag{6-1-4}$$

考虑万向轴节的间隙时，恢复力矩 $g(\varphi)$可表达为

$$g(\varphi) = \begin{cases} k\left(\varphi - \frac{1}{2}\Delta\theta\right), & \varphi > \frac{1}{2}\Delta\theta \\ 0, & -\frac{1}{2}\Delta\theta \leqslant \varphi \leqslant \frac{1}{2}\Delta\theta \\ k\left(\varphi - \frac{1}{2}\Delta\theta\right), & \varphi < -\frac{1}{2}\Delta\theta \end{cases} \tag{6-1-5}$$

式中，$\Delta\theta$ 为万向轴节与联轴器的间隙，k 为万向轴节的扭转刚度。

将式(6-1-2)和式(6-1-3)代入式(6-1-1)得

$$I_2\ddot{\varphi} + F_N R(\mu_0 - cR\dot{\varphi} + dR^3\dot{\varphi}^3) + g(\varphi) - M_0 = 0$$

一般情况下，$F_N R\mu_0 - M_0 \approx 0$，因而可以得到初轧机在打滑时，考虑万向节轴的间隙，轧辊的动力学方程为

$$\ddot{x} - \alpha_0\dot{x} + \beta_0\dot{x}^3 + g(x) = 0 \tag{6-1-6}$$

式中

$$g(x) = \begin{cases} \omega_0^2(x - e), & x > e > 0 \\ 0, & -e \leqslant x \leqslant e \\ \omega_0^2(x + e), & x < -e < 0 \end{cases}$$

式中

$$x=\varphi,\ \omega_0^2=\frac{k}{I_1},\ \alpha_0=\frac{F_N Rc}{I_1},\ \beta_0=\frac{F_N R^4 d}{I_1},\ e=\frac{1}{2}\Delta\theta$$

6.2　动力学方程的解

6.2.1　数值法和平均法

方程(6-1-6)为非线性动力学问题，采用平均法和 Runge-Kutta 法求解并不困难。现分析如下：

1. 方程的数值解——Runge-Kutta 法

1150 轧钢机的参数如下：

$$\omega_0^2=\frac{k}{I_1}=102.5^2,\ \alpha_0=\frac{F_N Rc}{I_1}=\frac{12.08}{0.282},\ \beta_0=\frac{F_N R^4 d}{I_1}=\frac{0.108}{0.282}$$

Runge-Kutta 法可以用来求解方程(6-1-6)，令 $y=\frac{\mathrm{d}x}{\mathrm{d}\tau}$，重写方程(6-1-6)的首次积分如下：

$$\frac{\mathrm{d}y}{\mathrm{d}\tau}=-g(x)+\alpha_0 y-\beta_0 y^3=F(x,y,\tau) \tag{6-2-1}$$

按照第 3 章第 2 节给出的迭代公式(3-2-15)编程求解，取步长 $h=\Delta t=0.0015$，计算程序见附录。其稳态振幅和间隙之间的关系，如表 6-2-1 所示。

表 6-2-1　稳态振幅与间隙之间的关系

间隙 e	0.00	0.01	0.02	0.03	0.04
稳态振幅(Runge-Kutta 法)	0.1209	0.1293	0.1379	0.1469	0.1560
稳态振幅的误差(平均法)	0.0018	0.0102	0.0188	0.0278	0.0369

不同间隙时的极限环如图 6-2-1 所示。

2. 方程的近似解析解——平均法

应用平均法可求得方程(6-1-6)的近似解析解。为方便求解，将方程(6-1-6)变成以下形式：

$$\ddot{x}+\omega_0^2 x=f(x,\dot{x})=\alpha_0\dot{x}-\beta_0\dot{x}^3+g_1(x) \tag{6-2-2}$$

其中

$$g_1(x)=\begin{cases}{\omega_0}^2 e, & x>e>0\\ \omega_0^2 x, & -e\leqslant x\leqslant e\\ -\omega_0^2 e, & x<-e\end{cases}$$

假设方程的解为

$$\begin{cases}x=a\sin\psi\\ \dot{x}=a\omega_0\cos\psi\\ \psi=\omega_0 t+\theta\end{cases} \tag{6-2-3}$$

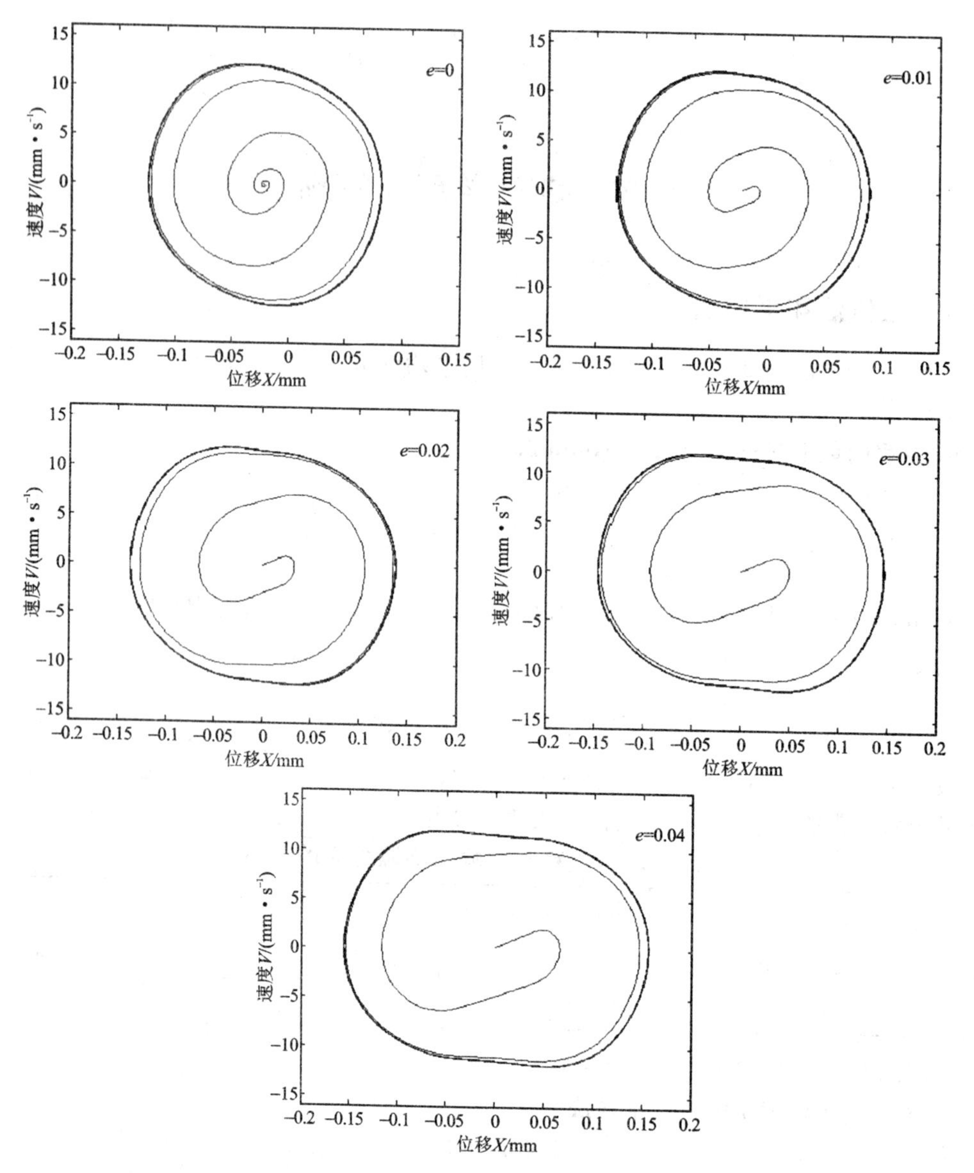

图 6-2-1　不同间隙时的极限环

平均法的计算公式为

$$\begin{cases} \dot{a} = \dfrac{1}{2\pi\omega_0}\displaystyle\int_0^{2\pi} f(a\sin\varphi,\ a\omega_0\cos\psi)\cos\psi \mathrm{d}\psi \\ \dot{\theta} = -\dfrac{1}{2\pi a\omega_0}\displaystyle\int_0^{2\pi} f(a\sin\psi,\ a\omega_0\cos\psi)\sin\psi \mathrm{d}\psi \end{cases} \tag{6-2-4}$$

式中

$$f(a\sin\psi,\ a\omega_0\cos\psi) = \alpha_0(a\omega_0\cos\psi) - \beta_0(a\omega_0\cos\psi)^3 + g_1(a\sin\psi)$$

代入方程(6-2-4)，简化方程(6-2-4)的第一式得到

$$\frac{\mathrm{d}a}{\mathrm{d}t} = \frac{\alpha_0 a}{2} - \frac{3}{8}\beta_0\omega_0^2 a^3 \tag{6-2-5}$$

求解方程(6-2-5)可以得到方程(6-2-2)的振幅表达式如下：

$$a=\left[\frac{\dfrac{\alpha_0}{2}c_0\mathrm{e}^{\alpha_0 t}}{1+\dfrac{3}{8}\beta_0\omega_0^2c_0\mathrm{e}^{\alpha_0 t}}\right]^{\frac{1}{2}} \tag{6-2-6}$$

式中，C_0 为积分常数。

理论分析和数值计算表明方程(6-1-6)的极限环是存在和稳定的，当 t 趋向无穷大时，由式(6-2-6)得到方程(6-1-6)的稳态振幅表达式如下：

$$a=\left[\frac{4\alpha_0}{3\beta_0\omega_0^2}\right]^{\frac{1}{2}} \tag{6-2-7}$$

把 1150 轧钢机的参数代入式(6-2-7)，可得到稳态振幅为 0.1191 rad。

比较数值法和平均法的计算结果可知，由平均法计算的方程(6-1-6)的稳态振幅与万向节的间隙无关。不论万向节间隙 e 的大小是多少，方程(6-1-6)的稳态振幅总是等于 0.1191。其结果显然与数值计算和工程设计不符合，当间隙 $e=0.02$ 时，与数值解相比，相对误差为 23.30%，间隙越大，相对误差越大，因此由平均法得到的解答在间隙较大时没有工程意义。

6.2.2　加权平均法

1. 加权平均法的公式推导

为了得到方程(6-1-6)的较准确的近似解析解，比较由数值计算得到方程(6-1-6)的稳态振幅和由平均法得到的稳态振幅，发现两者的绝对误差近似等于 e，参见表 6-2-1。众所周知，非线性方程的求解精度，主要依赖于求解前对解的假设和推断的正确性。在非线性理论中，这种方法叫做逆解法或者半逆解法。综上所述，提出一种新的解法即加权平均法，如下所述。为了获得方程(6-1-6)的近似解析解，假设

$$\begin{cases}x=(a+e)\sin\psi\\ \dot{x}=a\omega_0\cos\psi\\ \psi=\omega_0t+\theta\end{cases} \tag{6-2-8}$$

式中，e 为轧钢机万向节的间隙，且为常数。在相平面图中，由方程(6-2-1)描述的图形是长轴为 $a+e$、短轴为 $a\omega_0$ 的椭圆。与平均法相比，该椭圆的形状与由数值解得到的结果更接近。按照平均法的思想，将方程(6-2-8)代入方程(6-1-6)，然后得到

$$\begin{cases}\dot{a}=\dfrac{1}{\omega_0}[f((a+e)\sin\psi,\ a\omega_0\cos\psi)\cos\psi-e(\omega_0+e)\omega_0\cos\psi\sin\psi-\omega_0^2e\sin\psi\cos\psi]\\ \dot{\theta}=-\dfrac{1}{a\omega_0}[f((a+e)\sin\psi,\ a\omega_0\cos\psi)\sin\psi+e\omega_0^2\dot{\theta}\cos2\psi+\omega_0^2e\cos2\psi]\end{cases} \tag{6-2-9}$$

在区间[0，2π]内对式(6-2-9)用平均法的思想进行化简积分，可得到下面的重要公式：

$$\begin{cases}\dot{a}=\dfrac{1}{2\pi\omega_0}\displaystyle\int_0^{2\pi}f((a+e)\sin\psi,\ a\omega_0\cos\psi)\cos\psi\mathrm{d}\psi\\ \dot{\theta}=-\dfrac{1}{\pi\omega_0(2a+e)}\displaystyle\int_0^{2\pi}f((a+e)\sin\psi,\ a\omega_0\cos\psi)\sin\psi\mathrm{d}\psi\end{cases} \tag{6-2-10}$$

式(6-2-10)就是用加权平均法求方程(6-1-6)的计算公式。

2. 加权平均法公式的应用

用加权平均法来求解带有间隙的自激振动系统。根据加权平均法，假设方程的解为式(6-2-8)的形式，将

$$f((a+e)\sin\psi,\ a\omega_0\cos\psi)=\alpha_0(a\omega_0\cos\psi)-\beta_0(a\omega_0\cos\psi)^3+g_1((a+e)\sin\psi)$$

代入式(6-2-10)，求解，将得到近似解析解如下：

$$x=\left[\left(\frac{\frac{\alpha_0}{2}c_0\mathrm{e}^{\alpha_0 t}}{1+\frac{3}{8}\beta_0\omega_0^2 c_0\mathrm{e}^{\alpha_0 t}}\right)^{\frac{1}{2}}+e\right]\sin\left[\left(1-\frac{4e}{\pi\left(2\sqrt{\frac{3\alpha_0}{4\beta_0\omega_0}}+e\right)}\right)\omega t+\theta_0\right] \qquad (6-2-11)$$

稳态振幅由下式确定：

$$A=\lim_{t\to\infty}\left[\left(\frac{\frac{\alpha_0}{2}c_0\mathrm{e}^{\alpha_0 t}}{1+\frac{3}{8}\beta_0\omega_0^2 c_0\mathrm{e}^{\alpha_0 t}}\right)^{\frac{1}{2}}+e\right]=\left[\frac{4\alpha_0}{3\beta_0\omega_0^2}\right]^{\frac{1}{2}}+e \qquad (6-2-12)$$

对于1150轧钢机的参数，由方程(6-2-12)计算的稳态振幅见表6-2-2。

表6-2-2　加权平均法求得的稳态振幅和相对误差

间隙 e	0.00	0.01	0.02	0.03	0.04
振幅/rad	0.1191	0.1291	0.1391	0.1491	0.1591
相对误差	−1.45	−0.092	0.87	1.52	1.98

从表6-2-2中可以看出，不同间隙与稳态振幅之间的相对误差关系。当间隙 $e\leqslant 0.04$ 时，其稳态振幅的最大相对误差是1.98%。且不超过工程所允许的5%。而在同样条件下，采用平均法求得的稳态振幅的最大相对误差达到30%。可见，采用加权平均法求解方程(6-1-6)，所得到的稳态振幅的精度大大提高，满足工程要求。

6.3　具有随机系数的初轧机自激振动问题

轧钢机在轧制过程中有时会出现工件打滑等因素而导致的自激振动，从20世纪70年代至今，许多学者对其进行了深入的研究。80年代起，有学者从理论上证明了自激振动极限环的存在性、稳定性，后来又证明了其唯一性，为该问题的求解提供了理论依据。上节讨论了运动微分方程的求解问题，分别采用了平均法、加权平均法和数值法求解。这些方法是基于确定性理论，即系统的参数是确定的。实际上，轧钢机在轧制过程中，其轧辊与被轧制钢板的动滑动摩擦系数是一个随机变量，可以认为方程(6-1-6)中的系数 α_0、β_0 为随机变量，得到一个具有随机系数的轧钢机自激振动动力学模型，若不考虑万向节的间隙，其微分方程为

$$\ddot{x}-\alpha_0\dot{x}+\beta_0\dot{x}^3+\omega_0^2 x=0 \qquad (6-3-1)$$

其中，α_0、β_0 为随机变量。这是一个具有随机系数的随机非线性振动问题，与通常的系统参

数为确定性的、而输入或输出为随机的情形又很大的不同，必须探求新的求解方法。求解的目标是揭示系统响应的稳态振幅的随机特性与随机变量 α_0、β_0 之间的关系。一个可行的计算方案是：利用已经获得的方程近似解法，把具有随机系数的二阶非线性微分方程转化为具有随机初始条件的一阶微分方程组来求解。

6.3.1　近似解析法

具有随机系数 α_0、β_0 的微分方程(6－3－1)可采用近似解析法来求解。首先求出方程(6－3－1)的稳态振幅的近似解析表达式，再把具有随机系数的二阶非线性微分方程转化为具有随机初始条件的一阶微分方程组进行求解。求解过程如下：

假设方程(6－3－1)的解为 $x(t)=A(t)\sin\psi(t)$，用平均法计算方程(6－3－1)的首次积分为两个一阶微分方程：

$$\begin{cases}\dfrac{\mathrm{d}A(t)}{\mathrm{d}t}=\dfrac{A}{2}\left(\alpha_0-\dfrac{3}{4}\beta_0\omega_0^2A^2\right)\\[2ex]\dfrac{\mathrm{d}\psi}{\mathrm{d}t}=\omega_0\end{cases}\tag{6-3-2}$$

若系数 α_0、β_0 以及初始条件 $A(t_0)=A_0$，$\psi(t_0)=\psi_0$ 是彼此独立的随机变量，且其初始联合概率密度函数服从 Rayleigh 分布，为简洁起见，以 x_1、x_2、x_3、x_4 分别代替 A、ψ、α_0、β_0，则联合概率密度函数可表示为

$$f(x_{10},x_{20},x_{30},x_{40})=\begin{cases}\prod\limits_{i=1}^{4}\dfrac{x_{i0}}{\sigma_i^2}\exp\left(-\dfrac{x_{i0}{}^2}{2\sigma_i^2}\right), & x_{i0}\geqslant 0\\[2ex]0, & x_{i0}<0\end{cases}\tag{6-3-3}$$

式中，σ_i 为随机变量 x_{i0} 对应的均方差。求解方程(6－3－2)可得

$$\begin{cases}x_1=\dfrac{x_{10}\mathrm{e}^{\frac{x_{30}}{2}t}}{\sqrt{1+\dfrac{x_{40}}{x_{30}}x_{10}^2\omega_0^2(\mathrm{e}^{x_{30}t}-1)}}\\[2ex]x_2=\omega_0t+x_{20}\\ x_3=x_{30}\\ x_4=x_{40}\end{cases}\tag{6-3-4}$$

在工程实际中，最感兴趣的是稳态振幅，令 $t\to+\infty$，由上式中的第一式可得稳态振幅的均值表达式：

$$\lim_{t\to+\infty}E(x_1)=\lim_{t\to+\infty}\int_0^{+\infty}\cdots\int_0^{+\infty}\frac{x_{10}\mathrm{e}^{\frac{x_{30}}{2}t}}{\sqrt{1+\dfrac{x_{40}}{x_{30}}x_{10}^2\omega_0^2(\mathrm{e}^{x_{30}t}-1)}}\prod_{i=1}^{4}\frac{x_{i0}}{\sigma_i^2}\exp\left(-\frac{x_{i0}{}^2}{2\sigma_i^2}\right)\mathrm{d}x_{10}\,\mathrm{d}x_{20}\,\mathrm{d}x_{30}\,\mathrm{d}x_{40}\tag{6-3-5}$$

化简上式得稳态振幅的均值为

$$m_{\mathrm{A}}=\lim_{t\to+\infty}E(x_1)=\sqrt{\frac{4\sigma_3}{3\omega_0^2\sigma_4}}\Gamma\left(\frac{5}{4}\right)\Gamma\left(\frac{3}{4}\right)\tag{6-3-6}$$

式中，$\Gamma()$为特殊函数，$\Gamma(x)=\int_0^{+\infty}t^{x-1}\mathrm{e}^{-t}\mathrm{d}t$。同理可得稳态振幅的均方差：

$$\sigma_A = \lim_{t \to +\infty} \sigma_{x1} = \sqrt{\frac{4\sigma_3}{3\omega_0^2\sigma_4}\left[\frac{\pi}{2} - \left(\Gamma\left(\frac{5}{4}\right)\Gamma\left(\frac{3}{4}\right)\right)^2\right]} = 0.582\sqrt{\frac{4\sigma_3}{3\omega_0^2\sigma_4}} \quad (6-3-7)$$

对于1150型轧钢机，有 $\omega_0=102.5(1/s)$，$\sigma_3=\sigma_{\alpha_0}=12.08/0.282$，$\sigma_4=\sigma_{\beta0}=0.0807/0.282$，代入式(6－3－6)和(6－3－7)得稳态振幅的均值 $m_A=0.1530$，$\sigma_A=0.0802$。可见，最大可能振幅为 $m_A+\sigma_A=0.2332$，而按照确定性理论计算，得稳态振幅 $A=0.1191$，两者的比值为 $(m_A+\sigma_A)/A=1.96$，此值就是考虑随机系数与确定情形时的扭矩动力放大系数之比。

6.3.2 近似解析法的局限性

采用与上节同样的方法，利用加权平均法的近似解答，得到具有随机系数和带间隙的初轧机自激振动方程：

$$\ddot{x} - \alpha_0\dot{x} + \beta_0\dot{x}^3 + g(x) = 0 \quad (6-3-8)$$

式中

$$g(x)=\begin{cases}\omega_0^2(x-e), & x>e>0\\ 0, & -e\leqslant x\leqslant e\\ \omega_0^2(x+e), & x<-e<0\end{cases}$$

α_0，β_0 为随机变量。

得到稳态振幅的统计特征(均值和标准离差)与上节讨论的结果相同，与间隙无关，这显然与工程实际不相符合。究其原因，是由于平均法得到的稳态振幅近似解析表达式为方程(6－3－8)解的一阶近似，其稳态振幅解析表达式为

$$A = \sqrt{\frac{4\alpha_0}{3\beta_0\omega_0^2}} \quad (6-3-9)$$

其表达式中不含间隙 e，因而易见其求解精度低。与数值计算相比，平均法的解答稳态振幅较小，在 $e=0.03$，$\sigma_{\alpha_0}=12.08/0.282$，$\sigma_{\beta0}=0.08075/0.282$ 时，相对误差达到13.3%，且间隙越大，误差越大。此外，稳态振幅统计特性的求取仅限于随机系数 α_0，β_0 服从Rayleigh分布，对于其他的概率密度分布函数，会出现式(6－3－5)、式(6－3－6)积分困难，甚至积分不存在。计算稳态振幅的统计特性，就意味着计算形如 $\int_{-\infty}^{+\infty}\int_{-\infty}^{+\infty} g(x, y)\cdot f(x, y)\mathrm{d}x\mathrm{d}y$ 的积分，这对于概率密度分布函数 $f(x, y)$ 不是Rayleigh分布，要得到解析表达式是很困难的。众所周知，数值法对于求解方程(6－3－8)具有较高的精度，人工神经网络为出现的、功能强大的、应用广泛的智能计算方法，Runge－Kutta法与人工神经网络相结合能够求解方程(6－3－8)，且可以克服上述不足，其解法通用性较强。

6.3.3 Runge－Kutta法与人工神经网络相结合的数值解法

1. 求解思路

反向传播网络(Back－Propagation Network，简称BP网络)是目前工程中应用最为广泛的一种人工神经网络，主要用于函数逼近、模式识别、分类、数据压缩等领域，其最大特点是只需样本数据而不需要建立数学模型，就能建立起输入与输出之间的非线性映射关

系，用于函数逼近理论中可达到任意逼近精度。

一个具有输入层、隐层和输出层的三层 BP 神经网络如图 6－3－1 所示，通过对不同的输入 $x_i(i=1, 2, \cdots, m)$ 与输出 $y_i(i=1, 2, \cdots, n)$ 样本的训练，得出连接各神经元的权系数 w_{ki} 与 w_{jk}，从而可计算出与任意的非样本输入相应的输出。

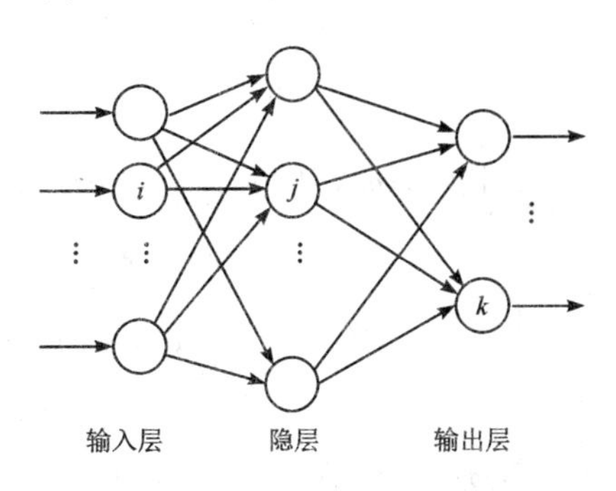

图 6－3－1　三层 BP 神经网络

Runge－Kutta 法与人工神经网络相结合的解法，其基本思路是利用 Runge－Kutta 法求解方程(6－3－8)，找出系数 α_0、β_0 与稳态振幅之间的关系，用人工神经网络(BP 网络)逼近，再利用数值积分求出稳态振幅的统计特性。用 Runge－Kutta 法和平均法求方程(6－3－8)的解和稳态振幅 A，两者有一定的差别，如图 6－3－2 所示为 $e=0.01$ 时的情形。Runge－Kutta 法得到的数值较大，其结果与间隙 e 的大小有关，平均法计算出的结果较小，且稳态振幅与间隙无关，两者相对误差最大可高达 26.7%。众所周知，Runge－Kutta 法较平均法求解精度高。可见，采用 Runge－Kutta 法与人工神经网络相结合的解法，可提高计算稳态振幅统计特性的计算精度。利用 BP 网络来逼近系数 α_0、β_0 与稳态振幅之间的关系，不仅为求取稳态振幅的均值 m_A 和标准离差 σ_A 带来方便，而且可适当减少微分方程(6－3－8)的求解次数，节省计算时间。

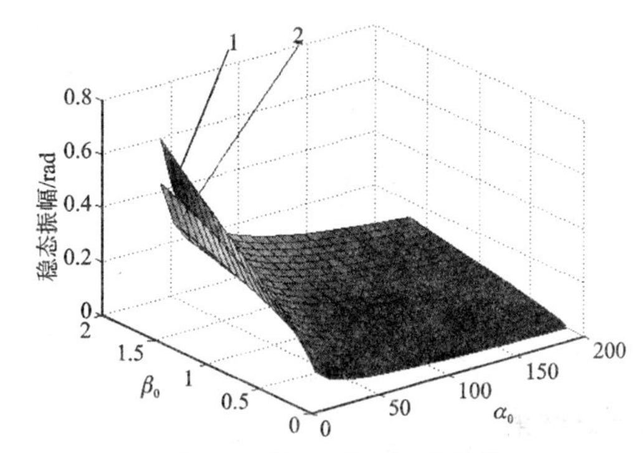

1—Runge－Kutta 法；2—平均法

图 6－3－2　Runge－Kutta 法和平均法求解方程比较

2. 计算步骤

根据以上求解思路，求解步骤如图 6－3－3 所示。

(1) 确定系数 α_0、β_0 的变化区间，初始化步长 h 及计算点数 n。

(2) Runge－Kutta 法求解方程(1)，计算出稳态振幅，并令 $i=i+1$。

(3) 若 $i<n$，返回(2)，否则，进入下一步。

(4) 建立 BP 网络并用 Runge - Kutta 法求解结果训练 BP 网络。训练后，BP 网络反映了系数 α_0、β_0 与稳态振幅 A 之间的关系。

(5) 利用训练后 BP 网络计算稳态振幅的统计特性(均值 m_A 和均方差 σ_A)，并输出计算结果。即计算积分：

均值：

$$m_A=\int_{-\infty}^{+\infty}\int_{-\infty}^{+\infty}A(\alpha_0,\beta_0)f(\alpha_0,\beta_0)\mathrm{d}\alpha_0\mathrm{d}\beta_0 \tag{6-3-10}$$

均方值：

$$E(A^2)=\int_{-\infty}^{+\infty}\int_{-\infty}^{+\infty}A^2(\alpha_0,\beta_0)f(\alpha_0,\beta_0)\mathrm{d}\alpha_0\mathrm{d}\beta_0 \tag{6-3-11}$$

均方差值：

$$\sigma_A^2=E(A^2)-m_A^2 \tag{6-3-12}$$

其中，$f(\alpha_0,\beta_0)$是系数 α_0，β_0 联合概率密度分布函数。

计算程序见附录。

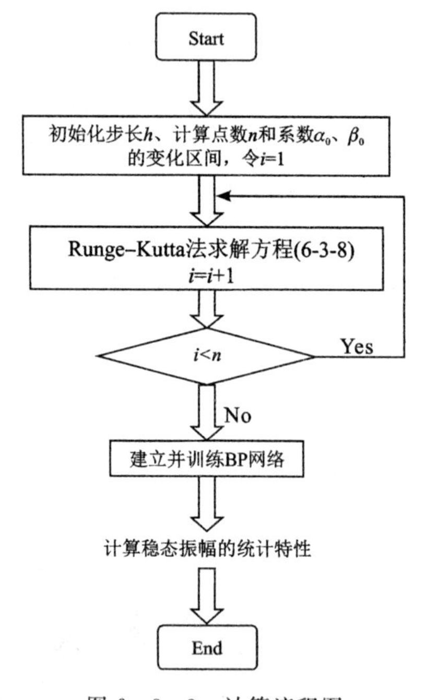

图 6 - 3 - 3　计算流程图

3. 两种典型分布的计算结果

若系数 α_0、β_0 的联合概率密度服从 Rayleigh 分布，即

$$f(\alpha_0,\beta_0)=\frac{\alpha_0}{\sigma_{\alpha_0}^2}\frac{\beta_0}{\sigma_{\beta_0}^2}\exp\left[-\left(\frac{\alpha_0^2}{\sigma_{\alpha_0}^2}+\frac{\beta_0^2}{\sigma_{\beta_0}^2}\right)\right] \tag{6-3-13}$$

若取 $\sigma_\alpha=\dfrac{12.08}{0.282}$，$\sigma_\beta=\dfrac{0.080\,75}{0.282}$，得到稳态振幅的统计特性与间隙之间的关系如表 6 - 3 - 1 所示。

表 6-3-1　Rayleigh 分布稳态振幅统计特征与间隙 e 的关系

间隙 e	0.00	0.01	0.02	0.03	0.04
均值 m_A	0.1637	0.1686	0.1782	0.1877	0.1980
标准离差 σ_A	0.0930	0.0844	0.0844	0.0840	0.0845
$m_A+\sigma_A$	0.2567	0.2531	0.2626	0.2717	0.2825

若系数 α_0，β_0 的联合概率密度服从 Gauss 分布，即

$$f(\alpha_0, \beta_0)=\frac{1}{2\pi\sigma_{\alpha_0}\sigma_{\beta_0}}\exp\left[-\left(\frac{\alpha_0^2}{2\sigma_{\alpha_0}^2}+\frac{\beta_0^2}{2\sigma_{\beta_0}^2}\right)\right] \tag{6-3-14}$$

取 $\sigma_\alpha=\dfrac{12.08}{0.282}$，$\sigma_\beta=\dfrac{0.0807}{0.282}$，得到稳态振幅的均值 m_A 和标准离差 σ_A 与间隙之间关系如表 6-3-2所示。

表 6-3-2　Gauss 分布稳态振幅统计特征与间隙 e 的关系

间隙 e	0.00	0.01	0.02	0.03	0.04
均值 m_A	0.1187	0.1227	0.1299	0.1372	0.1457
标准离差 σ_A	0.1271	0.1167	0.1167	0.1214	0.1248
$m_A+\sigma_A$	0.2458	0.2394	0.2467	0.2586	0.2705

4. 结论

通过以上分析计算，可得以下几点结论：

(1) 用 Runge-Kutta 法与人工神经网络相结合的方法，对于求解具有随机系数和带有间隙的轧钢机自激振动问题是可行的。与近似解析解法相比，提高了求解精度且最大可能振幅 $m_A+\sigma_A$ 有较大幅度的提高，如 $e=0.02$ 时，增大了 11.58%。这更进一步说明摩擦系数的随机特性，是轧钢机发生重大事故的主要原因之一。

(2) 计算方法具有一定的通用性，不仅可求解系数 α_0、β_0 服从 Rayleigh 分布的联合概率密度，也可求解服从其他分布(如 Gauss 分布)的联合概率密度。计算结果表明，系数 α_0、β_0 的联合概率密度分布函数不同，稳态振幅 A 的均值 m_A、标准离差 σ_A 和最大可能振幅 $m_A+\sigma_A$ 也不同。

(3) 间隙 e 对稳态振幅的均值 m_A 有影响，间隙越大，稳态振幅的均值 m_A 就越大，但间隙对稳态振幅的标准离差 σ_A 影响不大。

第7章　动力学专题Ⅱ：ADAMS软件简介及应用

7.1　ADAMS软件简介

ADAMS，即机械系统动力学自动分析（Automatic Dynamic Analysis of Mechanical Systems），该软件是美国MDI公司（Mechanical Dynamics Inc.）开发的虚拟样机分析软件。ADAMS软件使用交互式图形环境和零件库、约束库、力库，创建完全参数化的机械系统几何模型，其求解器采用多刚体系统动力学理论中的拉格朗日方程方法，建立系统动力学方程，可以对机械系统进行静力学、运动学和动力学分析，输出位移、速度、加速度和反作用力曲线。ADAMS软件一方面是虚拟样机分析的应用软件，用户可以运用该软件非常方便地对虚拟机械系统进行静力学、运动学和动力学分析；另一方面，又是虚拟样机分析开发工具，其开放性的程序结构和多种接口，可以通过用户自定义子程序扩展软件的功能解决各种用户特定问题，成为特殊行业用户进行特殊类型虚拟样机分析的二次开发工具平台。ADAMS软件自问世以来，版本不断升级，从ADAMS 12.0开始在国内流行，2003年以后几乎每年更新一个版本。本书将以Windows 7操作系统版ADAMS 2010为蓝本进行介绍。MSC.Adams 2010是集建模、求解、可视化技术于一体的虚拟样机软件，是世界上目前使用范围最广、最负盛名的机械系统仿真分析软件。

ADAMS软件的特点如下：

(1) 利用交互式图形环境和零件库、约束库、力库建立机械系统三维参数化模型。

(2) 分析类型包括运动学、静力学和准静力学分析，线性和非线性动力学分析，以及刚体和柔性体分析。

(3) 具有先进的数值分析技术和强有力的求解器，求解快速、准确。

(4) 具有组装、分析和动态显示不同模型或同一个模型在某一个过程变化的能力，提供多种“虚拟样机”方案。

(5) 具有一个强大的函数库供用户自定义力和运动发生器。

(6) 具有开放式结构，允许用户集成自己的子程序。

(7) 自动输出位移、速度、加速度和反作用力曲线，仿真结果显示为动画和曲线图形。

(8) 可预测机械系统的性能、运动范围、碰撞、包装、峰值载荷以及计算有限元的输入载荷。

(9) 支持同大多数CAD、FEA和控制设计软件包之间的双向通信。

ADAMS软件可以广泛应用于航空航天、汽车工程、铁路车辆及装备、工业机械、工程机械等领域。

7.1.1　用户界面模块(ADAMS/View)

ADAMS/View 是 ADAMS 系列产品的核心模块之一，采用以用户为中心的交互式图形环境，将图标操作、菜单操作、鼠标点击操作与交互式图形建模、仿真计算、动画显示、优化设计、$X-Y$ 曲线图处理、结果分析和数据打印等功能集成在一起。图 7-1-1 为 ADAMS/View用户界面。

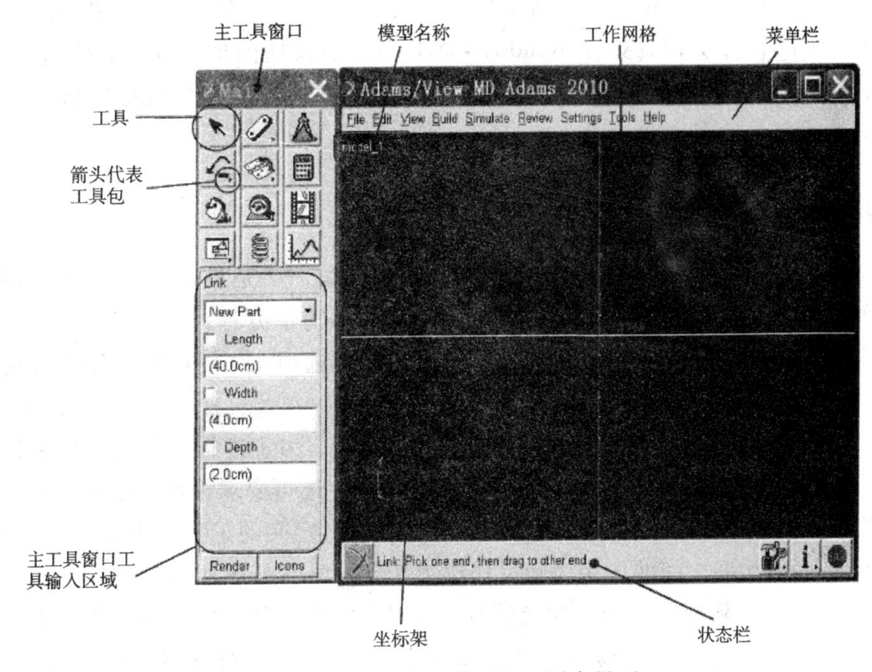

图 7-1-1　ADAMS/View 用户界面

ADAMS/View 采用简单的分层方式完成建模工作，采用 Parasolid 内核进行实体建模，并提供了丰富的零件几何图形库、约束库和力/力矩库，并且支持布尔运算，支持 FORTRAN/77 和 FORTRAN/90 中的函数。除此之外，它还提供了丰富的位移函数、速度函数、加速度函数、接触函数、样条函数、力/力矩函数、合力/力矩函数、数据元函数、若干用户子程序函数以及常量和变量等。

自 9.0 版后，ADAMS/View 采用用户熟悉的 Motif 界面(UNIX 系统)和 Windows 界面(NT 系统)，从而大大提高了快速建模能力。在 ADAMS/View 中，用户利用 TABLE EDITOR，可像用 EXCEL 一样方便地编辑模型数据，同时还提供了 PLOT BROWSER 和 FUNCTION BUILDER 工具包。DS(设计研究)、DOE(实验设计)及 OPTIMIZE(优化)功能可使用户方便地进行优化工作。ADAMS/View 有自己的高级编程语言，支持命令行输入命令和C++语言，有丰富的宏命令以及快捷方便的图标、菜单和对话框创建和修改工具包，而且具有在线帮助功能。

ADAMS/View 新版采用了改进的动画/曲线图窗口，能够在同一窗口内同步显示模型的动画和曲线图；具有丰富的二维碰撞副，用户可以对具有摩擦的二维点-曲线、圆-曲线、平面-曲线、以及曲线-曲线、实体-实体等碰撞副自动定义接触力；具有实用的 Parasolid 输入/输出功能，可以输入 CAD 中生成的 Parasolid 文件，也可以把单个构件、或整个模型、或在某一指定的仿真时刻的模型输出到一个 Parasolid 文件中；具有新型数据库图形显示功能，能够在同一图形窗口内显示模型的拓扑结构，选择某一构件或约束(运动副或力)后显示与此项相关的全部数据；具有快速绘图功能，绘图速度是上一版本的 20 倍以上；采用合理的数据库导向器，可以在一次作业中利用一个名称过滤器修改同一名称中多个对象的属性，便于修改某一个数据库对象的名称及其说明内容；具有精确的几何定位功能，可以在创建模型的过程中输入对象的坐标，精确地控制对象的位置；多种平台上采用统一的用户界面，提供合理的软件文档；支持 Windows NT 平台的快速图形加速卡，确保 ADAMS/View 的用户可以利用高性能 OpenGL 图形卡提高软件的性能；命令行可以自动记录各种操作命令，进行自动检查。

7.1.2 求解器模块(ADAMS/Solver)

ADAMS/Solver 是 ADAMS 系列产品的核心模块之一，是 ADAMS 产品系列中处于心脏地位的仿真器。该软件自动形成机械系统模型的动力学方程，提供静力学、运动学和动力学的解算结果。ADAMS/Solver 有各种建模和求解选项，以便精确有效地解决各种工程应用问题。

ADAMS/Solver 可以对刚体和弹性体进行仿真研究。为了进行有限元分析和控制系统研究，用户除要求软件输出位移、速度、加速度和力外，还可要求模块输出用户自己定义的数据。用户可以通过运动副、运动激励、高副接触、用户定义的子程序等添加不同的约束。用户同时可求解运动副之间的作用力和反作用力，或施加单点外力。

ADAMS/Solver 新版中对校正功能进行了改进，使得积分器能够根据模型的复杂程度自动调整参数，仿真计算速度提高了 30%；采用新的 SI2 型积分器(Stabilized Index 2 Integrator)，能够同时求解运动方程组的位移和速度，显著增强积分器的鲁棒性，提高复杂系统的解算速度；采用适用于柔性单元(梁、衬套、力场、弹簧-阻尼器)的新算法，可提高 SI2 型积分器的求解精度和鲁棒性；可以将样条数据存储成独立文件，使之更加方便管理，并且 spline 语句适用于各种样条数据文件，样条数据文件子程序还支持用户定义的数据格式；具有丰富的约束摩擦特性功能，在 Translational、Revolute、Hooks、Cylindrical、Spherical、Universal 等约束中可定义各种摩擦特性。

7.1.3 后处理模块(ADAMS/PostProcessor)

ADAMS/ PostProcessor 是 ADAMS 软件的后处理模块，其绘制曲线和仿真动画的功能十分强大，利用 ADAMS/ PostProcessor 可以使用户更清晰地观察其他 ADAMS 模块(如 ADAMS/ View，ADAMS/ Car 或 ADAMS/ Engine)的仿真结果，也可将所得到的结果转化为动画、表格或者 HTML 等形式，能够更确切地反映模型的特性，便于用户对仿真计算的结果进行观察和分析。ADAMS/PostProcessor 在模型的整个设计周期中都发挥着重要的作用。其用途主要包括：

(1) 模型调试。在 ADAMS/ PostProcessor 中，用户可选择最佳的观察视角来观察模型的运动，也可向前、向后播放动画，从而有助于对模型进行调试，也可从模型中分离出单独的柔性部件，以确定模型的变形。

(2) 试验验证。如果需要验证模型的有效性，可输入测试数据，并以坐标曲线图的形式表达出来，然后将其与ADAMS仿真结果绘于同一坐标曲线图中进行对比，并可以在曲线图上进行数学操作和统计分析。

(3) 改进设计方案。在ADAMS/PostProcessor中，用户可在图表上比较两种以上的仿真结果，从中选择出合理的设计方案。另外，可通过单击鼠标操作，更新绘图结果。如果要加速仿真结果的可视化过程，可对模型进行多种变化。用户也可以进行干涉检验，并生成一份关于每帧动画中构件之间最短距离的报告，帮助改进设计。

(4) 结果显示。ADAMS/PostProcessor可显示运用ADAMS进行仿真计算和分析研究的结果。为增强结果图形的可读性，可以改变坐标曲线图的表达方式，或者在图中增加标题和附注，或者以图表的形式来表达结果。

为增加动画的逼真性，可将CAD几何模型输入到动画中，也可将动画制作成小电影。最终可在曲线图的基础上得到与之同步的三维几何仿真动画。

启动ADAMS/PostProcessor后，进入ADAMS/PostProcessor窗口，如图7-1-2所示。

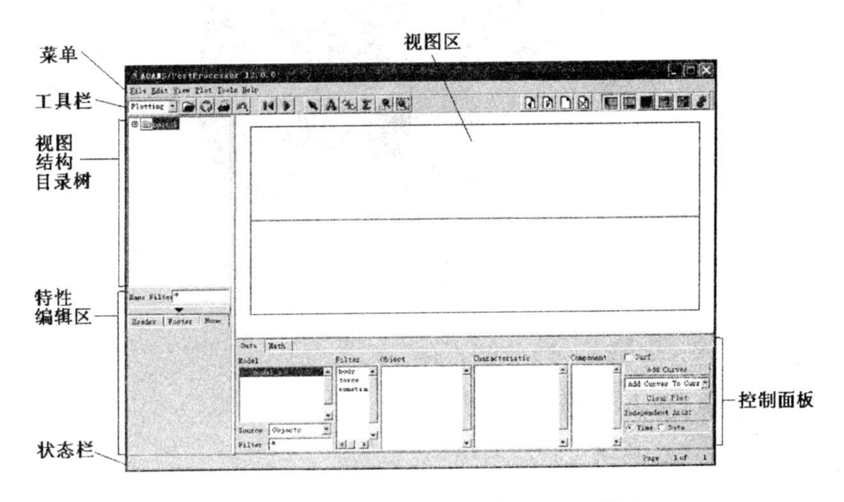

图7-1-2 ADAMS/PostProcessor窗口

7.2 活塞式压缩机主传动系统动力学仿真

作为ADAMS动力学仿真软件的应用实例之一，先讨论应用ADAMS动力学仿真软件解决某W型活塞式压缩机主传动系统动力学仿真问题。W型活塞式压缩机的主传动系统是由三个连杆机构组成的多体复杂系统，其动力学分析十分复杂。然而动力学仿真软件ADAMS已经成为解决这种机械系统动力学问题一种非常有效的工具。采用ADAMS动力学仿真软件解决W型活塞式压缩机的主传动系统动力学仿真问题，只需在ADAMS工作环境中建立其动力学仿真模型，利用 ADAMS 中的求解器就可以求解，省去了大量复杂艰苦的编程工作。只要有基本的机械系统动力学知识，即可以进行机械系统动力学仿真。

7.2.1 弹性曲轴-滚动轴承系统 ADAMS 动力学仿真模型

图 7-2-1 为在 ADAMS 中建立的某 W 型活塞式压缩机的弹性曲轴-滚动轴承系统的动力学仿真模型，它由弹性曲轴、活塞、连杆、活塞销等通过相应的运动副连接而成。其中活塞、连杆、活塞销、飞轮等可以采用 UG 或 PROE 软件进行几何造型后，通过 ADAMS 接口导入 ADAMS 工作环境中。轴承支撑处去掉轴承，用轴承反力 F_{rx}、F_{ry}替代，轴承反力 F_{rx}、F_{ry}可用曲轴的运动学参数通过滚动轴承受力与变形关系方程得到；F_1、F_2、F_3 分别为三个活塞所受到的活塞力；带轮压轴力施加到弹性曲轴上。

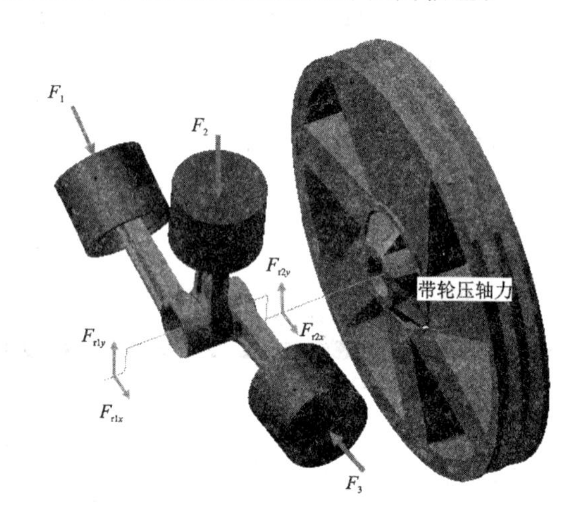

图 7-2-1　弹性曲轴-滚动轴承系统动力学仿真模型

在 ADAMS 中建立弹性曲轴零件并不困难，具体做法如下：

(1) 在 ANSYS 软件中建立弹性曲轴的有限元模型，采用 189 号梁单元进行网格划分，共得到 91 个节点，23 个单元。

(2) 将包含曲轴的几何、惯性、模态等信息的模态中性导入 ADAMS 中，便可得到 ADAMS 的弹性曲轴零件，如图 7-2-2 所示。

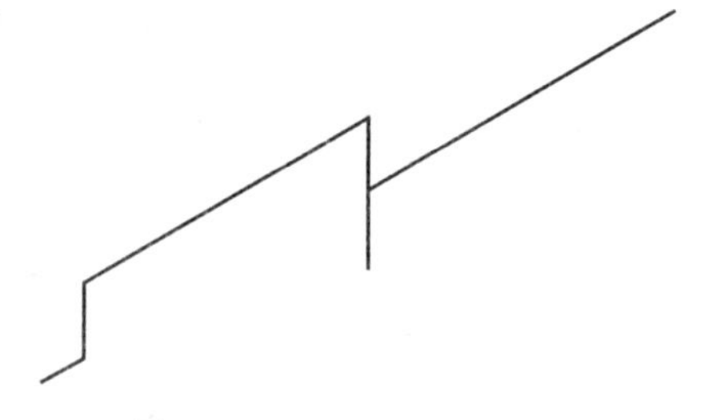

图 7-2-2　弹性曲轴零件

7.2.2 求解理论基础

1. 滚动轴承受力与变形关系方程

对于滚动轴承反力与曲轴轴颈轴心运动学参数的关系问题，由于滚动轴承阻尼引起的轴承反力相对较小，为简化问题可忽略不计。本文只讨论滚动轴承反力与曲轴轴颈轴心径向位移之间的关系，即滚动轴承受力与变形之间的关系。

图 7-2-3 为单列向心球轴承180°范围内受载时滚动轴承的载荷分布图，可以看出，该问题是一个典型的多次超静定问题，可以采用力学方法来求解。其平衡方程可表示为

$$F_r = Q_{max} + 2Q_1\cos\psi_1 + 2Q_2\cos\psi_2 + \cdots \tag{7-2-1}$$

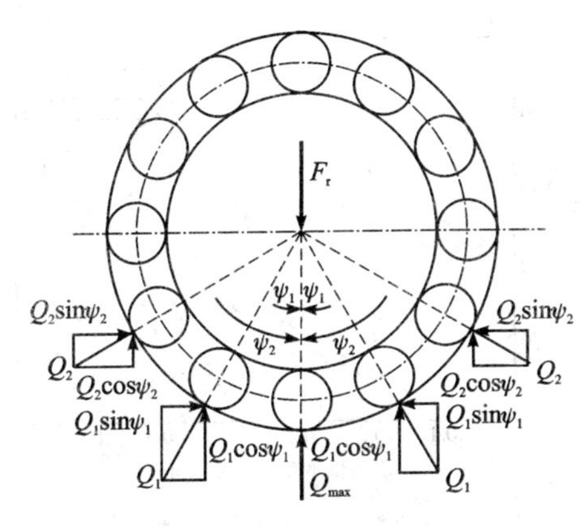

图 7-2-3　滚动轴承的载荷分布图

由于轴承外圈的轴承座或机架，以及轴承内圈的轴颈的约束，假设变形仅是由于滚动体与内、外圈滚道间的接触变形而产生的，而内、外圈整体仍保持原有的尺寸和形状。在径向力 F_r 作用线上的滚动体承受最大载荷，其接触变形量为最大变形量 δ_{max}，该变形也就是滚动轴承的变形 δ_r。其他位置上的滚动体与内、外圈滚道的接触变形量为

$$\delta_\psi = \delta_r\cos\psi = \delta_{max}\cos\psi \tag{7-2-2}$$

该式为滚动轴承变形的几何关系。式中，ψ 为该滚动体与最大载荷滚动体之间的夹角。该式为求解各滚动体受力分配的重要依据。

由 Hertz 弹性理论及点接触滚动轴承几何关系，可得出两接触体的弹性趋近量为

$$\delta = 2.79\times10^{-4}\,\frac{2K}{\pi m_a}\left(Q^2\sum\rho\right)^{1/3} \tag{7-2-3}$$

式中，Q 为滚动体载荷；$\sum\rho$ 为两接触体在接触点处的主曲率总和；m_a 为接触椭圆的短半轴系数；K 为与椭圆偏心率有关的第一类完全椭圆积分。总趋近量 δ 应是滚动体与内圈滚道间的趋近量(即接触变形量)δ_i 和滚动体与外圈滚道间的趋近量 δ_e 之和，即

$$\delta = \delta_i + \delta_e = k\left[\left(\sum\rho_i\right)^{1/3}Q_i^{2/3} + \left(\sum\rho_e\right)^{1/3}Q_e^{2/3}\right] \tag{7-2-4}$$

式中，k 为与滚动轴承几何尺寸和材料等有关的系数。式(7-2-4)，就是单个滚动体受力与变形的物理关系。

联立式(7-2-1)～式(7-2-4)，并根据滚动体受载的对称性以及 $Q_{max}=\dfrac{4.37F_r}{z}$，可得到滚动体轴承所受到的径向力 F_r 和径向变形 δ_r 的解析表达式为

$$\delta_r = 2.79\times10^{-4}\left(\frac{4.37F_r}{z}\right)^{2/3}\left[k_i\left(\frac{4}{D_g}+\frac{2}{D_i}-\frac{1}{r_i}\right)^{1/3} + k_e\left(\frac{4}{D_g}-\frac{2}{D_e}-\frac{1}{r_e}\right)^{1/3}\right] \tag{7-2-5}$$

式中，k_i、k_e 为与滚动轴承几何尺寸和材料等有关的系数；D_g 为滚动体直径；D_i、D_e 分别为滚动轴承内、外圈与滚动体接触处的直径；r_i、r_e 分别为滚动体与内圈、外圈接触的曲率半径；z 为受载滚动体的数目。将深沟球轴承 6304 和 6307 的几何尺寸代入式(7-2-5)，经过数值计算，得到其载荷与径向总变形之间的关系如图 7-2-4 所示。易见，滚动轴承的受载与径向

变形之间的关系为非线性关系，滚动轴承可以被视为具有变刚度系数的硬弹簧。

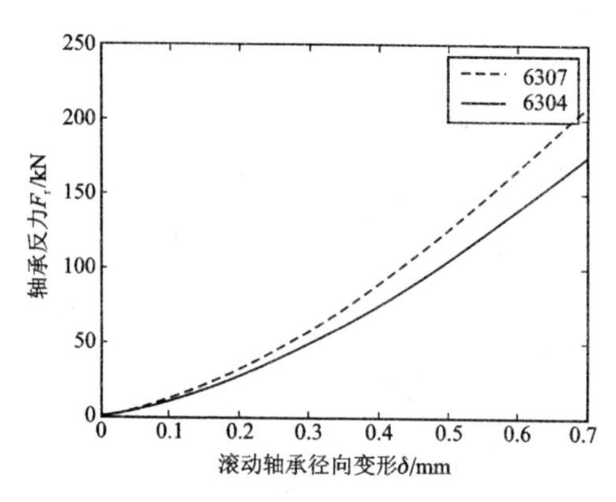

图 7-2-4　滚动轴承径向载荷与径向总变形关系曲线

2. 轴承反力

轴承反力 F_r 在 x 和 y 坐标轴方向的分量 F_{rx}、F_{ry} 为

$$
\begin{aligned}
F_{rx} &= -F_r\cos\varphi = -F_r\frac{\Delta x}{\Delta r}\\
F_{ry} &= -F_r\cos\varphi = -F_r\frac{\Delta y}{\Delta r}
\end{aligned}
\tag{7-2-6}
$$

其中，$\Delta r=\delta_r=\sqrt{\Delta x^2+\Delta y^2}$，$\Delta x$，$\Delta y$ 为轴心在 x 和 y 坐标轴方向上的位移。

3. 活塞力

活塞式压缩机一个工作循环包括吸气、压缩、排气、膨胀四个过程。一般用示功图来表示气体压缩随体积的变化关系，示功图可由示功仪测得。由于条件限制，本文利用气体状态方程近似求解气体压力。气体由状态Ⅰ变化到状态Ⅱ的过程方程为

$$p_1V_1^m = p_2V_2^m = C \tag{7-2-7}$$

式中，m 为过程指数，对于空气，$m=1.4$，C 为常数。

利用上式求解出的结果如图 7-2-5 所示。

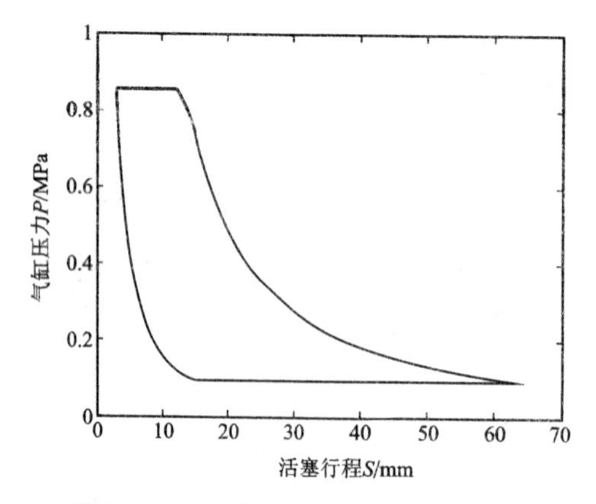

图 7-2-5　活塞式压缩机理论示功图

作用于活塞顶部的活塞力为

$$F = \frac{\pi}{4} d^2 P \tag{7-2-8}$$

式中，P 为气体压力；d 为活塞直径。

4. 带轮压轴力

压缩机的动力是电动机通过带传动传递到曲轴上的，由于带传动需要预紧才能工作，带传动的预紧会对曲轴作用压轴力，压轴力可按下式计算：

$$F_0 = 500 \frac{P_{ca}}{vz}\left(\frac{2.5}{k_a} - 1\right) + qv^2 \tag{7-2-9}$$

式中，v 为带的线速度(m/s)；z 为带的根数；P_{ca} 为带传动的功率(kW)；k_a 为包角系数；q 为带单位长度的质量(kg/m)。

7.2.3　求解与仿真结果分析

在 ADAMS 软件中对弹性曲轴-滚动轴承系统动力学模型进行求解，仿真时间为 1 s，步长为 0.001，得到的仿真计算结果如图 7-2-6～图 7-2-8 所示。

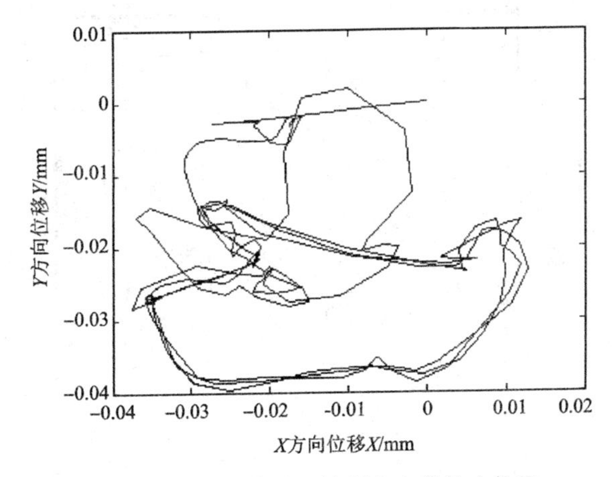

图 7-2-6　主轴承 1 轴颈中心的轴心轨迹

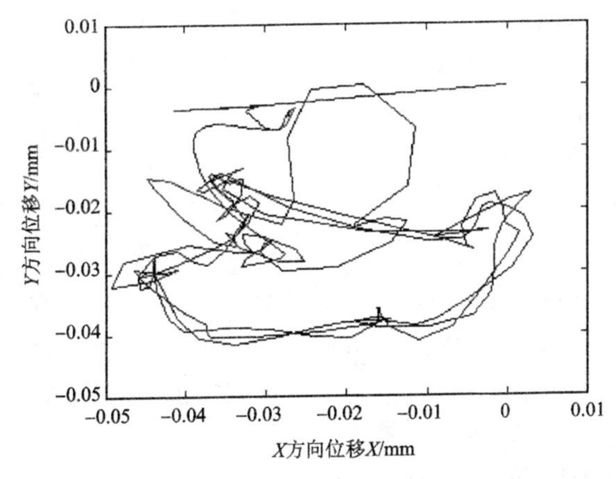

图 7-2-7　主轴承 2 轴颈中心的轴心轨迹

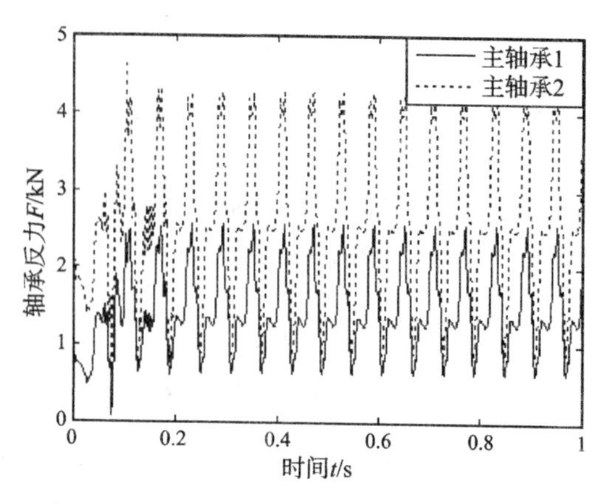

图 7-2-8　主轴承反力随时间的变化曲线

不考虑滚动轴承弹性变形时得不到轴心轨迹，但可计算出两主轴承反力，如图 7-2-9 所示。

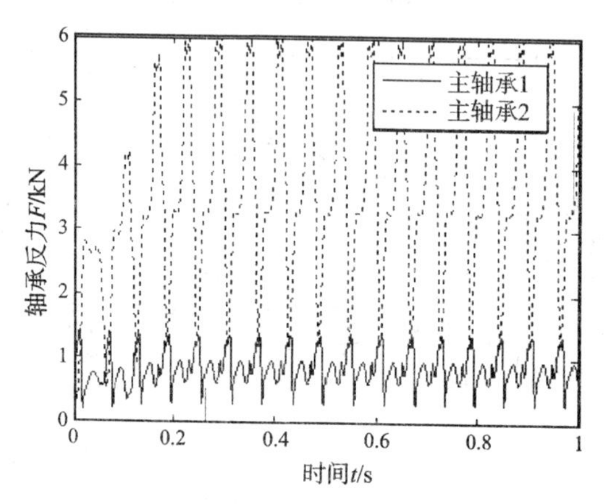

图 7-2-9　不考虑滚动轴承弹性变形时，主轴承反力随时间的变化曲线

分析比较图 7-2-6～图 7-2-9 可以看出：

(1) 考虑滚动轴承弹性变形，主轴承 1 和主轴承 2 的反力峰值分别为 2552.2 N 和 4610.6 N。而不考虑滚动轴承弹性变形，主轴承 1 和主轴承 2 的反力峰值分别为 1469.2 N 和 5943.1 N，考虑滚动轴承弹性变形，主轴承 1 的反力峰值增大了 73.7%，主轴承 2 的反力峰值减少了 22.4%。可见，滚动轴承的弹性变形对主轴承反力峰值的影响非常显著。轴承弹性变形使两个主轴承反力重新分配，最大值减小，最小值增大，这对压缩机主轴承的选择和曲轴疲劳强度计算有重要意义。

(2) 考虑了滚动轴承弹性变形，两个主轴承能够同时达到其轴承反力峰值。而不考虑滚动轴承弹性变形，主轴承 1 和主轴承 2 不能同时达到其轴承反力峰值，这是由于带的压紧力和活塞力以及轴承弹性变形、曲轴-滚动轴承系统的支承结构等多种因素共同作用的结果。

(3) 考虑滚动轴承弹性变形时，两主轴承轴心轨迹相似，但稳态振幅峰值和轴承反力峰值却不同，两者分别相差 25.9%和 80.7%。计算采用的压缩机产品主轴承 1 和主轴承 2

分别选用不同型号的轴承，其设计方案是合理的。

7.2.4　结论

（1）建立了弹性曲轴-滚动轴承系统的 ADAMS 动力学仿真模型，并得到了仿真计算结果。其求解方法简单易解，理论上更加合理。

（2）得到了弹性曲轴-滚动轴承系统的主轴承稳态轴心轨迹以及主轴承反力峰值，轴承弹性变形对主轴颈中心稳态振幅和主轴承反力峰值影响十分显著，为了解压缩机的动力学性能和主轴承设计提供了可靠依据。

7.3　内燃机曲轴-轴承系统动力学与摩擦学耦合仿真

内燃机曲轴-轴承系统是内燃机核心子系统之一，其动力学行为、摩擦学特性以及疲劳强度对内燃机的工作耐久性、输出特性、振动和噪声影响很大，一直是国内外学者研究和关注的热点。实际上，对于多缸内燃机的曲轴-轴承系统，其结构相当于在一个曲轴并联安装多个曲柄连杆机构和多个主轴承，构成一个具有多支承的超静定系统，且支承曲轴的主轴承润滑油膜还具有非线性的变刚度和变阻尼系数。作用在各个主轴承上的载荷和分配于各个主轴承上的质量与曲轴-轴承系统的动力学特性密切相关，即曲轴-轴承系统的摩擦学特性和动力学特性相互作用、相互影响。因此，研究主轴承的摩擦学特性必须同时考虑曲轴-轴承系统动力学行为的影响。打破学科界限，对曲轴-轴承系统的摩擦学特性和动力学特性进行跨学科研究，十分必要。通过 ADAMS 动力学仿真软件外部接口，采用自定义滑动轴承润滑分析子程序可以解决内燃机曲轴-轴承系统动力学与摩擦学耦合分析问题。即利用大型动力学仿真软件 ADAMS 和自编程序相结合的方法对曲轴-轴承系统进行跨学科研究，其基本思路是联立曲轴动力学控制方程和 Reynolds 方程求解，得到曲轴动力学响应（轴心轨迹）。作用于轴承上的载荷，再通过润滑分析得到滑动轴承的摩擦学特性。

7.3.1　系统建模和求解理论基础

1. 动力学计算模型

图 7－3－1 所示为本节研究的四缸柴油机曲轴-轴承系统。在建立曲轴-轴承系统 ADAMS动力学仿真模型时，去掉主轴承的约束，用轴承反力代替。轴承的油膜反力分别简化为两个分量 F_{bx}、F_{by}，油膜反力通过直接求解雷诺方程获得。弹性曲轴是在 ANSYS 中采用三节点二次 Timoshenko 梁单元建立曲轴的有限元模型。曲轴的轴颈部分用圆截面的单元模拟，曲柄臂部分用等效矩形截面的单元模拟。简化后的曲轴有限元模型如图 7－3－2 所示，共有 52 个单元，105 个节点，皮带轮和飞轮都被简化为等效集中质量单元集中在曲轴上。利用大型动力学仿真软件 ADAMS 建立弹性曲轴-轴承系统动力学仿真模型时，通过 ANSYS 和 ADAMS 接口－模态中性文件，把曲轴的几何、惯性、模态等信息传递到 ADAMS中。在 ADAMS 中只需把图 7－3－1 中的刚性曲轴替换为图 7－3－2 所示的弹性曲轴即可建立曲轴-轴承系统动力学仿真模型。这是一个能够考虑主轴承摩擦学效应的多刚

体-柔性体混合动力学仿真模型。

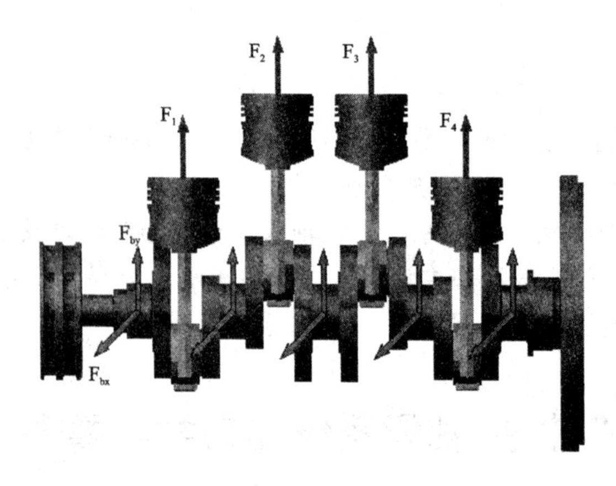

图 7-3-1　曲轴-轴承系统

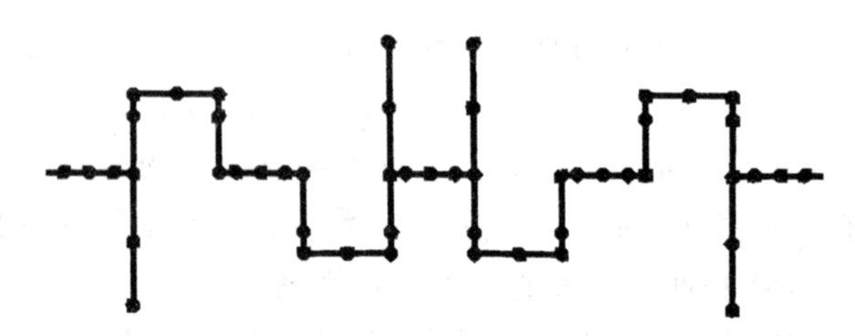

图 7-3-2　四缸柴油机弹性曲轴梁单元有限元模型

2. 控制方程

1）弹性轴的多柔体动力学方程

如图 7-3-2 所示，弹性曲轴上某一点(有限单元节点)的位置可表达为

$$\boldsymbol{r}_i = \boldsymbol{x} + \boldsymbol{A}(\boldsymbol{s}_i + \boldsymbol{u}_i) \tag{7-3-1}$$

式中，$\boldsymbol{x}$ 为局部坐标系的坐标原点在全局坐标系内的位置向量；$\boldsymbol{A}$ 为局部坐标系到全局坐标系内的转换矩阵；$\boldsymbol{s}_i$ 为弹性轴未变形时，轴上某一节点在局部坐标系内的位置向量；$\boldsymbol{u}_i$ 为轴上某点在局部坐标系内表示的弹性变形向量。

根据振型叠加法，弹性变形向量可以表示为

$$\boldsymbol{u}_i = \boldsymbol{\Phi}_i \boldsymbol{q} \tag{7-3-2}$$

式中，$\boldsymbol{\Phi}_i$ 为振型在第 i 节点的分量；$\boldsymbol{q}$ 为振型坐标向量。

这样，弹性曲轴上任一节点的广义坐标可以表示为

$$\xi = [x, y, z, \psi, \theta, \phi, q_j]^{\mathrm{T}} \tag{7-3-3}$$

式中，x、y、z 为局部坐标系在全局坐标系中的位置；ψ、θ、ϕ 为局部坐标系在全局坐标系中的欧拉角；q_j 为振型分量，$j=1, 2, \cdots, m$，m 为所选择的模态阶数。

根据拉格朗日动力学方程，用广义坐标表示的弹性曲轴的多柔体动力学控制方程的最终形式为

$$\boldsymbol{M}\ddot{\xi} + \dot{\boldsymbol{M}}\dot{\xi} - \frac{1}{2}\left[\frac{\partial \boldsymbol{M}}{\partial \xi}\dot{\xi}\right]^{\mathrm{T}}\dot{\xi} + \boldsymbol{K}\xi + f_{\mathrm{g}} + \boldsymbol{D}\dot{\xi} + \left[\frac{\partial \boldsymbol{\Psi}}{\partial \xi}\right]^{\mathrm{T}}\lambda = \boldsymbol{Q} \tag{7-3-4}$$

式中，ξ，$\dot{\xi}$，$\ddot{\xi}$ 为弹性曲轴的广义坐标及其对时间的导数；$\boldsymbol{M}$，$\dot{\boldsymbol{M}}$ 为弹性曲轴的质量矩阵及

其对时间的一阶偏导数；$\boldsymbol{K}$ 为广义刚度矩阵；$\boldsymbol{f}_g$ 为广义重力；$\boldsymbol{D}$ 为阻尼矩阵；$\boldsymbol{\Psi}$ 为系统约束方程；λ 为拉格朗日乘子；$\boldsymbol{Q}$ 为广义力矩阵。

2）油膜力方程

滑动轴承的结构如图7-3-3所示。其中，R 为轴瓦的半径，O 为其几何中心；r 为轴颈的半径，O_1 为其几何中心。连心线 OO_1 为轴承的偏心距 e，φ 为轴承的偏位角。

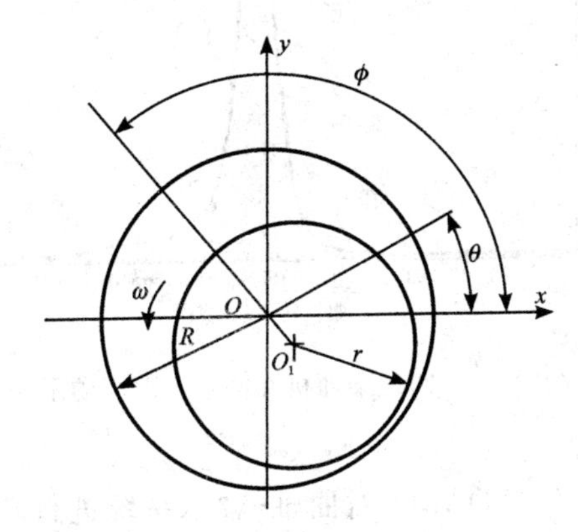

图7-3-3　滑动轴承几何结构

对于层流、等温和牛顿型流体，图7-3-3所示的滑动轴承，其Reynolds方程及相应的膜厚方程分别为

Reynolds方程：

$$\frac{\partial}{\partial\theta}\left(h^3\frac{\partial p}{\partial\theta}\right)+R^2\frac{\partial}{\partial z}\left(h^3\frac{\partial p}{\partial z}\right)=12\eta R^2\left[\dot{e}\cos(\theta-\varphi)+e\left(\dot{\varphi}-\frac{\omega}{2}\right)\sin(\theta-\varphi)\right] \tag{7-3-5}$$

膜厚方程：

$$h=c[1+\varepsilon\cos(\theta-\phi)] \tag{7-3-6}$$

式中，p 为油膜压力；h 为油膜厚度；$\theta=x/R$ 为角坐标；$c=R-r$ 为半径间隙；e 为偏心距；$\varepsilon=e/c$ 为偏心率；φ 为偏位角；η 为动力黏度；

$$\dot{e}=\frac{\mathrm{d}e}{\mathrm{d}t},\ \dot{\phi}=\frac{\mathrm{d}\varphi}{\mathrm{d}t}$$

轴承油膜反力：

$$\begin{cases}F_{bx}=f_x(e,\ \phi,\ \dot{e},\ \dot{\phi})=\int_0^l\int_0^{2\pi}p(\theta,\ z)R\cos\theta\mathrm{d}\theta\mathrm{d}z\\ F_{by}=f_y(e,\ \phi,\ \dot{e},\ \dot{\phi})=\int_0^l\int_0^{2\pi}p(\theta,\ z)R\sin\theta\mathrm{d}\theta\mathrm{d}z\end{cases} \tag{7-3-7}$$

3）作用于活塞顶部的载荷

图7-3-4是四缸柴油机在额定工况下的实测示功图，由此作用在活塞顶部的气体力可用下式表示：

$$P_g(\alpha)=p_g(\alpha)A_p \tag{7-3-8}$$

式中，$p_g(\alpha)$ 为汽缸内气体压力（α 为曲柄转角），如图7-3-4所示；A_p 为活塞顶面积（$A_p=\pi D^2/4$，其中 D 为气缸直径）。

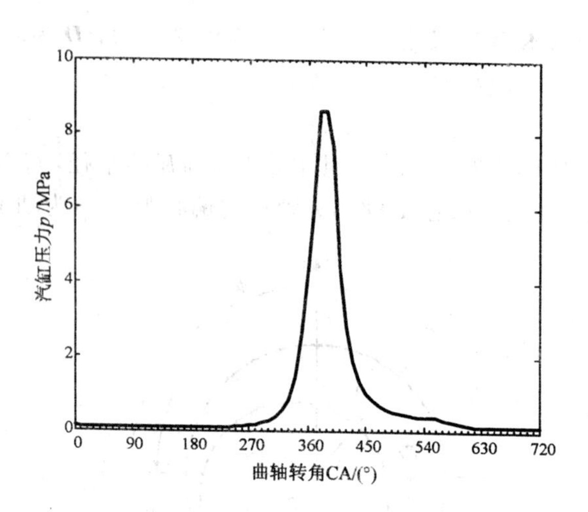

图 7-3-4　四缸柴油机在额定工况下的示功图

3. 求解步骤

利用大型动力学仿真软件 ADAMS 对曲轴-轴承系统进行动力学仿真，其中轴承润滑分析子程序自行用 FORTRAN 语言编写，并做成 dll 动态连接库，在 ADAMS 中调用。其流程图如图 7-3-5 所示。其求解步骤如下：

(1) 选取仿真计算时间 T、迭代计算步长 step 和计算精度 ε（如 $T=0.2$ s，step$=0.0001$ s，$\varepsilon=0.001$）以及初始条件 x_0、y_0、$\dot{x}_0$、$\dot{y}_0$（5 个轴颈的初位移和初速度）。

(2) 根据 5 个轴颈运动参数（x、y、$\dot{x}$、$\dot{y}$）以及轴承的工况参数（几何尺寸、轴的转速、半径间隙、润滑油黏度等），采用有限差分法求解 Reynolds 方程(7-3-5)，计算油膜压力。其收敛条件为

$$\frac{\sum_{i=1}^{m}\sum_{j=1}^{n}\left|p_{i,j}^{(k+1)}-p_{i,j}^{(k)}\right|}{\sum_{i=1}^{m}\sum_{j=1}^{n}\left|p_{i,j}^{(k+1)}\right|}\leqslant\varepsilon_1 \tag{7-3-9}$$

式中，ε_1 为油膜压力收敛精度，计算时常取 0.0001～0.0004。压力边界条件为

① 周期性边界条件：

$$p_{\theta=0}=p\big|_{\theta=2\pi}$$

② 油孔油槽边界条件：

$$p\big|_{\Gamma}=p_s$$

③ 端面边界条件：

$$p\big|_{z=\pm 1/2}=0$$

④ Reynolds 边界条件：

$$p\big|_b=\left.\frac{\partial p}{\partial\theta}\right|_b=\left.\frac{\partial p}{\partial z}\right|_b=0$$

式中，Γ 为油孔几何边界；b 为油孔破裂自然边界。

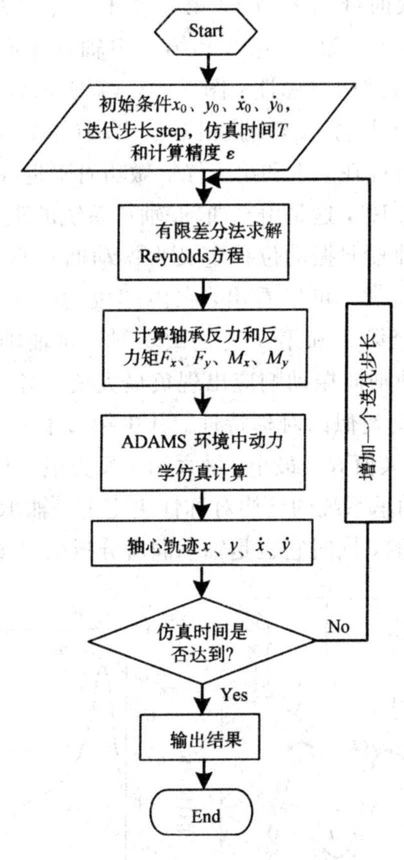

图 7-3-5　计算流程图

(3) 根据油膜压力，利用数值积分，由式(7-3-7)计算 5 个主轴承的油膜反力 F_x、F_y。

(4) 把油膜反力数值导入 ADAMS 环境中，对曲轴进行动力学仿真，即求解动力学控制方程(7-3-4)，并输出 5 个轴承轴颈轴心轨迹运动参数(x_i，y_i，$\dot{x}_i$，$\dot{y}_i$，$i=1$，2，…，5)。

(5) 若达到仿真计算时间，输出计算结果，计算结束。否则，增加一个计算步长，转到步骤(2)。

7.3.2　曲轴动力学行为

计算原始数据：曲轴转速 $n=2600$ r/min，主轴颈直径 $d=65$ mm，主轴承间隙 $C=0.04$ mm；主轴承宽度 $B=22$ mm，汽缸直径 $D=85$ mm。采用 ADAMS 软件建立的曲轴-轴承系统耦合分析模型，可以计算在额定负荷下曲轴的径向、轴向和扭转振动响应，如图 7-3-6～图 7-3-8 所示。图 7-3-6 所示为曲轴 5 个轴颈中心径向振动响应，这里的径向振动位移指主轴颈中心到曲轴理想轴线的径向位移。可以看出，曲轴的径向振动呈现为典型的强迫振动特性。5 个主轴颈中心的径向振动随时间的变化，与内燃机的发火次序(发火次序为 1—3—4—2，对应汽缸压力达到峰值时曲柄转角 30°—210°—390°—570°)密切相关。当某一汽缸发火时，与其相邻的主轴颈中心的径向振动响应达到峰值，与之距离越近影响越大。如当第1汽缸发火时(CA=30°)，第1和第2主轴颈中心径向振动响应达到峰值。除了时序上的差别外，第1和第5，第2和第4主轴颈中心径向振动响应具有相似性，这说明曲轴径向振动响应具有结构对称性。图7-3-7所示为曲轴的扭转振动响应，这里的扭转振动位移定义为曲轴自由端(飞轮端)相对输出端(带轮端)的相对运动角位移。可以看出，响应幅度最大值分别出现在第1和第4气缸做功时附近(图中CA=40°、400°)，滞后于作用载荷最大值的曲柄转角约10°，这是由于曲轴-轴承系统的阻尼作用引起的。图7-3-8所示为曲轴轴向振动响应，曲轴轴向振动位移定义为振动曲轴自由端(飞轮端)相对曲轴输出端(带轮端)的轴向相对运动位移。可以看出，在内燃机的一个工作循环中，曲轴轴向振动响应变化了两个振动周期。当第1和第4气缸做功时，曲轴轴向振动响应达到正最大值，第2和第3气缸做功时，曲轴轴向振动响应出现负最大值。图7-3-9所示的5个主轴承反力也有与主轴颈中心径向振动类似的对称特性。其中第2和第4主轴承反力最大值R_{max}最大，第1和第5主轴承反力最大值R_{max}最小，最大轴承反力最大值R_{max}是最小轴承反力最大值R_{max}的2.6倍。这是由曲轴-轴承系统的结构对称性决定的。轴承反力的这种变化规律是由曲轴-轴承系统动力学特性决定的，同时它也是轴承润滑分析的最重要的依据之一。

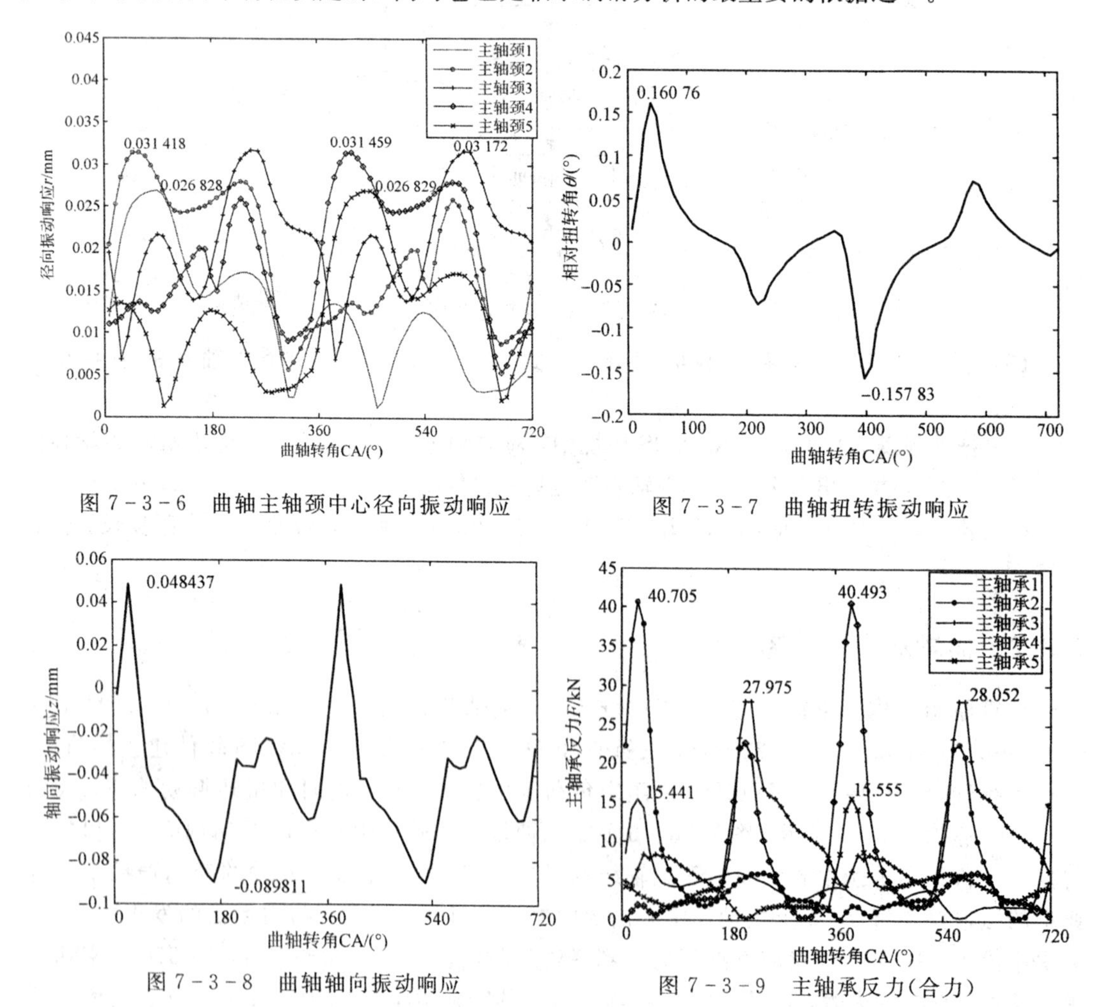

图7-3-6　曲轴主轴颈中心径向振动响应

图7-3-7　曲轴扭转振动响应

图7-3-8　曲轴轴向振动响应

图7-3-9　主轴承反力(合力)

7.3.3　主轴承摩擦学特性

通过 ADAMS 动力学分析，可以得到 5 个主轴承轴颈中心的轴心轨迹或轴承反力(见图 7-3-10～图 7-3-14)，利用这些数据再通过润滑分析，可以得到 5 个主轴承的摩擦学特性。图 7-3-15 是第 2 主轴承在油膜压力达到最大时油膜压力分布图。图 7-3-16、图 7-3-17 是内燃机在额定载荷作用下 5 个主轴承最大油膜压力和最小油膜厚度在一个工作循环内的动态变化规律。类似地，由于曲轴-轴承系统的结构对称性，5 个主轴承的最大油膜压力 P_{max} 和最小油膜厚度 h_{min} 也具有对称性。第 2 和第 4 轴承最大油膜压力和最小油膜厚度数值十分接近，第1和第5轴承最大油膜压力和最小油膜厚度数值也十分接近，第3

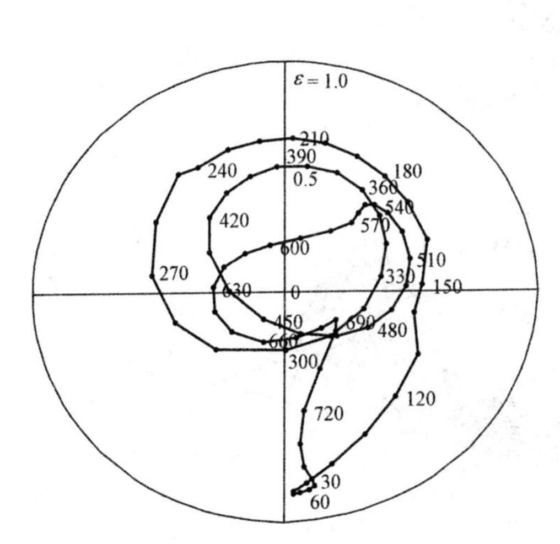

图 7-3-10　第 1 主轴承轴心轨迹

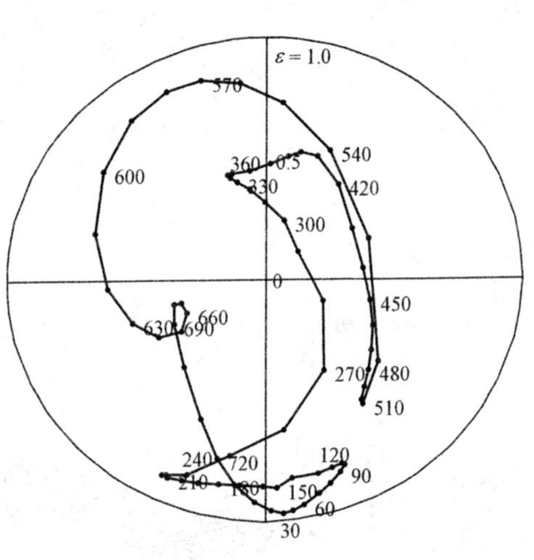

图 7-3-11　第 2 主轴承轴心轨迹

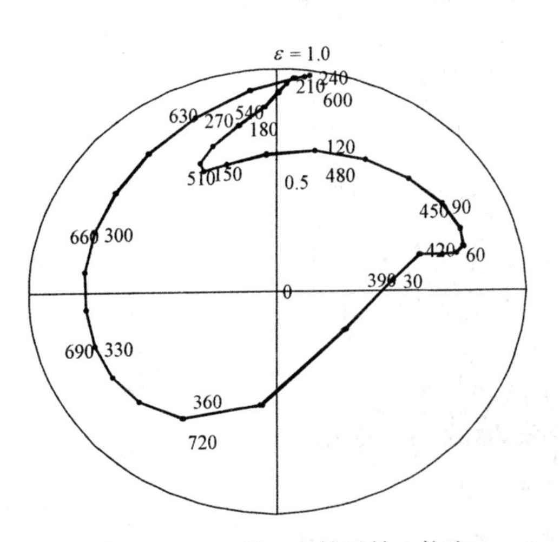

图 7-3-12　第 3 主轴承轴心轨迹

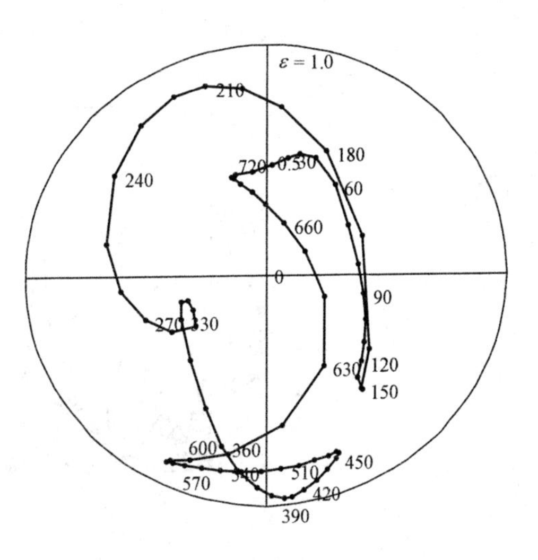

图 7-3-13　第 4 主轴承轴心轨迹

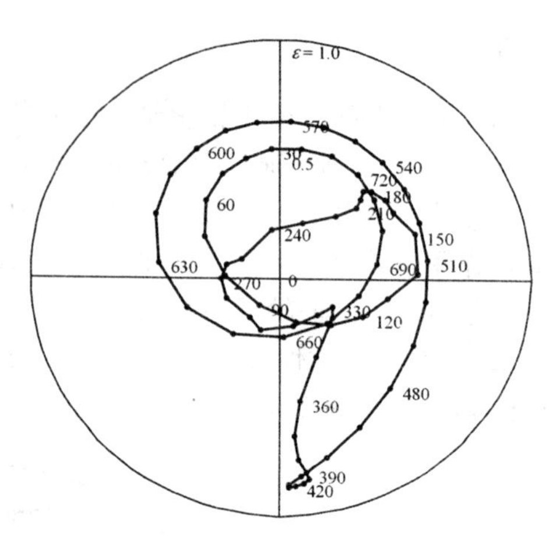

图 7-3-14　第 5 主轴承轴心轨迹

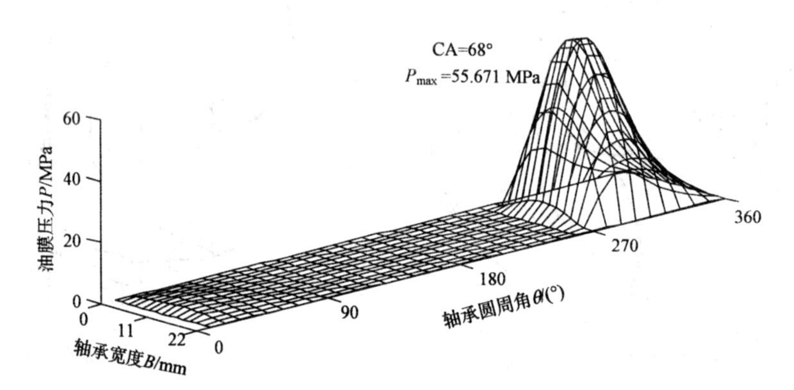

图 7-3-15　第 2 主轴承某时刻油膜压力分布

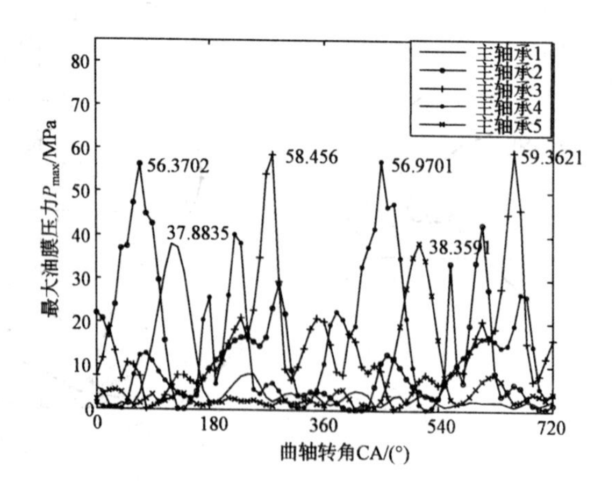

图 7-3-16　主轴承最大油膜压力

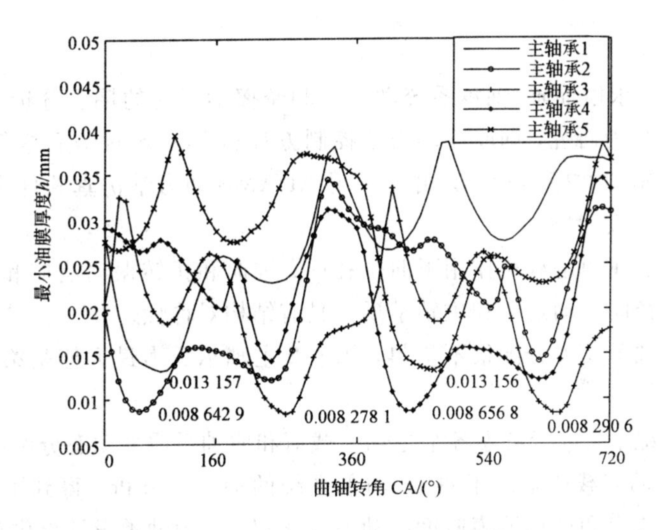

图 7-3-17　主轴承最小油膜厚度

主轴承的最大油膜压力和最小油膜厚度在一个工作循环内有 2 个非常接近的峰值，其中最大油膜压力的第一个峰值 P_{max}＝ 58.456 MPa，对应的曲柄转角 CA＝290°，第二个峰值 P_{max}＝59.362 MPa，对应的曲柄转角 CA＝670°；最小油膜厚度 h_{min} 的第一个峰值 h_{min}＝0.008 28 mm，对应的曲柄转角 CA＝270°，第二个峰值 h_{min}＝0.00829 mm，对应的曲柄转角 CA＝660°。5 个主轴承反力也有类似的特性。主轴承主要润滑特性见表 7-3-1。从计算结果可以看出，最小油膜厚度满足液体动压润滑要求。

表 7-3-1　四缸柴油机主轴承主要润滑特性

润滑特性参数	主轴承				
	1	2	3	4	5
h_{min}/μm	13.190	8.6742	8.338	8.627	13.186
CA/(°)	89	59	248	418	449
P_{max}/MPa	37.883	56.370	59.362	56.970	38.359
CA/(°)	128	68	268	428	488
反力 R_{max}/kN	15.441	40.705	28.052	40.943	15.555
CA/(°)	28	28	568	388	388

从图 7-3-10～图 7-3-14 所示的 5 个主轴承的轴心轨迹可以看出，第 3 主轴承最小油膜厚度发生在轴承的上部，轴承油孔或油沟应开设在轴承的右下部，其余的轴承最小油膜厚度发生在轴承的下部，轴承油孔或油沟应开设在轴承的上部为宜。这对内燃机主轴承结构设计有一定的指导意义。

7.3.4 结论

(1) 本章提出了求解曲轴-轴承系统动力学和摩擦学行为的耦合分析方法，对曲轴-轴承系统进行多学科行为研究，即联立动力学控制方程和 Reynolds 方程求解曲轴-轴承系统的动力学行为和轴承的摩擦学特性。由于采用 ADAMS 动力学仿真软件进行动力学分析，节省了大量的编程开发时间。

(2) 本章得到了在额定载荷作用下曲轴径向、轴向和扭转振动响应和主轴承反力的变化规律，其中曲轴径向振动响应和主轴承反力具有结构对称性。

(3) 本章各主轴承反力分配很不均匀，如第 2 主轴承反力最大值是第 1 主轴承反力最大值的 2.6 倍。

(4) 在额定工况下，进行考虑各个主轴承载荷和曲轴系质量动态分配的轴承润滑分析，其作用于轴承上的动态载荷来源于曲轴-轴承系统的动力学分析，得到了各个主轴承的轴心轨迹、最大油膜压力和最小油膜厚度的动态变化规律，为轴承设计提供理论依据。

附录 计算程序

一、曲柄滑块机构刚体动力学计算程序

```
clear;
%原始数据赋值
L1=0.2;          %曲柄长度，单位“m”
L2=0.5;          %连杆长度，单位“m”
Ls2=0.2;         %连杆质心位置，单位“m”
e=0.05;          %偏距，单位“m”
Jo1=3;           %曲柄对转动中心的转动惯量，单位：kg.m^2
Jo2=0.15;        %连杆对其质心C2的转动惯量，单位：kg.m^2
M2=5;            %连杆质量，单位：kg
M3=10;           %滑块连杆质量，单位：kg
lampda=L1/L2;    %曲柄连杆长度比

%利用相关公式计算等效转动惯量Je及其导数dJedx
for i=1:37
    x(i)=(i-1)*10;
    x1(i)=(i-1)*10*pi/180;                                  %以10°为步长计算曲柄转角
    sinx2(i)=e/L2-lampda*sin(x1(i));
    x2(i)=asin(sinx2(i));                                   %计算连杆转角

   omiga2(i)=-lampda*cos(x1(i))/cos(x2(i));                 %计算连杆角速度比
   t0(i)=cos(x2(i));
   t1(i)=sin(x1(i))*cos(x2(i))*cos(x2(i));
   t2(i)=lampda*cos(x1(i))*cos(x1(i))*sin(x2(i));
   t3(i)=cos(x2(i))^3;
   epsilon2(i)=lampda*(t1(i)+t2(i))/t3(i);                  %计算连杆角加速度比
   Vs2x(i)=-L1*sin(x1(i))-omiga2(i)*Ls2*sin(x2(i));
   Vs2y(i)=L1*cos(x1(i))+omiga2(i)*Ls2*cos(x2(i));          %计算连杆质心速比
   %计算连杆质心加速比
   as2x(i)=-L1*cos(x1(i))-omiga2(i)^2*Ls2*cos(x2(i))-epsilon2(i)*Ls2*sin(x2(i));
   as2y(i)=-L1*sin(x1(i))-omiga2(i)^2*Ls2*sin(x2(i))+epsilon2(i)*Ls2*cos(x2(i));
   %计算滑块质心速比和加速比
   Vc(i)=L1*sin(x2(i)-x1(i))/cos(x2(i));
```

```
    ac(i)=-L1*(cos(x1(i)-x2(i))/cos(x2(i))+lampda*cos(x1(i))^2/(cos(x2(i)))^3);
    %计算等效转动惯量及其导数
    Je(i)=Jo1+Jo2*omiga2(i)^2+M2*(Vs2x(i)*Vs2x(i)+Vs2y(i)*Vs2y(i))+M3*Vc(i)^2;

dJedx(i)=2*(Jo2*omiga2(i)*epsilon2(i)+M2*(Vs2x(i)*as2x(i)+Vs2y(i)*as2y(i))+M3*Vc(i)
*ac(i));
end
%将计算结果用图形表示
plot(x, Je, '-k');
xlabel('曲柄转角\phi/\circ')
ylabel('等效转动惯量 Je/kgm')
axis([0,360,3,4])
set(gca,'XTick',[0  60  120 180  240 300 360])

figure(2)
plot(x,dJedx,'-k')
xlabel('曲柄转角\phi/\circ')
ylabel('等效转动惯量的导数 Je/ kgm^2')
axis([0,360,-1,1])
set(gca,'XTick',[0  60  120 180  240 300 360])

figure(3)
plot(x,omiga2,'-kd'); hold on
plot(x,epsilon2,'--ko');
xlabel('曲柄转角\phi/\circ')
ylabel('连杆角速度比\omega_2^*或角加速度比\epsilon_2^*')
axis([0,360,-1,1])
set(gca,'XTick',[0  60  120 180  240 300 360])
legend('\omega_2^*','\epsilon_2^*')

figure(4)
plot(x,Vs2x,'--kd'); hold on
plot(x,Vs2y,'--ko'); hold on
plot(x,as2x,'--kx'); hold on
plot(x,as2y,'--ks'); hold on
legend('V_x^*','V_y^*','a_x^*','a_y^*')
xlabel('曲柄转角\phi/\circ')
ylabel('连杆质心速度比或加速度比')
axis([0,360,-0.5,0.5])
set(gca,'XTick',[0  60  120 180  240 300 360])

figure(5)
```

```
plot(x,Vc,'--k^'); hold on
plot(x,ac,'--ks'); hold on
legend('V_c^*','a_c^*')
xlabel('曲柄转角\phi/\circ')
ylabel('滑块质心速度比或加速度比')
axis([0,360,-0.5,0.5])
set(gca,'XTick',[0  60  120 180  240 300 360])
%输入等效力矩数值
M0=[720 540 360 180 0 -240 -480 -720 -840 -900 -840 -720 -480 -240 0 180 360 480 540 420
240 0 -180 -360 -480 -600 -480 -360 -180 0 240 480 720 840 960 840  720];
w0=62;            %曲柄角速度
%计算角速度
dx=2*pi/36;       %计算步长
for i=1:36
    %Euler 法计算积分 W 值
    Temp =0;
    for k=1:i
        Temp =Temp +(M0(k)+M0(k+1))*dx/2;
    end
    W(i)=Temp;
    %计算角速度
    omiga(i)=sqrt((Je(1)*w0^2+2*W(i))/Je(i));
    temp1=0;
    for k=1:i
      temp1 =temp1+1/omiga(k)*dx;
    end
    tt(i)=temp1;
end
figure(6)
plot(tt,M0(2:37),'-k'); hold on
xlabel('时间 t/sec')
ylabel('等效力矩 M_e /Nm')

figure(7)
plot(tt,omiga,'-k'); hold on
title('Solution for the Dynanical Equation')
xlabel('时间 t/sec')
ylabel('角速度 \omega /rad/s')

%Euler Method
dx=2*pi/36;         %计算步长
omiga1(1)=62;       %角速度初值
```

```
x2(1)=0
for j=1:36
    x2(j+1)=j * dx * 180/pi;
    Me(j)=3768-(60+150 * Vc(j)^2) * omiga1(j);                        %计算等效力矩
    f(j)=(Me(j)-1/2 * dJedx(j) * omiga1(j)^2)/(Je(j) * omiga1(j));
    omiga1(j+1)=omiga1(j)+f(j) * dx;                                  %Euler 法迭代公式
end
figure(8)
plot(omiga1);
title('Solution for the Dynanical Equation with Euler method')
xlabel('转角 \phi /\times 10 \circ')
ylabel('角速度 \omega /rad/s')

%Runge - Kutta Method
dx=2 * pi/36;
omega(1)=62;
x2(1)=0
for j=1:36
    x2(j+1)=j * dx * 180/pi;
    Me(j)=3768-(60+150 * Vc(j)^2) * omiga1(j);                        %计算等效力矩
    f(j)=(Me(j)-1/2 * dJedx(j) * omiga1(j)^2)/(Je(j) * omiga1(j));
    Je1(j)=(Je(j)+Je(j+1))/2;
    dJedx1(j)=(dJedx(j)+dJedx(j+1))/2;
    K1=dx * f(j);
    K2=dx * (Me(j)-1/2 * dJedx1(j) * (omiga1(j)+K1/2)^2)/(Je1(j) * (omiga1(j)+K1/2));
    K3=dx * (Me(j)-1/2 * dJedx1(j) * (omiga1(j)+K2/2)^2)/(Je1(j) * (omiga1(j)+K2/2));
    K4=dx * (Me(j)-1/2 * dJedx(j+1) * (omiga1(j)+K3/2)^2)/(Je(j+1) * (omiga1(j)+K3/2));

    omega(j+1)=omega(j)+(K1+2 * K2+2 * K3+K4)/6;                      %Runge - Kutta 法迭代公式
end

figure(9)
plot(x2(2:37),Me,'-k');
xlabel('转角 \phi / \circ')
ylabel('等效力矩 \M_e /Nmm')
axis([0,360,-80,80])
set(gca,'XTick',[0   60   120 180   240 300 360])

figure(10)
plot(x2,omiga1,'-kd'); hold on
plot(x2,omega,'-ko')
legend('Euler Method','Runge - Kutta Method')
```

```
xlabel('转角 \phi / \circ')
ylabel('角速度 \omega /rad/s')
axis([0,360,56,64])
set(gca,'XTick',[0   60   120 180   240 300 360])
```

二、凸轮机构动力学问题计算程序

```
clear;
%Runge-Kutta法求解凸轮机构动力学问题
h=0.00125;              %计算步长
tn=1.999*pi;            %计算终止角
n=fix(tn/h);            %计算次数

x=zeros(n+1,1);         %位移变量置0
y=zeros(n+1,1);         %速度变量置0

x(1)=0;                 %初始位移
y(1)=0;                 %初始速度

    phi1=5*pi/6;
    phi2=pi/6;
    phi3=2/3*pi;
    phi4=pi/3;
hh=20;
for i=1:n
    t(i)=i*h;
    K1=y(i);
    L1=fxx(t(i),x(i),y(i));
    K2=y(i)+h/2*L1;
    L2=fxx(t(i)+h/2, x(i)+h/2*K1 , y(i)+h/2*L1);
    K3=y(i)+h/2*L2;
    L3=fxx(t(i)+h/2,x(i)+h/2*K2 ,y(i)+h/2*L2);
    K4=y(i)+h*L3;
    L4=fxx(t(i)+h,x(i)+h*K3, y(i)+h*L3);

    x(i+1)=x(i)+h/6*(K1+2*K2+2*K3+K4);    %Runge-Kutta法迭代公式
    y(i+1)=y(i)+h/6*(L1+2*L2+2*L3+L4);
    ydot(i)=(y(i+1)-y(i))/h;

end
%计算原始输入位移
```

```
s(n+1)=0;
for i=1:n
   if (t(i)<=phi1)
     s(i)=hh/2*(1-cos(3.1415/phi1*t(i)));
   end
   if ((t(i)>=phi1) & (t(i)<=(phi1+phi2)))
       s(i)=hh;
   end
     if ((t(i)>=phi1+phi2) & (t(i)<=phi1+phi2+phi3))
          s(i)=hh*(1-(t(i)-phi2-phi1)/phi3+0.5/pi*sin(2*pi/phi3*(t(i)-phi2-phi1)));
     end
     if ((t(i)>=phi1+phi2+ phi3) & (t(i)<=2*pi))
          s(i)=0;
     end
end
%计算原始输入速度与加速度
vs(1)=0;
vs(n+1)=0;
as(1)=0
for i=2:n
       vs(i)=(s(i)-s(i-1))/h;
       as(i)=(vs(i)-vs(i-1))/h;
end
figure(1)
plot(t*180/pi,s(1:n),'red'); hold on
plot(t*180/pi,x(1:n),'--black'); hold on
xlabel('凸轮转角  \phi/\circ');
ylabel('从动件位移响应 X/mm');
xlim([0 360])
set(gca,'XTick',0:60:360)
set(gca,'XTickLabel',{'0','60','120','180','240','300','360'})
legend('凸轮输入位移','从动件位移响应')

figure(2)
plot(t*180/pi,vs(1:n),'red'); hold on
plot(t*180/pi,y(1:n),'--black'); hold on
xlabel('凸轮转角  \phi/\circ');
ylabel('从动件速度响应 V / mm/rad');
xlim([0 360])
set(gca,'XTick',0:60:360)
set(gca,'XTickLabel',{'0','60','120','180','240','300','360'})
legend('凸轮输入速度','从动件速度响应')
```

```
figure(3)
plot(t*180/pi,as(1:n),'red'); hold on
plot(t*180/pi,ydot,'--black'); hold on
xlabel('凸轮转角  \phi/\circ');
ylabel('从动件加速度响应 a / mm/rad^2');
xlim([0 360])
set(gca,'XTick',0:60:360)
set(gca,'XTickLabel',{'0','60','120','180','240','300','360'})
legend('凸轮输入加速度','从动件加速度响应')

function xdot=fxx(t,x1,y1)
    phi1=5*pi/6;
    phi2=pi/6;
    phi3=2/3*pi;
    phi4=pi/3;
    tao=2000;
    thita0=pi/2;
    h=20;
    if  t<=phi1
        s=h/2*(1-cos(pi/phi1*t));
    end
    if ((t>=phi1) & (t<=phi1+phi2))
        s=h;
    end
    if ((t>=phi1+phi2) & (t<=phi1+phi2+phi3))
        s=h*(1-(t-phi2-phi1)/phi3+0.5/pi*sin(2*pi/phi3*(t-phi2-phi1)));
    end
    if ((t>=phi1+phi2+ phi3) & (t<=2*pi))
        s=0;
    end
    xdot=tao*(s-x1);
end
```

三、弹性连杆机构动力学有限元分析程序

```
clear;
L(1)=0.305;
L(2)=0.915;
L(3)=0.7625;
L(4)=0.915;                    %定义四杆长度
```

```
d=0.06;
n=720;                       %一转360°划分的计算次数
fai1(1:n)=0;
fai2(1:n)=0;
fai3(1:n)=0;                 %初始化三个杆单元与总体坐标系的夹角
Eal=2.1*10^11;               %弹性模量赋值
Smj=pi/4*d^2;                %截面积
Pal=7800;                    %铝的密度
Iz=pi/64*d^4;                %铝杆的惯性矩
mxmd=Smj*Pal;                %铝杆的线密度
omiga=300;                   %摇杆的转速
Me=27;                       %曲柄转矩赋值
for s=1:3                    %计算局部坐标系下的单元刚度矩阵和质量矩阵
    A(:,:,s)=zeros(6,14);    %初始化变换矩阵A
    M(:,:,s)=zeros(6,6);
    K(:,:,s)=zeros(6,6);
    M(:,:,s)=mxmd*L(s)/420*[140  0         0          70   0          0
                              0   156       22*L(s)    0    54         -13*L(s)
                              0   22*L(s)   4*L(s)^2   0    13*L(s)    -3*L(s)
                              70  0         0          140  0          0
                              0   54        13*L(s)    0    156        -22*L(s)
                              0   -13*L(s)  -3*L(s)    0    -22*L(s)   4*L(s)^2];
    K(:,:,s)=Eal*Iz/L(s)^3*
        [Smj*L(s)^2/Iz    0        0         -Smj*L(s)^2/Iz  0         0
         0                12       6*L(s)    0               -12       6*L(s)
         0                6*L(s)   4*L(s)^2  0               -6*L(s)   2*L(s)^2
         -Smj*L(s)^2/Iz   0        0         Smj*L(s)^2/Iz   0         0
         0                -12      -6*L(s)   0               12        -6*L(s)
         0                6*L(s)   2*L(s)^2  0               -6*L(s)   4*L(s)^2];
end
%变换矩阵A赋值
A(1,3,1)=1; A(2,4,1)=1; A(3,5,1)=1; A(4,6,1)=1; A(5,7,1)=1; A(6,8,1)=1;
A(1,6,2)=1; A(2,7,2)=1; A(3,9,2)=1; A(4,10,2)=1; A(5,11,2)=1; A(6,12,2)=1;
% A(1,14,3)=1; A(2,1,3)=1; A(3,2,3)=1; A(4,10,3)=1; A(5,11,3)=1; A(6,13,3)=1;
A(1,1,3)=1; A(2,2,3)=1; A(3,14,3)=1; A(4,10,3)=1; A(5,11,3)=1; A(6,13,3)=1;
%  A(1,10,3)=1; A(2,11,3)=1; A(3,13,3)=1; A(4,14,3)=1; A(5,1,3)=1; A(6,2,3)=1;
%计算整体坐标系下的单元刚度矩阵和质量矩阵
for i=1:n
    fai1(i)=(i-1)*(360/n);
    AF=2*L(1)*L(3)*sind(fai1(i));
    BF=2*L(3)*(L(1)*cosd(fai1(i))-L(4));
    CF=L(2)^2-L(1)^2-L(3)^2-L(4)^2+2*L(1)*L(4)*cosd(fai1(i));
```

```
fai3(i)=2*atand((AF-(AF^2+BF^2-CF^2)^0.5)/(BF-CF));
fai2(i)=asind((L(3)*sind(fai3(i))-L(1)*sind(fai1(i)))/L(2)); %不变形条件下，三个转角之间
                                                                的关系计算
LS(:,:,1)=[cosd(fai1(i))  sind(fai1(i))  0  0               0              0
           -sind(fai1(i)) cosd(fai1(i))  0  0               0              0
           0              0              1  0               0              0
           0              0              0  cosd(fai1(i))   sind(fai1(i))  0
           0              0              0  -sind(fai1(i))  cosd(fai1(i))  0
           0              0              0  0               0              1];
LS(:,:,2)=[cosd(fai2(i)) sind(fai2(i))   0  0               0              0
           -sind(fai2(i)) cosd(fai2(i))  0  0               0              0
           0              0              1  0               0              0
           0              0              0  cosd(fai2(i))   sind(fai2(i))  0
           0              0              0  -sind(fai2(i))  cosd(fai2(i))  0
           0              0              0  0               0              1];
LS(:,:,3)=[cosd(fai3(i)) sind(fai3(i))   0  0               0              0
           -sind(fai3(i)) cosd(fai3(i))  0  0               0              0
           0              0              1  0               0              0
           0              0              0  cosd(fai3(i))   sind(fai3(i))  0
           0              0              0  -sind(fai3(i))  cosd(fai3(i))  0
           0              0              0  0               0              1];
%坐标变换矩阵计算
for s=1:3
   KT(:,:,s)=LS(:,:,s)'*K(:,:,s)*LS(:,:,s);
   Mt(:,:,s)=LS(:,:,s)'*M(:,:,s)*LS(:,:,s);
   MS(:,:,s)=A(:,:,s)'*LS(:,:,s)'*M(:,:,s)*LS(:,:,s)*A(:,:,s);
   KS(:,:,s)=A(:,:,s)'*LS(:,:,s)'*K(:,:,s)*LS(:,:,s)*A(:,:,s); %将局部坐标下的刚
                                                                度与质量矩阵转化为
                                                                总体坐标下的刚度与
                                                                质量矩阵
end
MZ(:,:,i)=MS(:,:,1)+MS(:,:,2)+MS(:,:,3);
KZ(:,:,i)=KS(:,:,1)+KS(:,:,2)+KS(:,:,3);                        %总质量刚度矩阵装配
end
m0=8;
MM=MZ([ 6 7 8 9 10 11 12 14],[6 7 8 9 10 11 12 14 ],:);
KK=KZ([ 6 7 8 9 10 11 12 14],[6 7 8 9 10 11 12 14 ],:);
%     for i=1:5
%         MZ(1,:,:)=[]; MZ(:,1,:)=[];
%         KZ(1,:,:)=[]; KZ(:,1,:)=[];
%     end                      %划去约束条件下的质量刚度矩阵对应的行和列
  dt=0.00000125;               %单位时间间隔
```

```
    Tspan=360/n/omiga/6;    %周期条件赋值
    r=fix(Tspan/dt);
    c=10;                   %c为系统总共计算的周期次数

    x1=zeros(m0,n,r);
    x2=zeros(m0,n,r);       %定义响应位移和速度向量并置0
C=zeros(m0,m0);
F=zeros(m0,1,n);
%静平衡法计算摇杆阻力矩
for i=2:n-1
    faid(i)=(fai3(i+1)-fai3(i-1))/(2*360/n);
end
faid(1)=(fai3(2)-fai3(n))/(2*360/n);
faid(n)=(fai3(1)-fai3(n-1))/(2*360/n);
for i=1:n
    F(3,1,i)=Me;
    F(m0,1,i)=-Me/faid(i);
    F1(i)=-Me/faid(i);
end
figure(1)
plot(fai1,F1)
title('静力法计算曲柄转矩与摇杆转矩关系图')
set(gca,'XTick',[0:60:360])
axis([0  360 -3e4   3e4])
  xlabel('曲柄转角\phi_1/\circ')
  ylabel('摇杆转矩\phi_3 /N m')
x0=[0; 0.0; 0; 0; 0; 0; 0; 0];
v0=[0; 0.0; 0; 0; 0; 0; 0; 0];              %给予初始条件
s=1;
wucha=2;
  while (s<=c)&(wucha>0.5)                  %主体计算程序
      for t=1:n
          [X,Y]=L_Runge_Kutta(KK(:,:,t),C,MM(:,:,t),F(:,:,t),x0,v0,dt,Tspan);
          x0=X(:,r);
          v0=Y(:,r);
          for i=1:r
            x1(:,t,i)=X(:,i);
            x2(:,t,i)=Y(:,i);
          end
      end
      he=0; cha=0;
      for o=1:m0
```

```
        he=he+abs(x1(o,1,1));
        cha=cha+abs(x1(o,n,r)-x1(o,1,1));
        end
      wucha=cha/he;
      s=s+1;
   end

for i=1:n
    x(i)=x1(1,i,m0);
    faiz3(i)=x1(m0,i,1)/pi*180+fai3(i);
end
figure(2)
   plot(fai1,x);
   title('曲柄转角与位移关系图')
   set(gca,'XTick',[0:60:360])
%     axis([0   360 -0.003   0.003] )
   xlabel('曲柄转角\phi_1/\circ')
   ylabel('B点水平振荡位移 /m')

   figure(3)
plot(fai1,fai3,'r'); hold on
plot(fai1,faiz3);                 %图形输出
title('曲柄摇杆运动关系曲线')
set(gca,'XTick',[0:60:360])
axis([0   360 80    140] )
xlabel('曲柄转角\phi_1/\circ')
ylabel('摇杆转角 \phi_3/\circ')
```

四、Runge-Kutta 法求解初轧机自激振动问题计算程序

```
clear;
global alpha;                 %定义全局变量
global beta;
global e
alpha=12.08/0.282;            %参数赋值
beta=0.08075/0.282;
e=0.01

h=0.001;                      %步长
tn=4.0;                       %计算终止时间
n=fix(tn/h);                  %计算迭代次数
```

```
x=zeros(n+1,1);            %变量置0
y=zeros(n+1,1);

x(1)=0.1;                  %初始条件
y(1)=0;

for i=1:n
    t(i)=i*h;
    K1=y(i);
    L1=fxx(t(i),x(i),y(i));
    K2=y(i)+h/2*L1;
    L2=fxx(t(i)+h/2,x(i)+h/2*K1 ,y(i)+h/2*L1);
    K3=y(i)+h/2*L2;
    L3=fxx(t(i)+h/2,x(i)+h/2*K2 ,y(i)+h/2*L2);
    K4=y(i)+h*L3;
    L4=fxx(t(i)+h,x(i)+h*K3,    y(i)+h*L3);

    x(i+1)=x(i)+h/6*(K1+2*K2+2*K3+K4);     %Runge-Kutta法迭代公式
    y(i+1)=y(i)+h/6*(L1+2*L2+2*L3+L4);
end
%绘制相平面图
plot(x,y); hold on
xlabel('Displacement X/mm');
ylabel('Velocity V /mm/s');
title('Limit cycle')
%绘制位移时间响应
figure
plot(t,x(1:n));
xlabel('Time   T/sec');
ylabel('Displacement X/mm');

function xdot=fxx(t,x1,y1)       %自定义函数计算函数值
global alpha;
global beta;
global e;

if x1>e
  xdot=alpha*y1-beta*y1^3-102.5^2*(x1-e);
else
    if x1<-e
      xdot=alpha*y1-beta*y1^3-102.5^2*(x1+e);
      else
```

```
        xdot=alpha * y1-beta * y1^3;
    end
end
end
```

五、Runge-Kutta 法与人工神经网络相结合的解法程序

```
clear
%设置全局变量 α,β
global alpha;
global beta;
n1=10;          %振幅矩阵的阶数
n2=3;           %设置随机变量的变化范围的倍数
Ta=zeros(n1,1);
Tb=zeros(n1,1);
p=zeros(2,n1 * n1);
%设置随机变量 α,β的变化范围
a1=6.03/0.282 * 0.001; a2=n2 * 18.08/0.282;
b1=0.0673/0.282 * 0.05; b2=n2 * 0.148/0.282;
%设置随机变量 α,β的 Rayleigh 分布函数的标准离差
sigma1=12.08/0.282;
sigma2=0.08075/0.282;

%Runge-Kutta 法计算 α, β取确定值时的稳态响应振幅
Tm1=1;
for j=1:n1;
alpha =a1+(a2-a1) * (j-1)/n1;
figure(j);
Ta(j)=alpha;
    for k=1:n1;
    beta=b1+(b2-b1) * (k-1)/n1;
    Tb(k)=beta;
    [T,X]=ode45('odex2e0',[0,5],[0.01,0.1]');
    A(j,k)=max(X(:,1));
    A0(Tm1)=A(j,k);
    Tm1=Tm1+1;
    subplot(6,6,k); plot(X(:,1),X(:,2)); title(alpha);
    end;
end;
figure(n1+1);
%显示仿真计算结果
```

```
Tm2=1
for j=1:n1;
    for k=1:n1;
    p(1,Tm2)=Ta(j);
    p(2,Tm2)=Tb(k);
    Tm2=Tm2+1;
    end
end
plot3(p(1,:),p(2,:),A0','*');

%建立相应的BP网络
n=400;                      %设置BP网络的隐层数
net = newff([a1 a2; b1 b2],[n,1],{'tansig' 'purelin'},'trainlm');
%训练网络
net.trainParam.epochs = 150;
net.trainParam.goal = 0.0001;
net = train(net,p,A0);
%对训练后的网络进行仿真
y2 = sim(net,p);
%绘出训练后的仿真结果
figure;
plot3(p(1,:),p(2,:),y2,'*');
figure;
plot3(p(1,:),p(2,:),y2-A0,'*');

%利用训练的BP网络计算稳态振幅的均值和标准离差
S1=0;
S2=0;
ha=(a2-a1)/(n2*n1); hb=(b2-b1)/(n2*n1);
for m=0:(3*n1-1)
x1=a1+ha*(m+1/2);
for n=0:(3*n1-1);
  x2=b1+hb*(n+1/2);
  p1=[x1; x2];
  yt1=(x1/sigma1^2)*(x2/sigma2^2)*exp(-[(x1/sigma1)^2+(x2/sigma2)^2]/2);
  S1=S1+ha*hb*sim(net,p1)*yt1;
  S2=S2+ha*hb*(sim(net,p1))^2*yt1;
end;
end;
Meanvalue=S1
MeanSvalue=S2;
R1=MeanSvalue-Meanvalue^2;
```

```
R2=R1^(1/2)
Smax=S1+R2
%自定义函数
function xdot=odex2e0(t,x)
global alpha;
global beta;
xdot=zeros(2,1);
xdot(1)=x(2);
xdot(2)=alpha*x(2)-beta*x(2)^3-102.5^2*x(1);
```

六、传递矩阵法计算圆轴扭转振动固有频率的计算程序

```
clear;
%输入计算原始数据
Ru=7.8e-6;                          %密度，kg/m3
G=80000;                            %材料切变模量密度，MPa
L=1000;                             %圆轴总长，mm
d=150;                              %圆轴直径，mm
n=100;                              %等分数
Ip=pi/32*d^4;                       %计算截面极惯性矩等分数

p=0;
step=0.5;                           %扫频步长
f_start=0;                          %扫频开始频率
f_end=1000;                         %扫频终止频率
m=fix((f_end-f_start)/step);
for j=1:m
    omega(j)= f_start+step*j;
    CC=[1    0
        0    1];                    %传递矩阵赋初值(单位方阵)
     X0=0; T0=1;
     Xn=0.10; Tn=0;
    Z0=[X0   T0]';
    Zn=[Xn   Tn]';                  %边界条件

  %计算总传递矩阵
  for i=1:n
      J(i)=Ru*Ip*L/n;               %计算单元转动惯量
      K(i)=n*G*Ip/L;                %计算单元扭转刚度系数
      F=[1     1/K(i)
         0     1];                  %计算单元场矩阵
```

```
            P=[1                    0
                -omega(j)^2 * J(i)    1];  %计算单元点矩阵
            M1=P * F;                    %计算单元传递矩阵
            CC=CC * M1;                  %形成总的传递矩阵

        end
        Zn=CC * Z0;                      %形成总的传递关系
        X(j)=Zn(2);
          if  (j>2)
              if (X(j) * X(j-1)<0)
                  p=p+1
               omegan(p)=j * step;       % 扫频法计算固有频率
              end
          end
end
plot(omega,X); hold on
xlabel('频率\omega/rad/s')
ylabel('固定端扭转角\theta/rad')

for i=1:p
   omegan1(i)=pi * (2 * i-1)/(2 * L) * sqrt(G/Ru);          %理论解
   err(i)=(omegan1(i)-omegan(i))/omegan1(i) * 100          %与理论解相比的计算误差
   str1= num2str(omegan(i))
   text(omegan(i),0.1,str1)
end
```

七、齿轮传动系统动力学分析程序

```
clear;
%计算齿轮几何尺寸
     z1=41;                %齿数
     z2=70;
     m=0.005;              %齿轮模数，单位：mm
     d1=m * z1;
     d2=m * z2;
     R1=d1/2;              %分度圆半径
     R2=d2/2;
     S=pi * m/2;           %齿厚
     ha=m;                 %齿顶高
     hf=1.25 * m;          %齿根高
     h=2.25 * m;
```

```
    B=0.4 * d1;                  %齿宽
    Alpha=20 * pi/180;           %压力角
    Rb1=R1 * cos(Alpha);         %基圆半径
    Rb2=R2 * cos(Alpha);
    Ra1=R1+ha;                   %齿顶圆半径
    Ra2=R2+ha;
    Rf1=R1-hf;                   %齿根圆半径
    Rf2=R2-hf;
    Pb=pi * m * cos(Alpha);      %齿距
    %计算任意圆周上的齿厚
    thi0=tan(20 * pi/180)-Alpha;
    n=100
    for i=1:n
        r1k(i)=Rb1+(i-1) * (Ra1-Rb1)/(n-1);
        Ak1(i)=acos(Rb1/r1k(i));
        thi_k1(i)=tan(Ak1(i))-Ak1(i);

       phi1(i)=S/(2 * R1)-(thi_k1(i)-thi0);
        x1(i)=r1k(i) * cos(phi1(i));
        y1(i)=r1k(i) * sin(phi1(i));
        S1(i)=r1k(i) * phi1(i) * 2;

         r2k(i)=Rb2+(i-1) * (Ra2-Rb2)/(n-1);
        Ak2(i)=acos(Rb2/r2k(i));
        thi_k2(i)=tan(Ak2(i))-Ak2(i);

        phi2(i)=S/(2 * R2)-(thi_k2(i)-thi0);
        x2(i)=r2k(i) * cos(phi2(i));
        y2(i)=r2k(i) * sin(phi2(i));
        S2(i)=r2k(i) * phi2(i) * 2;

    end
    figure(1)
    plot(x1,y1); hold on
    plot(r1k,S1,'r')
    figure(2)
    plot(x2,y2); hold on
    plot(r2k,S2,'r')
%     To calculate contact ratio
A_a1=acos(Rb1/Ra1);
A_a2=acos(Rb2/Ra2);
epsilon=(z1 * (tan(A_a1)-tan(Alpha))+z2 * (tan(A_a2)-tan(Alpha)))/(2 * pi);
```

```
% 计算载荷分布和齿轮刚度
n1=500;                               %轴的转动角速度，单位：转/分
Tz=60/(z1*n1);                        %啮合周期
t1=Tz*(epsilon-1);
t2=Tz*(2-epsilon);
P=5500;                               %齿轮传递功率，单位：W
T=P/(2*pi*n1/60);                     %转矩，单位：N·m
Fn=2*T/(d1*cos(Alpha));               %法向载荷
Ft=Fn*cos(Alpha);
m1=2;                                 %齿轮传动系统的等效质量
ratio=z2/z1;

%计算卷吸速度和综合曲率半径

B1B2=pi*m*epsilon*cos(Alpha);         %实际啮合线长度
PN2=Rb2*tan(Alpha);
PN1=Rb1*tan(Alpha);
N2B2=Rb2*tan(A_a2);
N1B1=Rb1*tan(A_a1);
PB2=N2B2-PN2;
PB1=N1B1-PN1;
N1B2=PN1-PB2;
N2B1=PN2-PB1;
CB2=B1B2-Pb;
Rs1=sqrt(Rb1^2+N1B2^2);
Rs2=sqrt(Rb2^2+N2B1^2);
for i=1:n
    x(i)=(i-1)*B1B2/(n-1);
    if x(i)<PB2
        SN(i)=PB2-x(i);
    else
        SN(i)=x(i)-PB2;
    end
    um(i)=pi*n1/(30*ratio)*(R2*sin(Alpha)+SN(i)/2*(1-ratio));   %卷吸速度
    Ru1(i)=N1B2+x(i);
    Ru2(i)=N2B2-x(i);
    Ru(i)=Ru1(i)*Ru2(i)/(Ru1(i)+Ru2(i));   %综合曲率半径
end
%计算不计油膜刚度时的齿轮啮合刚度
n2=100;
E=200e9;      %弹性模量，单位：Pa
```

```
I=B*S^3/12; %截面对z轴的惯性矩，单位：mm4
for i=1:n
%       x(i)=(i-1)*B1B2/(n2-1);
    Rk1(i)=sqrt(Rb1^2+(N1B2+x(i))^2);
    Rk2(i)=sqrt(Rb2^2+(N2B2-x(i))^2);
    h1(i)=Rk1(i)-Rf1+0.25*m;
    h2(i)=Rk2(i)-Rf2+0.25*m;
    kk10(i)=3*E*I/h1(i)^3;
    kk20(i)=3*E*I/h2(i)^3;
    K_t1(i)=kk10(i)*kk20(i)/(kk10(i)+kk20(i));
    K_t(i)=K_t1(i);
   if x(i)<Pb
        kk=i;
    end
    K_t2(i-kk+1)=K_t1(i);
    F_L(i)=Fn;
    if x(i)<Pb*(epsilon-1)
        kk1=i;
    end
end

% for i=1:kk
%       K_t2(n2-kk+i)=K_t1(i);
% end
% plot(k1); hold on
% plot(k2,'r'); hold on
figure(3)
plot(x,K_t1,'green'); hold on
% plot(x,K_t2)
for i=1:kk1-1
    F_L(i)=Fn*K_t1(i)/(K_t1(i)+K_t2(i));
    F_L(n2-i+1)=Fn*K_t1(i)/(K_t1(i)+K_t2(i));
    K_t(i)=K_t1(i)+K_t2(i);
    K_t(n2-i+1)=K_t1(i)+K_t2(i); %
end
figure(4)
plot(x,F_L)
figure(5)
plot(x,K_t)
xlabel('Length of Pressure line L/m')
ylabel('Totle stiffness of teeth Kt/ N/m')
```

```
%Runge - Kutta 法解动力学方程
x0=Ft/K_t(1); y0=0.01;
tspan=Tz/n2;
T_n=2 * pi * sqrt(m1/K_t(1));
n3=200;
step=tspan/n3;
err1=1e-6;
err2=1e-3;
t11(1)=0;
x1(1)=x0;
y1(1)=y0;
x10=Ft/K_t(1); y10=0.01;
num1=0;
num2=0;
ksi=0.001;
while abs(x10-x0)>err1 & abs(y10-y0)>err2 | num1<200
for k=1:n2
step=tspan/n3;
x1=zeros(1,n3);
y1=zeros(1,n3);
t11(1)=0;
x1(1)=x0;
y1(1)=y0;
    for i=1:n3
        t1=(i-1) * step;
        t11(i+1)=(i-1) * step;
        k1=x0;
        g1=y0;
        f1=Fn/m1-ksi * 2 * sqrt(K_t(k)/m) * g1-K_t(k)/m1 * k1;

        t2=t1+step/2;
        k2=x0+g1 * step/2;
        g2=y0+f1 * step/2;
        f2=Fn/m1-ksi * 2 * sqrt(K_t(k)/m) * g2-K_t(k)/m1 * k2;

        t3=t1+step/2;
        k3=x0+g2 * step/2;
        g3=y0+f2 * step/2;
        f3=Fn/m1-ksi * 2 * sqrt(K_t(k)/m) * g3-K_t(k)/m1 * k3;

       t4=t1+step;
       k4=x0+g3 * step;
```

```
        g4=y0+f3*step;
        f4=Fn/m1-ksi*2*sqrt(K_t(k)/m)*g4-K_t(k)/m1*k4;

        x1(i+1)=x1(i)+step/6*(g1+g2*2+g3*2+g4);
        y1(i+1)=y1(i)+step/6*(f1+f2*2+f3*2+f4);
        x0=x1(i+1); y0=y1(i+1);
        num2=i+(k-1)*n3;
        FF_L(num2)=K_t1(k)*x0;
        tt(num2)=t1+(k-1)*tspan;
        xx(num2)=x0;
        yy(num2)=y0;
    end
end
    num1=num1+1;
end
figure(6)
plot(x1*1000)
xlabel('time t/s')
ylabel('Displacement /mm')
figure(7)
plot(tt,xx*1000)
xlabel('time t/s')
ylabel('Displacement S/mm')
figure(8)
plot(tt,yy*1000)
xlabel('time t/s')
ylabel('Velocity V /m/s')
figure(9)
plot(tt,FF_L)
xlabel('time t/s')
ylabel('Normal Load F /N')
```

参考文献

[1] 徐业宜. 机械系统动力学[M]. 北京：机械工业出版社，1991.

[2] 邵忍平. 机械系统动力学[M]. 北京：机械工业出版社，2005.

[3] 石端伟. 机械动力学[M]. 北京：中国电力出版社，2007.

[4] 李有堂. 机械系统动力学[M]. 北京：国防工业出版社，2010.

[5] 邱秉权. 分析力学[M]. 北京：中国铁道出版社，1998.

[6] 胡宗武. 工程振动分析基础[M]. 上海：上海交通大学出版社，1985.

[7] William T. Thormson Theory of Vibration with Application(Fifth Edition)[M]. 北京：清华大学出版社，2005.

[8] 龙驭球. 包世华. 结构力学(下册)[M]. 北京：高等教育出版社，1996.

[9] 刘延柱. 陈立群. 非线性振动[M]. 北京：高等教育出版社，2001.

[10] 胡海岩. 应用非线性动力学[M]. 北京：航空工业出版社，2000.

[11] 李庆扬，王能超，易大义. 数值分析[M]. 4 版. 北京：清华大学出版社，2001.

[12] 徐业宜. 车钢机中的自激振动问题[J]. 振动工程学报，1988，1(2)：71 - 76.

[13] 何芝仙，李华凯，吴善初. 有间隙的机械系统自激振动分析：加权平均法[J]. 安徽师范大学学报：自然科学版，2004，27(3)：288 - 291.

[14] 何芝仙，桂长林. 具有随机系数和带间隙的自激振动问题的人工神经网络解法[J]. 振动与冲击，2005，24(6)：24 - 26.

[15] 何芝仙，干洪. 计入间隙的轴-滚动轴承系统动力学行为研究[J]. 振动与冲击，2009，28(9)：121 - 124.

[16] 陈磊，何芝仙. 活塞式压缩机弹性曲轴-滚动轴承系统动力学分析[J]. 井冈山大学学报：自然科学版，2013，34(2)：75 - 78.

[17] 陈立平，张云清，任卫群，等. 机械系统动力学分析及 ADAMS 应用教程[M]. 北京：清华大学出版社，2005.